JN028886

電気の疑問66

みんなを代表して専門家に聞きました

オーム社 編
電気の疑問EXPERTS 著

本書に掲載されている会社名・製品名は、一般に各社の登録商標または商標です。

本書を発行するにあたって、内容に誤りのないようできる限りの注意を払いましたが、本書の内容を適用した結果生じたこと、また、適用できなかった結果について、著者、出版社とも一切の責任を負いませんのでご了承ください。

本書は、「著作権法」によって、著作権等の権利が保護されている著作物です。本書の複製権・翻訳権・上映権・譲渡権・公衆送信権（送信可能化権を含む）は著作権者が保有しています．本書の全部または一部につき、無断で転載、複写複製、電子的装置への入力等をされると、著作権等の権利侵害となる場合があります。また、代行業者等の第三者によるスキャンやデジタル化は、たとえ個人や家庭内での利用であっても著作権法上認められておりませんので、ご注意ください。

本書の無断複写は、著作権法上の制限事項を除き、禁じられています。本書の複写複製を希望される場合は、そのつど事前に下記へ連絡して許諾を得てください。

出版者著作権管理機構
（電話 03-5244-5088，FAX 03-5244-5089，e-mail : info@jcopy.or.jp）

JCOPY ＜出版者著作権管理機構 委託出版物＞

本書は、電気を学ぶための本ではなく、まずは電気に興味を持っていただき、電気の世界の入口に立っていただくことを目的とした本です。

電気の教科書に出てくるような小難しい話ではなく、皆さんが、日々の生活の中でふと思うであろう、身近な電気の疑問を集めました。質問の答えだけでなく、その背景にある、ものの成り立ちや、ちょっとしたお役立ち情報も紹介しています。あえてカテゴリー分けはせず、質問をランダムに並べているので、どこからでも自由にお読みいただけます。

本書では、家電から宇宙まで様々な疑問を掲載しています。どこからどこまでが電気分野なのかの線引きは難しく、いかに電気の世界が広いのかお分かりいただけると思います。もし興味が湧いた話題があれば、専門書を読むなど、さらに深掘りしてみてください。

1914 年の創業時から電気技術とともに歩んできたオーム社として、この本をきっかけに、電気の世界に飛び込んでくださる方が増えることを心から願っています。

2024 年　オーム社

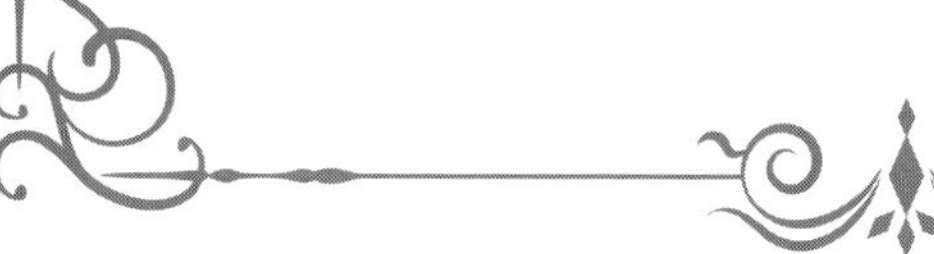

目次

家電製品 10 円分の電気代でどのくらい使える？

電気料金の計算方法

まず、前提として電気料金のシステムを理解することが重要となります。

電気料金には**図 1** のように、「基本料金」+「電力量料金」+「再生可能エネルギー発電促進賦課金」から「口座振替割引額」が引かれるのが一般的になっています。

今回の質問「家電製品 10 円分の電気代でどのくらい使える？」の 10 円の部分は、電力量料金の部分に該当するものとしてご説明します。

電気料金

[基本料金] ＋ [【電力量料金】 燃料費調整額 {電力量料金単価×使用量}±{燃料費調整単価×使用量} ＋ 【再生可能エネルギー発電促進賦課金】 ※円未満切り捨て 再生可能エネルギー発電促進賦課金単価×使用量] － 口座振替割引額

図 1　電気料金の計算方法

一般家庭では、「従量電灯 B や A」といった契約をしているかと思います。電気料金の計算には「三段階料金」方式が用いられます。具体的には、0～120kWh までの使用量には比較的安い料金が適用され、121～300kWh の範囲では標準的な家庭の月間使用量に基づいた平均的な料金設定がなされます。301kWh 以上の使用量に対しては、より高い料金が設定されています(地域によって数値が違う場合があります)。今回は、概ね 121～300kWh くらいまでの第二段階料金を参考にしていきたいと思います。

全国には東京電力や関西電力など 10 社の大手電力会社があります。それら電力 10 社の電気料金の単価の平均値を調べると「34.73円/kWh」となります(2023 年 12 月時点)。電気料金の単価は、地域や契約によって変動するため、各メーカーは(公社)全国家庭電気製品公正取引協議会が事業報告として告知している電力料金の目安単価の基準を「31円(税込み)」としているため、それを使用していきます。

ここで、ちょっと聞き慣れないかもしれない単位が出てきました。「kWh(キロワットアワー)」です。これは電気料金の支払明細書にも記載されています。ぜひとも、この単語の意味を知ってください。このkWhの意味は、「1,000Wを1時間使用したら」という意味になります。ですので、前述の平均電力料金34.73円/kWhは、「1,000Wを1時間使用したら、34.73円になるよ」ということを表しています。では、1,000Wを何分使ったら10円になるのでしょうか。今回は31円/kWhとして計算します。(使用時間/60)× 31(円)=10円とすると、約19分で10円になる計算になります。

実際に計算したらどうなる?

前置きはここまでにして、家電製品10円分の電気代でどのぐらい使えるのか見ていきましょう。

まずは冷蔵庫。勘違いしやすいのが、「小さければ消費電力も小さいのでは?」と思ってしまうことです。実は、大きい冷蔵庫の方が省エネだったりします。これは構造上の問題もあるのですが、需要と供給のバランス的に大きいものが一番売れるため、開発も進むということが考えられると言われています(諸説あります)。

では、どのくらい違うのか簡単に表にしてみました(**表1**)。

表1　冷蔵庫の容量別消費電力量の比較

内容積	312L	285L	259L	179L	120L
kWh/年	252	265	279	330	272

※同じ型番でも販売時期によって電力量が変わる場合がある

この表示は冷蔵庫の扉の内側に書かれているので、確認してみてください。

では、計算してみます。表内の285L・265kWh/年を例として使用します。この表記は「1年間で265kWh消費します」という意味になるので、

1年間で265kWh×31円=8,215円

となります。今回の質問は、10円だとどのくらい使えるかということなので、これを1日当たりに変換してみます。

8,215円÷365日=22.5円/日

となります。ここまでくると大体予想はつくかと思いますが、一応計算をしてみましょう。

10 円＝(22.5 円/24 時間)×使用時間

使用時間＝10.7 時間

なので、約 10 時間半使用すると、10 円の電気料金がかかることが分かると思います。このように、家電製品のほとんどに使用時どのくらい電力を使用するかの表記があるので、計算してみるといいでしょう。

消費電力量の計算が難しい家電製品

次の家電製品については、消費電力から電気代を計算するのが難しい製品になります。家電製品名とその理由を下記に示します。

① エアコン

条件によって消費電力が大きく異なる家電製品です。そのため、正確にエアコンの電気代を推測するのは難しいと言えます。

例えば、冷房の場合 0.640(0.250～1.260)kWh 程度

暖房の場合 0.920(0.290～2.355)kWh 程度

冷房と暖房だけでも使用する電力が変わるのが分かると思います。また、寒い時期が長かったり、猛暑日が続いたり、エアコンを使用しない日があったりと、エアコンを使用する頻度も変わってきます。そのため、エアコンの電気代は一定ではないのです。

② 冷蔵庫

エアコンの次に電気代を計算することが難しい家電製品です。これは外的要因(例：ドアの開閉回数、冷蔵庫に入れている食品の数、冷蔵庫の設置場所など)によって、電気料金が変わってしまうからです。省エネしたい(電気代を節約したい)のであれば、次のことに注意して節電してみてください。

・冷蔵室に食品を詰め込み過ぎない

冷蔵庫内に食品を詰め込み過ぎると冷気の通り道がなくなり、冷蔵庫がフル稼働して冷やそうとします。適度な隙間をつくって入れるといいでしょう。

・扉の開閉回数と時間を最小限にする

扉を開けると、それだけで冷気が出て来てしまいます。現在の冷蔵庫は扉を開けると、冷気を出すファンが止まる仕組みになっています。これは内部にある冷気を外に出さないための構造です。しかし、開閉回数が多くなれば、それだけ冷気が庫内から出てしまうので、極力回数を減らすといいでしょう。

表2は、(一社)日本電機工業会のホームページで表記されている家電製品として定義されているものを、10円だとどのくらい使えるかをまとめたものです。

表2　家電製品別消費電力量と10円で使用できる時間(例)

家電製品名	消費電力	10円当たり 使用できる時間 (目安)	備　考
電気冷蔵庫	279kWh/年	10時間8分	
ルームエアコンディショナー (エアコン)	760kWh/年	3時間44分	期間消費電力量
電気洗濯機(縦置)	255W	1時間16分	
衣類乾燥機(単体)	1,255W	16分	
炊飯器	1,240W	16分	
IHクッキングヒーター (ビルトインタイプ)	3,200W	6分	大コンロ
電気掃除機 (スタンドタイプ)	4.7W	3日	充電器の変換効率を70%として仮定
電気掃除機 (ホースタイプ)	1,170W	16分	
換気扇 (レンジフード)	88W	3時間40分	
電気式浴室換気乾燥暖房機	1,250W〈7W〉	16分〈2日〉	〈　〉内は換気のみ
オーブンレンジ・電子レンジ	1,000W	19分	
オーブントースター	1,270W	16分	
空気清浄機	27W	12時間	
食器洗い乾燥機	770W	30分	
電気暖房機	1,200W	16分	
電気温水器	985W	19分	
電気ポット	700W	28分	
電気ケトル	1,250W	16分	
扇風機	22W	15時間	
ヘアドライヤー	1,200W	16分	
家庭用電気生ごみ処理機	800W	24分	

※各家電製品の売れ筋商品のスペックを基に算出

三須　健吾

日本工学院専門学校　教育・学生支援部

たこ足配線はダメって言うけど、市販されている複数口の電源タップはなぜ危なくないの？

たこ足配線って何？

たこ足配線とは、どのような状態のことでしょうか。配線器具などの製造販売事業者で構成される団体である日本配線システム工業会(以下：工業会)では、「たこ足配線とは、同じコンセントから電源タップ(テーブルタップや栓刃式マルチタップ)を複数使用する形態を意味する。」と定義しています(**図1**)。

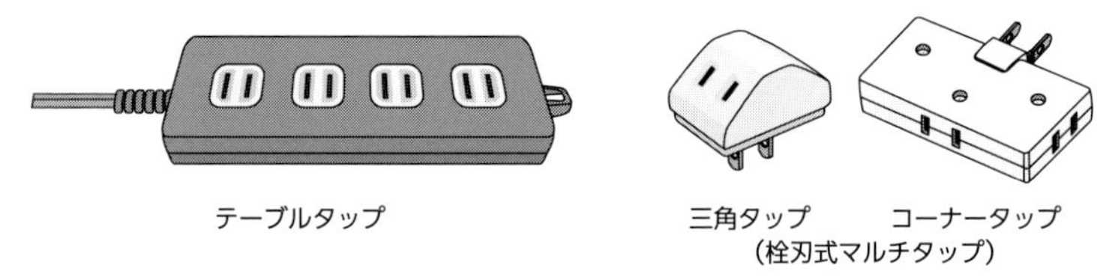

図1　電源タップの例

例えば、テーブルタップの差込口に別の電源タップを接続する状態はたこ足配線です(**図2**)。栓刃式マルチタップに、さらに電源タップを接続する状態もたこ足配線です。

壁のコンセントに1つの電源タップを接続する場合は、たこ足配線とは呼びません。電源タップには差込口の多い製品もありますが、そのすべての差込口に電気機器を接続して使用した場合も、たこ足配線とは呼びません(**図3**)。

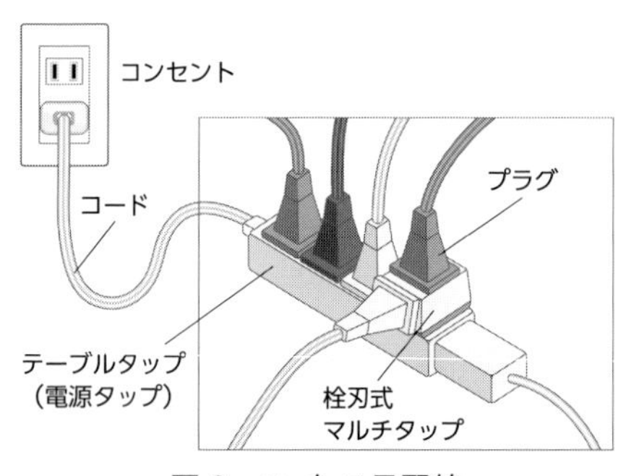

図2　×　たこ足配線

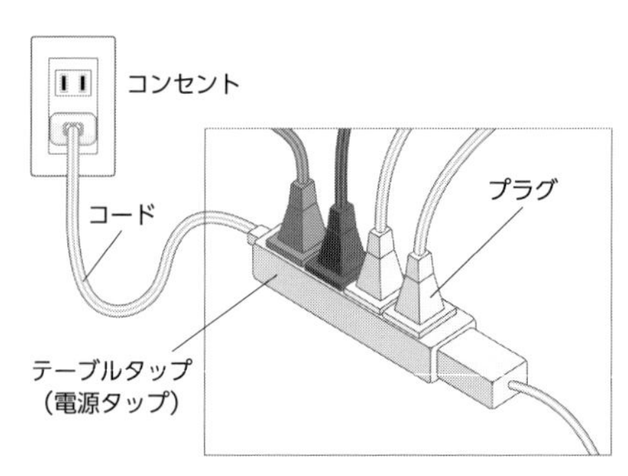

図3　○　たこ足配線ではない

つまり、たこ足配線とはテーブルタップや栓刃式タップなどの電源タップを複数個使って差込口を増やし、まるでタコの足のようにからまっている状態のことなんですね。

たこ足配線はなぜダメなの？

では、たこ足配線はなぜダメなのでしょうか。その理由は、コンセントや電源タップには同時に使用できる電流の上限が決まっているからです。この上限を定格電流と言います。一般にコンセントや電源タップの定格電流は15Aなので、同時に使用する電気機器の合計電流は15A以内にする必要があります。電気機器には消費電力Wで表示されていることが多いので、電流Aと電力Wの関係を理解しておきましょう。電力は以下のように計算します。

電力(W：ワット)＝電圧(V：ボルト)×電流(A：アンペア)

一般家庭の電圧は100V(エアコンなど200Vの電気機器もあります)なので、定格電流15Aを消費電力に換算すると、100V × 15A ＝ 1,500Wまでの電気機器が使用できることになります(図4)。

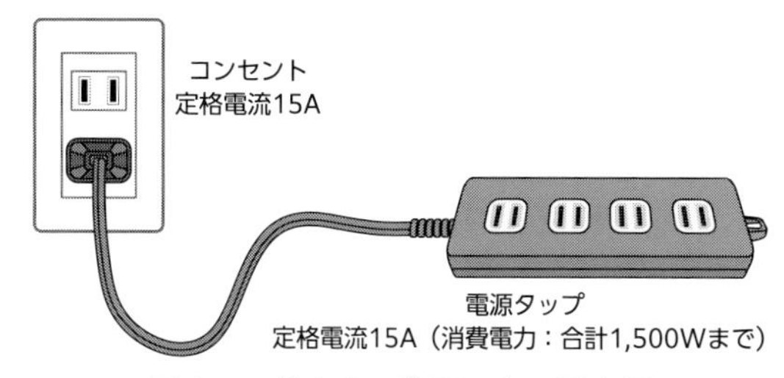

図4　一般家庭で使用できる電力量

たこ足配線をすると接続している電気機器が多くなり、同時に使用している電気機器の合計の消費電力が分かりにくくなります。そのため、電気機器の合計の消費電力が1,500Wを超えると、電源タップの定格電流15Aを超えてしまうことになり、危険性が高くなります。特に、テーブルタップにさらに別のテーブルタップを連結して使用すると、テーブルタップを使用する場所が異なることになり、使用している電気機器の合計の消費電力が一段と分かりにくくなります。

電源タップの定格電流は一般に15Aですが、一部の製品では12Aや10Aなど定格電流の小さな製品も存在しますので、電源タップの本体などに表示されている定格電流や接続できる最大消費電力を確認することが重要です(図5)。

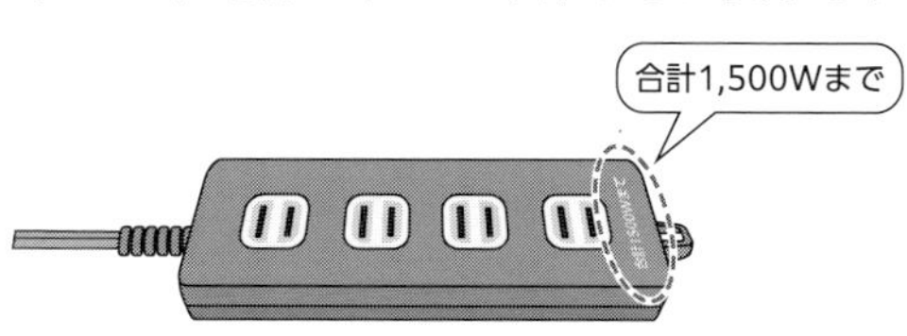

図5　接続できる最大消費電力の表示例

電源タップの定格電流を超えて使用すると、流れる電流が大き過ぎるためコードなど電流を通す部分が異常に熱くなり、火災の危険性が高まります。また、たこ足配線をすると、多くのプラグが差し込まれることになり、プラグやコードの重さなどによって接続部分が抜けかかった状態になる可能性が高くなります。安全に使用するために、電源タップにさらに別の電源タップを接続しないようにしましょう。

市販されている複数口の電源タップは、なぜ危なくないの？

① 壁のコンセントに接続できる最大消費電力を超えないように要注意！

一般家庭の壁にあるコンセントも定格電流は15Aで、図4のように差込口が2口のものが一般的です。この場合、2口の差込口の合計を定格電流15A以内で使用しなければなりません。つまり、壁のコンセントに接続できる最大消費電力は1,500Wです。例えば、片方の差込口で1,000Wの電気機器を使用している場合、もう片方の差込口で同時に使用できるのは500W以内の電気機器となります。それぞれの差込口で1,500Wずつ使用できるという誤解はせず、コンセントに接続できる最大消費電力を超えないように注意しましょう。

② 電気機器の接続台数ではなく、消費電力の把握が重要！

コンセントや電源タップには定格電流、つまり接続できる最大消費電力という制限があるので、そこに接続する電気機器の消費電力の合計を把握して使用することが重要であることを説明しました。したがって、複数口の電源タップを使用すること自体が危険なのではなく、重要なのは電源タップに接続する電気機器も含めて、壁のコンセントに接続するすべての電気機器の消費電力の合計を1,500W以内にすることです。

安全に使うために確認しましょう

電気機器の消費電力は本体やパッケージ、説明書などに記載されています。**表1**に主な電気機器の消費電力の目安を示します。

例えば、オーブントースター1,300Wとコーヒーメーカー650Wを同時に使用すると合計1,950Wとなり、電源タップに接続できる最大消費電力1,500Wを超えてしまいます。消費電力の大きな電気機器を使用する場合は特に注意が必要です。一方で、ノートパソコンやインクジェットプリンター、無線LANルーターのような消費電力が小さい機器の場合は、複数を同時に使用しても電源タップに接続できる最大消費電力に対して十分な余裕があります。また、消費電力が大きな電気機器の中には、直接コンセントに差し込んで使用することを指定している場合もあります。電気機器の本体や説明書に記載されている使用条件を守って、消費電力の合計がコンセントに接続できる最大消費電力を超えていないかを確認することが大切です。

表1　消費電力の目安

電気機器	消費電力の目安	電気機器	消費電力の目安
電子レンジ	1,000W	空気清浄機	55W
オーブントースター	1,300W	液晶テレビ	70～300W
コーヒーメーカー	650W	ノートパソコン	50～120W
アイロン	1,000W	インクジェットプリンター	60W
ドライヤー	1,200W	無線LANルーター	15W

コンセントや電源タップにも寿命があります。定期的に点検を

定格電流の範囲内で安全に使用していたとしても、電源タップにも寿命があるので、長い間使っていると使用状況によって劣化し、安全性が損なわれる可能性があります。工業会では、テーブルタップの交換の目安は3～5年を推奨しています。ただし、すべてのテーブルタップが3～5年で寿命になるわけではありません。コードを折り曲げたり、踏みつけたり、引っ張ったりするなど使用状況によっては、短い期間でも交換が必要な場合もあります。ですので、定期的に掃除を行い、少なくとも年に一度は点検して、**図6**のような現象があったら大変危険なので、速やかに交換することをお勧めしています。

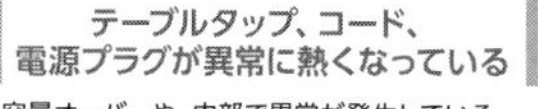

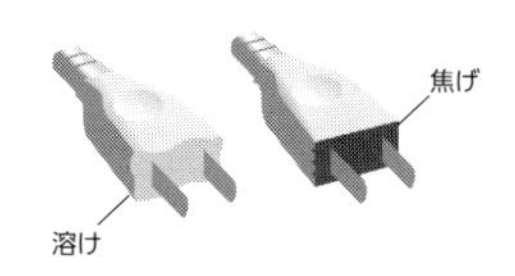

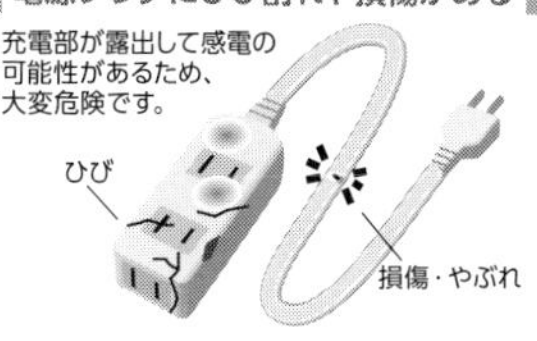

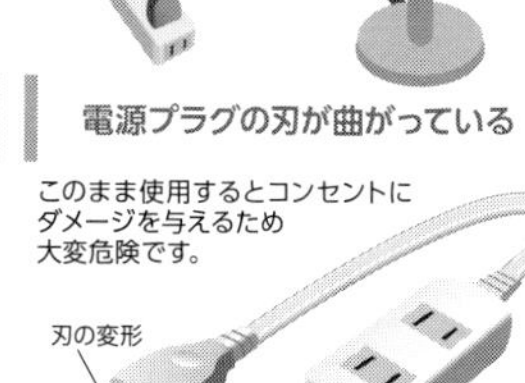

図6　電源タップの異常

（一社）日本配線システム工業会

エアコンをこまめに消す、つけっぱなし、どちらがエコ（電気代が安い）？

エアコン事情

エアコンは、家庭内の消費電力量に占める割合が大きい「HEMS 重点８機器」（**図１**）の１つに挙げられています。HEMS とは、Home Energy Management System の略語であり、住居内で電気を使用する機器において、一定期間の使用量や稼働状況などを監視しながら電力使用の最適化を構築するための仕組みです。日本が提案した「家庭用エアコンとＨＥＭＳコントローラ間アプリケーション通信インターフェース仕様」に基づく国際規格が普及することで、HEMS の導入も国内外で促進され、世界的な省エネ効果と日本製品の優位性向上が期待されています。

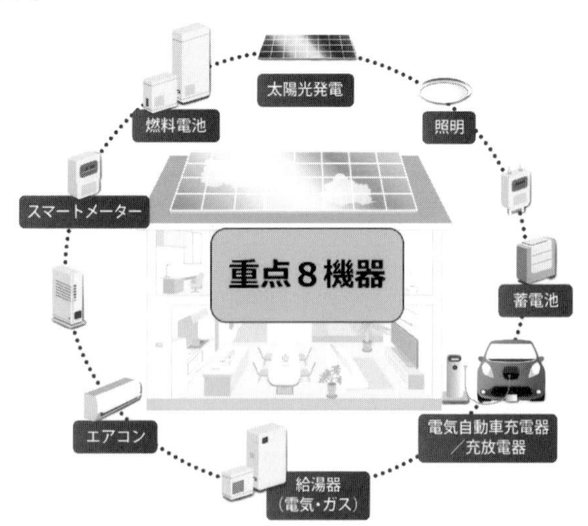

図１　HEMS 重点８機器
出典：（一社）エコーネットコンソーシアム「ECHONET Lite の概要」

特に消費電力量の大きい８機器を HEMS と相互接続させて省エネ効果を得ようとする規格が HEMS 重点８機器であり、脱炭素社会の取り組みの１つとして拡充も進んでいます。

近年、エアコンの省エネ化が進むとともにスマートフォンの遠隔操作で外出先からでも電源の入切や温度変更などを行えるものが発売され、気象情報会社からの微小粒子状物質や花粉の飛散予測データなどと連携して住居内の空気が汚れる前に空気清浄を自動運転するAI機能まで備えたものが存在します。また、インバーター制御という技術は現在の市場におけるエアコンで標準装備と考えても大袈裟ではありません。インバーター制御が装備される以前のエアコンは、50Hz/60Hzの電源周波数に応じてモーター回転数が決まるため、一定の能力でしか運転することができません。住居内の室温調節は圧縮機の入切だけで行い、設定温度に達すると圧縮機は停止し、暑くなってくると再び圧縮機を動かすため室温変化が大きく、圧縮機を動かすにも電源周波数に応じた回転数では設定温度に達するまで時間を要しました。圧縮機とは、エアコン内部に充填（じゅうてん）されている「冷媒」が吸収した空気中の熱を運びながら変化させるための液体(冷媒のことであり、液体から気体へ、気体から液体へと変化する)を圧縮する機械(**図2**)のことですが、インバーター制御のエアコンは電源周波数に応じることなく、モーター回転数を自由に変更することができるため、冷房や暖房の能力は圧縮機からの冷媒流量を変化させて調整しています。そのため室温変化は少なく、圧縮機の回転数を上げて大きな能力を引き出せるため、インバーター制御が装備される以前のエアコンよりも早く設定温度に到達できることが特長です。

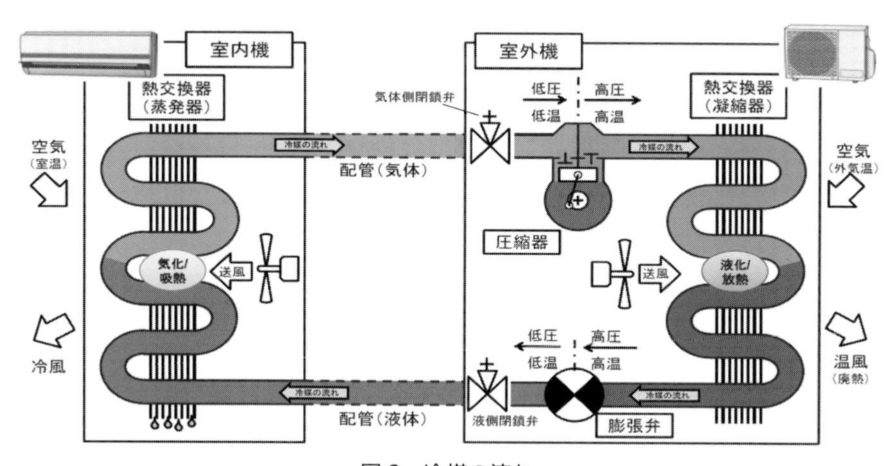

図2　冷媒の流れ

まさにエアコンの技術は日進月歩であり、住居に適したエアコン選びが製品カタログにまで反映しています。2022年10月にはエアコンの省エネ目標が

15年振りに改定され、製品カタログなどに表記される統一省エネラベルも変更されました(図3)。

図3　統一省エネラベルの例
出典：経済産業省資源エネルギー庁、省エネポータルサイト、エネルギー消費機器の小売事業者等に係る省エネ法の概要

疑問の検証

前述までの内容から現在のエアコンは十分に省エネ性能が優れており、購入においても製品カタログなどと照合して自身の住居に適したエアコンを選定できる仕組みが整っていることとご理解いただけたのではないでしょうか。

しかしながら、燃料価格の高騰で大手電力会社が損失を被(こうむ)らないために規制料金を底上げしたことを考えると、エアコンの上手な使い方や省エネ効果が気になると思います。エアコンをこまめに消すと省エネなのか、つけっぱなしが良いのかは以前から議論されていて結論も見つかっていない疑問ですが、その理由などを検証してみましょう。

エアコンはリモコンで指定されている運転モードで稼働します。「冷房」が指定されていれば冷房運転を、風量が「自動」で指定されていれば自動運転を、室温が「28℃」で指定されていれば28℃を目指します。着目すべきは室温設定温度を目指すところにあり、設定温度に達するまでの消費電力量が大きいことです。消費電力とは電化製品を稼働させる際に使われる電力であり、消費する電力量が大きくなればなるほど電気代も上がります。室内の温度とエアコンの設定温度に消費電力を加えた冷房時のグラフを見てみましょう(図4)。

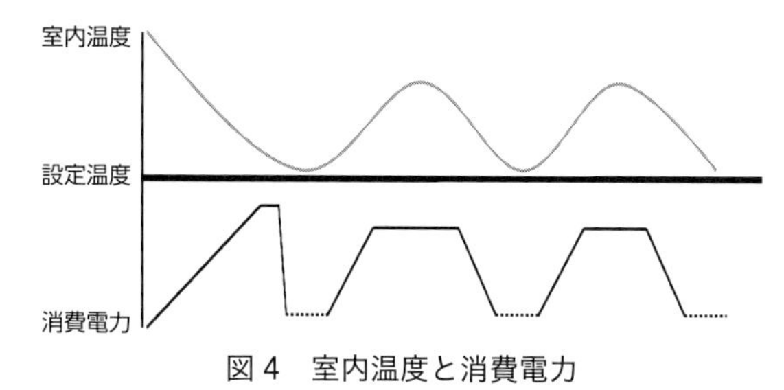

図4　室内温度と消費電力

図4の上部の薄い線が設定温度に達すると、エアコンはその温度を維持しておくだけの電力で稼働するので、消費電力は実線の破線位置まで下がります。エアコンを消すことで室温は上がるので、設定温度に達するまで再び消費電力も大きくなります。ここまでセオリーが整っていても結論に至れない理由は使用環境が三者三様であるためです。

例えば、エアコンの性能が異なることや住居の断熱性能が異なること、さらには天候や陽光の入射量の違いなどが大きく影響するため断言ができないのです。それでも目安を見出すことはできるでしょう。図4の下の破線は設定温度を維持するために必要な電力なので、エアコンをつけっぱなしにしていれば消費していた電力であり、破線から実線に変わって上昇する電力はエアコンを消さなければ発生しない電力です。したがって、破線がどのくらいの時間で損益分岐点となるのかを目安にしておきたいところです。

筆者の住居では、夏場の設定温度28℃から30分のエアコン停止で8℃の上昇と、冬場の設定温度20℃から30分のエアコン停止で3℃の下降を確認しているので、損益分岐点は上昇温度と下降温度がそれ以上に達しないための約20分が目安になると思います。この時間帯は議論の声で聞こえている「15分から30分ほどの外出であれば、エアコンはつけっぱなしにしておくと電気代を節約できる」に当てはまります。決して結論に至ることのできない難しい疑問ではありますが、間違いなく指摘できることの1つとして「10年以上前に購入されたエアコンは、最新エアコンに買い替えることで電気代の節約に大きく貢献する」ことは紛れもない事実です。

本多　宏行
テックマークジャパン(株) 業務部

電子レンジでブドウをチンすると、恐ろしいことが起きるって本当？

キッチンやコンビニエンスストアで気軽にチン！ 電子レンジは食品の加熱には欠かせません。トレイに載せて数十秒から数分間、レンジでチンするだけで食品を温めてくれる便利な家電品です。「レンジでチン」という言葉も、いつの間にか日常で使われる日本語として定着しました。ところで、電子レンジで食品が温まるのはどうしてか知っていますか？

私たちは日常生活の中で様々な「加熱」を用いています。ガスコンロで鍋のお湯を沸かす際には、ガスの燃焼による火焔(かえん)で鍋の底を加熱し、そこから中の水に熱が伝わって温まっていきます。IHヒーターで調理をする際には、電磁誘導によって鍋やフライパンといった金属容器に電流が流れ(「渦電流」と言います)、金属の電気抵抗による発熱によって容器が加熱され、そこから食品に熱が伝わります。

このように、私たちが加熱と呼ぶ手法は、熱源から加熱したい物へと熱が伝わること(伝熱、熱伝導)によって起こる現象を利用しているのです。水が高いところから低いところに流れるのと同じように、熱も高いところから低いところに伝わるのです。「熱を加える」という文字の通り、高温の熱源からの熱伝導こそが加熱の本質にほかなりません。ところが、電子レンジによる食品の加熱は、これとは様相が異なります。電子レンジの庫内をのぞいてみても、金属の板で囲まれた空間があるだけで、熱源となるヒーターらしきものは見当たりません。それでは、レンジでチンの過程には何が起こっているのでしょうか。

電子レンジで食品が温まるのは？

電子レンジのスイッチを入れると、レンジの庫内にはマイクロ波と呼ばれる電波が飛び交うようになります。マイクロ波はX線などの放射線や、紫外線や可視光線などの光と同じように、電磁波の一種です。電磁波は周波数(あるいは波長)によって定義することができます。電磁波は電界と磁界が振動しながら空間を伝播しますが(**図1**)、ここで、電界(および磁界)が1秒間に振動する回数を周波数、1周期分(山から山、あるいは谷から谷)だけ振動する長さを

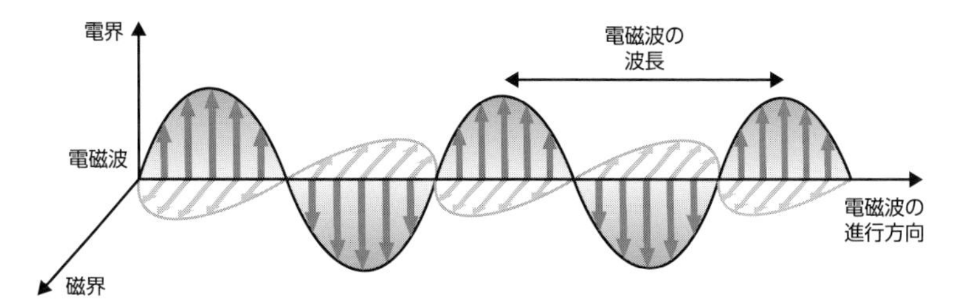

図１　電界と磁界が振動して伝播する電磁波

波長と言います。周波数と波長は反比例の関係にあり、光の速度を周波数で割ったものが波長になります。電子レンジで用いられているのは周波数 2.45 GHz(ギガヘルツ)、波長にして 12.2cm のマイクロ波で、1 秒間に 24.5 億回も電界と磁界が振動しています。ここで、振動する電磁界と物体との相互作用について考えてみましょう。

水(H_2O)分子には電荷の偏り(極性、分極)が存在し、プラスを帯びた部分とマイナスを帯びた部分があります(このような分子を「極性分子」と呼びます)。水分子に電界を加えると、分子の向きを変化させて電界の方向に揃えようとします。電子レンジでは、この電界が 1 秒間に 24.5 億回も振動するので、水分子もそれに追従しようと振動を繰り返すことになります(**図 2**)。これが発熱を示す要因なのです。すなわち、電子レンジは食品に含まれる極性分子(水分)とマイクロ波との相互作用による食品の自己発熱現象を利用したものであって、正確には加熱ではないことが分かります。茶碗の中のご飯や皿の上のおかずが温まっても、茶碗や皿が熱くならないのはそのためです。もちろん庫内の空気も熱くならないですよね。熱源からの熱伝導によるのではなく、温めたい物(食

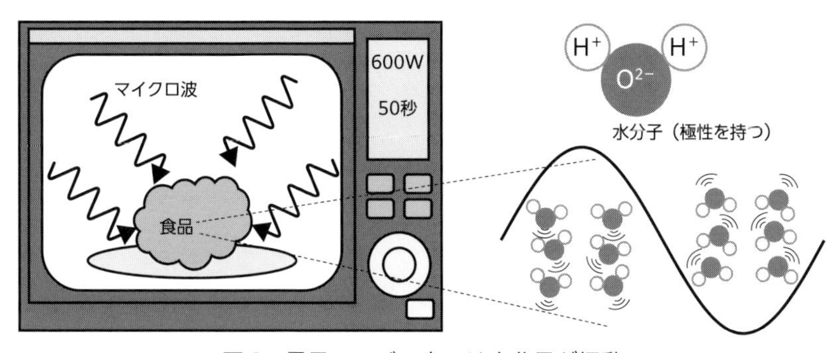

図２　電子レンジの中では水分子が振動

品)が自己発熱することから(「内部加熱」と呼んでいます)、短時間で効率良く食品を温めることができます。

ブドウをチンすると？

電子レンジで食品が温まる理由が分かりましたが、時として恐い思いをすることもあります。ブドウは、1粒1粒は球体をした粒子とみなすことができます。このブドウの粒を接触させた状態で、電子レンジでチンすると瞬く間に接触点の近傍にプラズマが発生し、強烈な発光が起こるとともに発火することがあります(**図3**)。これは危険ですので、家庭ではやってはいけません。この現象には電界の集中による局所加熱が関係しています。

電子レンジの局所加熱は、普段もよく経験することです。元々電子レンジの庫内には波長12.2cmの電波が飛び交っているので、家庭用レンジの大きさで庫内に均質な電磁界分布をつくり出すことは困難です。そのため、ターンテーブルで食品を回転させたり、金属のファンでマイクロ波を撹拌させたりして、なるべく均質に加熱できるような工夫がされていますが、全体を均質に加熱するのは困難です。

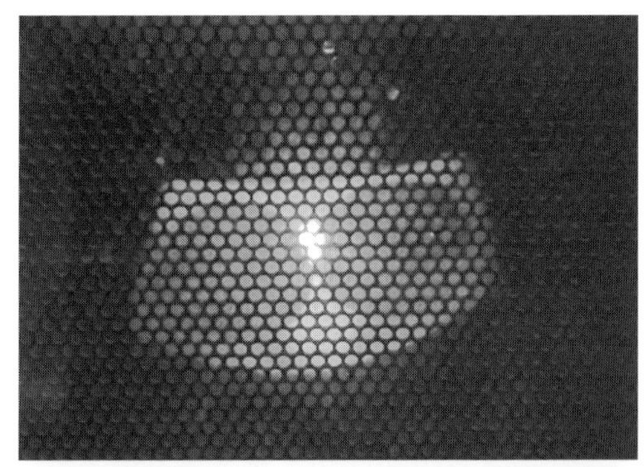

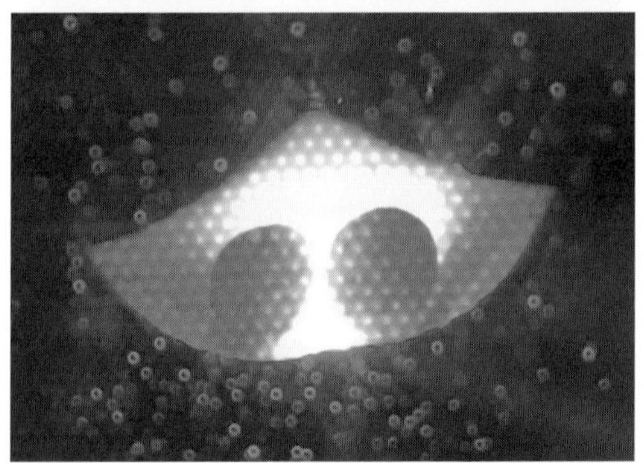

図3　ブドウをレンジでチンすると…

例えば、冷凍シュウマイを温めることを考えてみましょう。皿の上にたくさんの冷凍シュウマイを並べてチンしても、すべて均質に温まることは稀で、実際には加熱ムラが生じてしまいます。全体を温めようと時間を延長してチンしても、先に温まったところがさらに高温になって、冷たいところは今ひとつといった経験があると思います。水がマイクロ波をよく吸収するのに対し、氷はほとんど吸収しないため、部分的に解凍されたところに電界が集中し、どんどん発熱を示すようになるのです。

これまで見てきたように、極性を持った水分子を含む物体はマイクロ波の振動電界とよく相互作用(マイクロ波をよく吸収)し、発熱します。他方、液体溶媒であっても極性を持たない溶媒の場合、マイクロ波の吸収は起こらずに溶媒を通り抜けることになります(透過)。マイクロ波を吸収する物体においては、物体内部に侵入したマイクロ波はどこまでも深く入り込むわけではなく、吸収されて熱に転換されるにしたがってエネルギーが減衰していきます。マイクロ波のエネルギーが物体表面における値から半分の値まで減衰する深さのことを侵入深さと言います。これにはマイクロ波の周波数も関係し、2.45GHz(波長:12.2cm)のマイクロ波の場合、水への侵入深さは2cm程度と見積もられます。ブドウはみずみずしく、マイクロ波に対してほどよい大きさのため、電子レンジのマイクロ波と強く相互作用して吸収を示すことが分かります。電界の集中した球体同士が近接することで(必ずしも接触している必要はありません)、その微小空間で放電が生じてプラズマが発生するのです。ブドウにはカリウムやカルシウムなどのミネラルも含まれるため、これらのイオンによる発光(「炎色反応」と言います)が認められます。

電子レンジで放電というと、「レンジにアルミホイルなどの金属を入れてはいけません」という注意事項を思い浮かべる人も多いでしょう。金属はよく電気を流しますが、その導電性発現の要因でもある自由電子がマイクロ波の振動電磁界と相互作用し、激しく運動します。その結果、飛び出した自由電子が他の部位や壁面などとぶつかって放電するのです。アルミホイルや金属容器の先端などの尖った部位から放電は起こりやすい傾向にあります。そもそも金属へのマイクロ波侵入深さは極めて薄く、ほとんどは反射されるので、反射したマイクロ波がその発振源であるマグネトロンという電子管にダメージを与える可能性もあります。

このように、放電現象は発火を誘発したり、機器を損傷する恐れがあるため、電子レンジを使用する際は注意が必要です。食品をトレイに載せてチンするだけ、という便利な家電品ですが、その仕組みをよく理解して安全に使いましょう。

滝澤　博胤

東北大学 大学院工学研究科

冷蔵庫はチルド室・冷凍室・冷蔵庫に分かれているけど、どんな仕組み？

冷凍サイクル

物質が液体から気体に変化する時、周囲の熱を奪います。予防接種などで注射する前にエタノールで皮膚を消毒されると冷たく感じるのは周囲の熱を奪いながら気体へと変化しているためです。また、気体に圧力が加わると液体になって熱を放出(放熱)します。したがって、周囲の熱を奪いながら気体になった物質(冷媒)を圧縮して再び液体に戻すことを繰り返せば密閉された個室を冷やし続けることが可能となります。この仕組みが冷凍冷蔵庫に採用される運びとなり、いわゆる「冷凍サイクル」と表現されるようになりました(**図1**)。

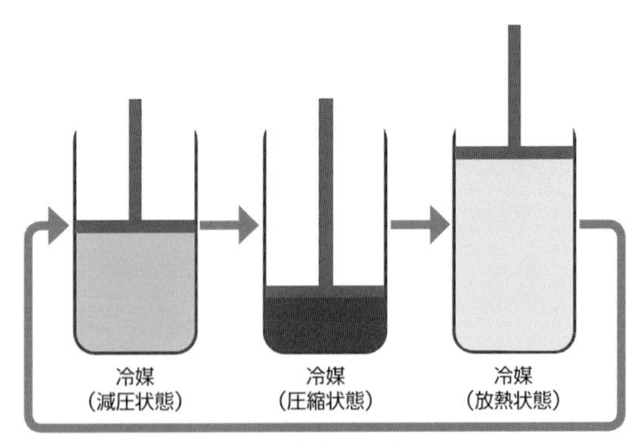

図1　冷凍サイクル

冷却方式

冷却方式は大きく分けて3種類あります。冷却方式の違いで冷凍冷蔵庫内における各庫内室の温度制御が異なります。

直冷方式(**図2**)は、冷凍室と冷蔵室に個別の冷却器が据えられており、熱が高温から低温へ移動する熱伝導と、温度の変化によって流動が発生する自然対流の仕組みを利用して庫内を冷却する方式です。冷凍室の壁面が直接的に冷却器で構成されるため、効率的かつ消費電力も少ないですが、霜の発生時には冷

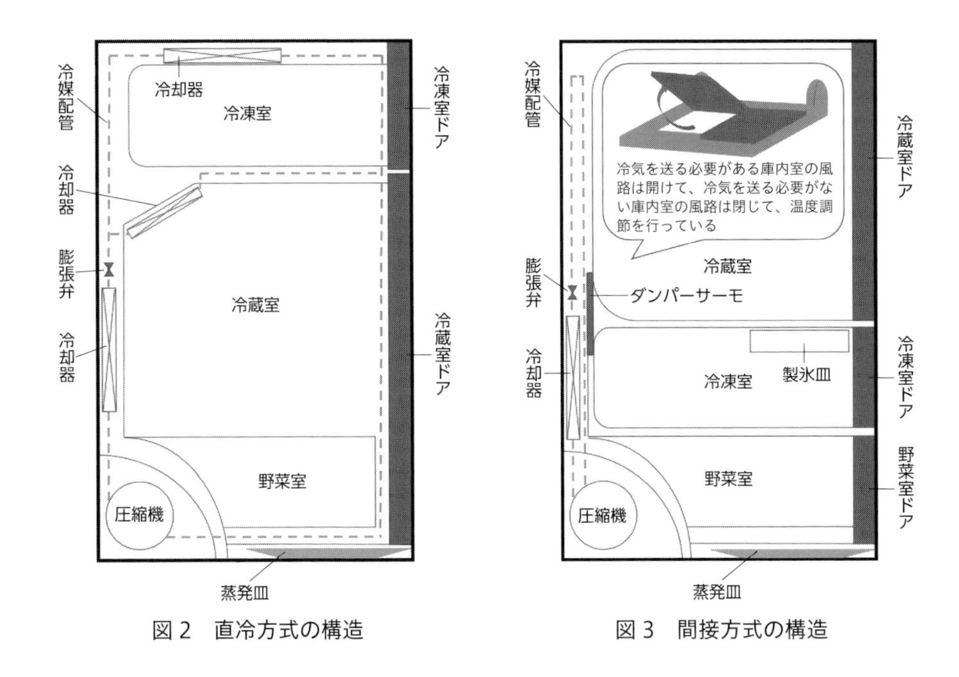

図2　直冷方式の構造

図3　間接方式の構造

却器から食材を退避させる必要もあり、冷凍室と冷蔵室を独立させての温度制御が難しい方式です。デメリットの多い冷凍冷蔵庫のような印象を受けることもあるかと思いますが、構成部品の点数が少ないことからも商品価格は比較的安価であり、静音性に優れています。

間接方式(**図3**)は、冷却器で冷やされた冷気をファンモーターで強制循環させることが可能であり、その風路には冷凍室や冷蔵室、さらにチルド室や野菜室など複数の庫内室を温度制御するための開閉弁が据えられ、ダンパーサーモと呼ばれる温度検知部品と連携して、冷気を送るべき庫内室への開閉弁は開き、冷気を遮断すべき庫内室への開閉弁は閉じる行為を行います。この仕組みにより複数の庫内室を温度制御することが可能です。また、霜取り用のヒーターが備わったことで、霜の発生時に食材などを退避させる必要はありません。

なお、間接方式には、冷却器１つで冷凍室や冷蔵室の温度制御を行うシングルタイプと、冷却器２つで冷凍室や冷蔵室の温度制御を行うツインタイプが存在します。

電子方式(**図4**)は、前述までの冷凍サイクルが存在しません。冷却には、半導体を２種類の金属で接合したペルチェモジュールに直流電流を用いると吸熱と放熱が生じる「ペルチェ効果」という現象を利用します(**図5**)。冷凍サイクルのような冷却効率は望めません。非常に小型なため自動車の車載用などで活用されています。使い勝手が悪い印象を受けることもあるかと思いますが、直冷方式や間接方式で採用されている圧縮機は必要ありません。したがって、圧縮機の稼働音や振動音が生じることはなく、静音性は直冷方式より優れています。静音性に優れていることからもホテルの客室で重宝されており、安眠を妨げることも少ないでしょう。また、冷媒であるフロンガスを一切使わないため地球環境にも配慮された冷蔵庫です。メーカーによっては、強制放熱ファンモーター(低騒音型)を装備しているものが存在します。冷蔵庫の背面側に備わっており、庫内に多くの食材などが詰められた場合でも冷却能力の低下を抑制することが可能です。

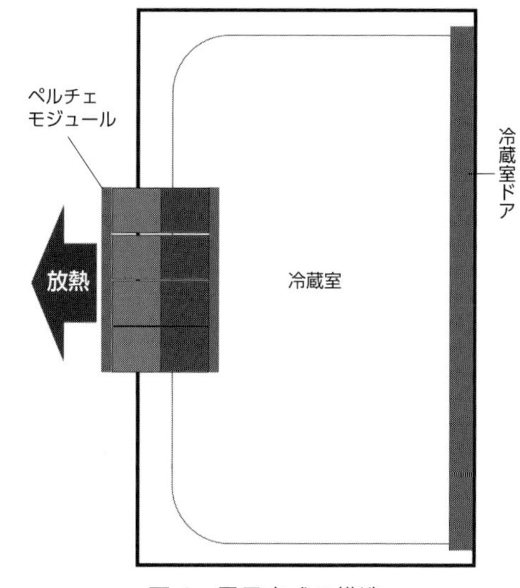

図 4　電子方式の構造

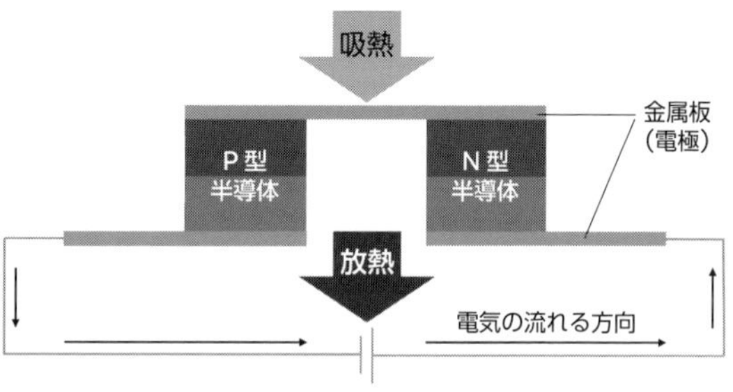

図 5　ペルチェ効果

庫内温度

庫内室の最もバリエーションが多い冷凍冷蔵庫は間接方式でしょう。この意見に対する異論は少ないと思います。それぞれの庫内室で制御されている温度は異なるので、食材を保存する際は選定すべき庫内室に入れましょう。メーカー毎で庫内室の構成や設定温度などは異なりますが、目安表を設けましたので、参考にしてみてください(表 1)。

チルド室という名称については、チラー室やパーシャル室と表現されることもあれば、稀に氷温室と表現されていることもあります。名称は違っても、効率良く食品の鮮度を保持するための技術や考え方は同じです。また、最新の冷

表１　保存室の設定温度（目安）

庫内室		温度（目安）	保存食材
冷蔵室	棚	0～3℃	乳酸菌飲料、豆腐、スライス・カット後の果物、生卵、調理後のサラダ、バター など
	ドアポケット	0～7℃	牛乳、ジュース、飲料水、ビール など
チルド室		−2～0℃	生肉、魚介、かまぼこ、ウインナー など
冷凍室	製氷	−20～−17℃	自動製氷で投入された氷 購入した氷の投入は御法度（故障の原因）
	冷凍	−20～−18℃	冷凍食品、アイスクリーム、ご飯 など
野菜室		4～9℃	使いかけの大物野菜、使いかけの小物野菜、葉物野菜、大物野菜、小物野菜、大型ペットボトル など メーカーにより背の高い野菜の専用収納が備わっている場合は大いに活用しましょう

凍冷蔵庫は、次のようにチルド室が工夫されているものも多く見受けられます。

・チルド室の気圧を下げて（約 0.8 気圧）、酸素量を減らすことで食品の酸化を抑制する

・氷点温度を若干下げて（約−3～0℃）、食品を凍結させずに保存する

・約−3℃で食品の表面だけを凍結させて、食品内部への酸素侵入を防止する

このように各メーカーの技術者が用いる食品保存技術は様々ですが、食品を長く保存しても鮮度が落ちることなく、美味しく味わっていただきたいという消費者の皆さんへの情熱は、各メーカーの技術者が同じベクトルを向いているからこそ実現しているのだと思います。

最後に豆知識となりますが、チルド室の技術には「ドリップ」という言葉が用いられることが多くあります。ドリップとは、生ものを解凍する時に発生する水分のことを指しています。この水分は、食品の「うまみ成分」が流出してしまっている現象であり、水分が大量に流出すると食感まで悪くなるとされています。このような現象を抑制するためにチルド室が設けられました。チルド室だからこそ、一般の冷蔵保存よりも食品の発酵や成熟を遅らせる効果が期待できるのです。庫内温度のチルド室にも記載されている通り、生肉や魚介、かまぼこ、ウインナーのような生鮮食品や発酵が進みやすい食品の保存は、チルド室を有効活用しましょう。

本多　宏行

テックマークジャパン（株）業務部

テレビの音量を下げると、どのくらい節電になる？

母親：「電気代がもったいないから、テレビの音量を下げなさい！」

子供：「嫌だよ。それじゃつまんないし、音量を下げたって、たいして電気代は変わんないよ」

テレビの好きな中学生くらいのお子さんがいる家庭で、よく交わされていそうな会話ですが、はたしてお子さんの言っていることは正しいのでしょうか。

液晶テレビと有機 EL テレビ

最近のテレビ技術の進歩は著しく、薄型で大画面のフラットパネルディスプレイ(FPD)が開発され、画像の精細度を示す解像度も 4K(画素数：3,840×2,160)が主流になり、8K(画素数：7,680×4,320)の解像度のディスプレイを持つテレビも市販されています。FPD として実用化されている方式には、液晶、有機 EL、量子ドットを用いたものがあります。

液晶ディスプレイは、**図１**のように発光ダイオード(LED)を並べた発光パネルと、光の透過を制御する液晶パネルによって構成されます。液晶分子が、垂直、水平の細かい溝が掘られた配向膜と呼ばれる２つの膜の間に置かれると、ねじれながら並ぶ性質があり、これが発光パネルからの光を遮ることになり、ディスプレイを見ている人に光が届かず暗く見えます。液晶パネルに電圧を加えられるようにしておき、パネルの電極間に電圧を加えると、液晶分子は光を透過させるように直線状に並び、明るく見えます。この２つの状態を、画素毎に切り替えられるようにしておくと、画像のパターンに従って発光パネルからの光によ

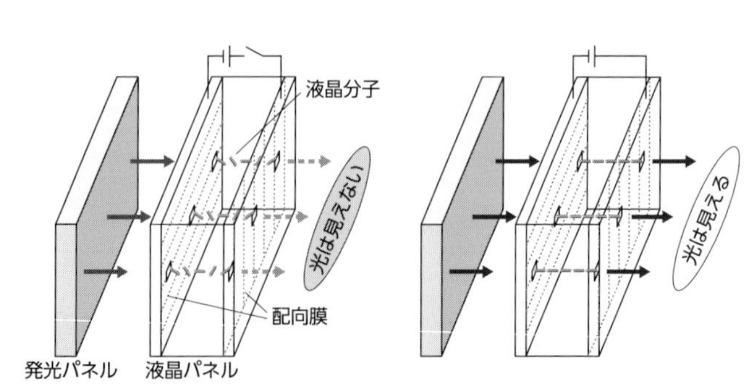

図１　液晶ディスプレイの構造と原理

る明るさのパターンを表示できることになり、ディスプレイとして動作します。

有機 EL ディスプレイは、自発光型とも呼ばれ、有機物の分子からなる発光層に電流を流すことで、画素単位の領域毎に直接発光させるものです。光の出口となる透明電極(陽極、水平グリッド構造)と裏面に設けた陰極(垂直グリッド構造)の間に挟んだ有機分子からなる発光層に対し、選択された水平・垂直グリッドの交点のところに選択的に電流を流すことで発光させ、その選択を2次元的に走査することで画像を表示(マトリクス表示)します。

量子ドット方式は、ここでは説明を割愛しますが、高画質で省エネのディスプレイとして今後の発展が期待される新しい技術です。

テレビの消費電力と年間消費電力量

表1は、国内3社、海外1社の大手メーカーが販売している液晶テレビおよび有機 EL テレビの定格消費電力、待機時消費電力、年間消費電力量およびスピーカー出力を画面サイズ毎に示したものです。

定格消費電力(すべての機能を最大限に使用した場合の最大電力)で比べると、有機 EL テレビは、液晶テレビに比べて 1.5 倍から 1.8 倍程度大きいです。ところが、年間消費電力量(1年間に消費する電力の時間積算値。(kWh/年)の単位で表します)で比較すると、両者の間に大差はありません。有機 EL テレビの方が定格電力が大きいのは、有機分子の発光効率(投入した電力当たりに発せられる光の輝度)が、液晶ディスプレイの発光パネル用 LED の発光効率に比べて低く、同じ明るさを得るのに、より大きな電力を必要とするためです。しかし、自発光型である有機 EL ディスプレイの方がシーンの明るさに応じて発光量が変化するため、夜間のシーンなどでは消費する電力を抑えられる特長があります。液晶ディスプレイの場合、旧式のものは発光パネルの光を、液晶パネルによって減衰させて前面に出る光を制御するためロスが大きかったのですが、最近は発光パネルに並べた LED の制御を画像の領域毎にきめ細かく行う

表1　液晶および有機 EL テレビ(4K)の消費電力・年間消費電力量・スピーカー出力

	液　晶			有機 EL		
画面サイズ[in(インチ)]	75	65	55	77	65	55
定格消費電力[W]	300 ~ 400	240 ~ 270	200 ~ 230	600 ~ 750	450 ~ 500	300 ~ 390
消費電力(待機時)[W]	0.3 ~ 0.5	0.3 ~ 0.5	0.3 ~ 0.5	0.3 ~ 0.5	0.3 ~ 0.5	0.3 ~ 0.5
年間消費電力量[kWh/年]	200 ~ 250	180 ~ 200	160 ~ 170	270 ~ 320	170 ~ 260	140 ~ 210
スピーカー出力[W]	20 ~ 60	20 ~ 60	20 ~ 60	50 ~ 170	50 ~ 80	50 ~ 80

技術が開発されたことから、自発光型に対して原理的にあまり不利ではなくなりました。結果として、テレビ視聴時の平均電力と視聴時間で決まる年間消費電力量では、両者に大きな差異がないということなのでしょう。

表1から、現在のテレビの年間消費電力量は、画面サイズや方式(液晶か、有機ELか)によって変わるものの、ざっくり言えば200(kWh/年)程度と言えます。年間消費電力量は、「エネルギーの使用の合理化及び非化石エネルギーへの転換等に関する法律」(省エネ法)による定めに基づき、一般家庭において1日の平均視聴時間が5.1時間であるとして算定されています。このことから、テレビを視聴している時の平均消費電力は、200(kWh)/(365日×5.1h)＝107Wと計算されるので、およそ100Wです。また、年間消費電力量が200(kWh/年)であるとすると、一般家庭の場合の電力料金率(年間の使用電力量で決まる)が、1kWh当たり40円ほどですので、年間8,000円程の電気料金がかかっている計算になります。

テレビの音量を下げると節電になる?

さて、ここからが本題です。テレビの音量を下げると、どれくらい節電になるかについては、まずテレビに装備されているスピーカーがどれほどの電力を消費しているかを調べればよいです。

テレビが薄型で大画面化・高画質化するに伴い、音声部を担うスピーカーも高級オーディオセット並みの高性能で大出力のものが搭載されるようになってきています。例えば最大出力60Wの場合、高音域(ツィーター)、中音域(ミドルレンジ)、低音域(ウーファー)を担う各10Wのスピーカーを2本ずつ用いて構成したり、天井の反射などを用いて3D立体音響効果をもたらすイネーブルドスピーカーと、全音域(フルレンジ)のスピーカー、各15Wを2本ずつ用いて構成するなどです。

最高級品を志向したテレビでは、最大出力が170Wに及ぶものもあります。最大出力が60Wとか100Wを超えるとなれば、テレビの平均消費電力(100W)に近いですし、大音響でテレビを視聴する際、その大きな音による精神的な圧迫感もあり、お母さんが電気代を心配する気持ちはよく理解できます。

しかし、一般家庭の居間に置かれたテレビを大音量で視聴している時の実際の消費電力を計算してみると、意外に小さいことが分かります。テレビの音の大きさは、0～100までの数値とバーの長さで同時に表示されることが多いです。この数値は、デシベル(dBで表します)という単位により、スピーカーから出ている音圧の対数に比例した値で表されています。この数値が最大値100の場合、スピーカーには最大出力(例えば60W)の電力が投入され、消費されることになります。最大数値では、うるさくて聴くに堪えないし、近所迷惑にもなるし、大音量で聴く場合でも実際には50以下でしょう。スピーカーの性能を表す能率は、90dB/W/m程度と言われています。これはテレビを1m離れて視聴し、1Wのパワーをスピーカーに投入した時に90dBの音圧を発生するということです。音圧は、距離に反比例するため、居間で例えば3.2mほど離れて見ているとすれば1/3.2、すなわち10dBほど小さくなり、1W当たり80dBです。このスピーカーに、その最大出力である60Wを投入する時、最大音圧は、$10\log_{10}(60)=18$dBほど増えるので3.2m先では98dBとなります。すなわちフルボリューム100は、約100dBの音圧に相当します。自動車が高速に走行するのを近くで聴く時の騒音がだいたい100dBなので、フルボリューム設定では、うるさくて耐えられないのも納得できます。人の会話の音圧が60dB程度と言われているので、バラエティー番組のような人の会話が中心の番組を視聴している時、およそ60dB程度の音圧になるボリューム設定で聴いているというのが一般的でしょう。能率が90dB/W/mのスピーカーの音を3.2mの距離で、60dBの音圧で聴く時に必要な電力は、0.01Wでよいという計算になります(1Wで80dBの音圧が得られるので、0.01Wだと$10\log_{10}(0.01)=-20$dBより60dBの音圧が得られます)。大音量で聴く場合でも、音圧を10倍とすれば70dB程度であり、必要な電力は0.1Wです。実際の電力消費は、音が出ていない時間があることを考えると、これよりもさらに小さくなりますが、話を単純化して、この通りの平均電力消費が発生すると考えることにします。テレビの平均視聴時間を5.1時間として、年間消費電力量を計算してみると、大音量(70dB)で聴く場合で0.1W×5.1h×365日=0.19(kWh/年)、普通の音量(60dB)で聴く場合では、0.019(kWh/年)となります。

電気料金は、大音量で聴くのを止めれば、年間で約7円の節約になります。年間の電気料金に比べると大きいとは言えないので、どうやら子供さんの主張の方が正しそうです。ちなみに、テレビを1日5.1時間視聴している人が毎日10分だけ視聴する時間を減らすと、年間で約250円の節約になります。テレビの電気代が気になるなら、視聴する時間を減らすのが一番です。

川人　祥二

静岡大学 電子工学研究所

水道を使うと電気代はかかるの？

ここでは東京都水道局の状況をご紹介します。なお、他の地域では状況が異なる可能性がありますので、あらかじめご了承ください。

水道水をお届けするまでに使用する電力

安全でおいしい水道水をつくり、各ご家庭までお届けする過程では、多くの電力を使用します。

図１は、水道水が蛇口に届くまでを図式化したものです。

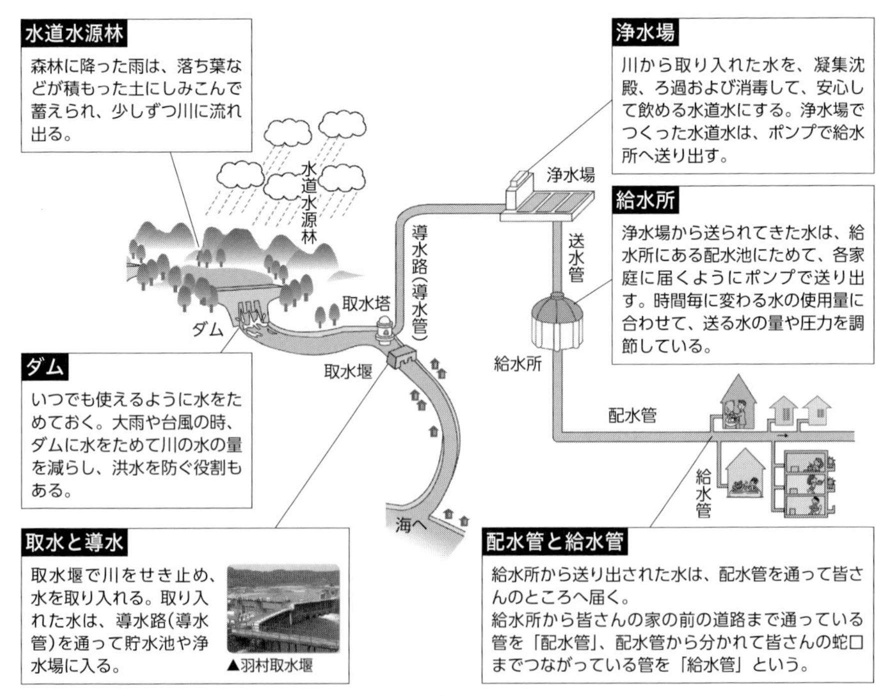

図１　水道水が蛇口に届くまで

河川などから原水を浄水場に取り入れ（取水・導水）、浄水場などで安心して飲める水道水に浄水処理し（浄水）、水道水を浄水場や給水所などからお届けする(送配水)、という大きく3つの工程に分類されます。

① 取水・導水

水道水をつくるため、まず河川などから原水を浄水場などに取り入れます。原水は取水塔や取水堰(ぜき)などの取水施設で取り入れられ、導水管や導水路を通って浄水場などに送られます。この工程では、主に取水・導水にポンプを使うことで電力を使用しています。

② 浄水

河川などから取水した原水を安心して飲むことができる水道水にするため、浄水場で沈殿やろ過、消毒などの浄水処理を行います。より安全でおいしい水道水をつくるため、河川の原水水質に応じて、通常の浄水処理に加えてオゾンおよび生物活性炭による高度浄水処理も行っています。

図2は、浄水処理工程の模式図ですが、凝集剤や塩素を注入するためのポンプ、高度浄水処理施設に水をくみ上げる高度浄水ポンプやオゾン発生器などで電力を使用しています。

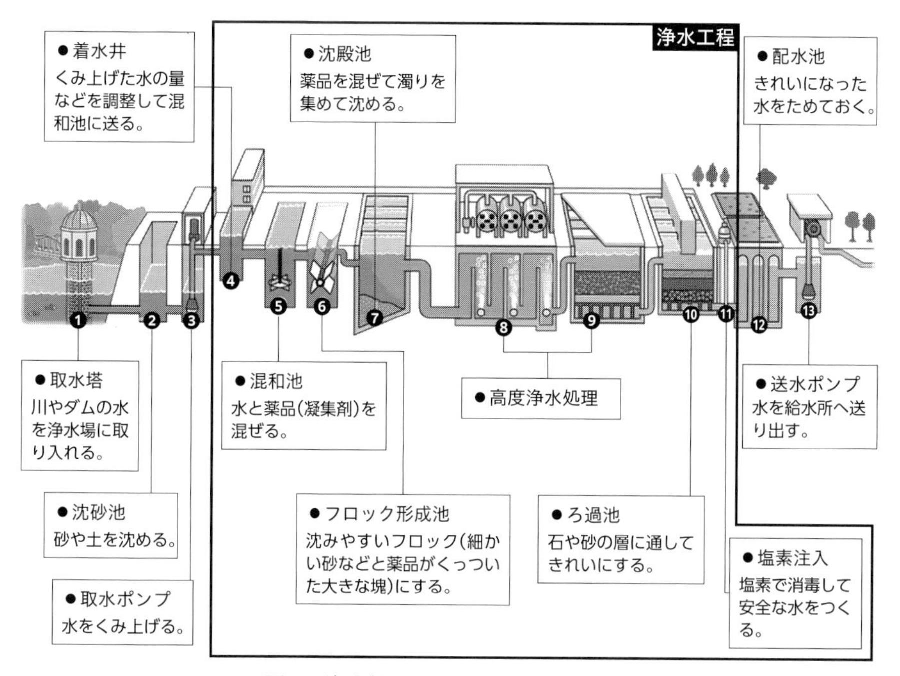

図2　浄水場における処理工程の流れ

③ 送配水

浄水処理された水道水は、浄水場から各地域の給水所に送られたのち、給水所から配水管によって各ご家庭までお届けしています。浄水場や給水所などが標高の高いところにある場合には、位置エネルギーを活用して自然流下で水道水を送ることができます。しかし、標高の低い水道施設から高いところに送る際は、加圧するためのポンプが必要となります。東京都水道局では、取水位置の制約などにより、多くの浄水場が標高の低い地点にあるため、給水所を経由して皆さまのご家庭にお送りするために多くの電力を使用しています。

④ 東京都水道局における使用電力量

東京都水道局では、年間約8億kWhもの電力量を使用しており、これは都内全体の電力需要量の約1%に相当します。工程別では、送配水が約6割、浄水が約3割を占めています(**図3**)。また、取水・導水、浄水、送配水のほかにも、営業所や管理業務などのオフィス活動でも、照明や空調、事務機器などで電力を使用しています。

水道水1m^{3}当たりでは、0.52kWhの電力を使用しています(**表1**)。例えば、1世帯(4人)の1か月の平均水道使用量23m^{3}をお届けするには、約12kWhの電力を使用していることになります。

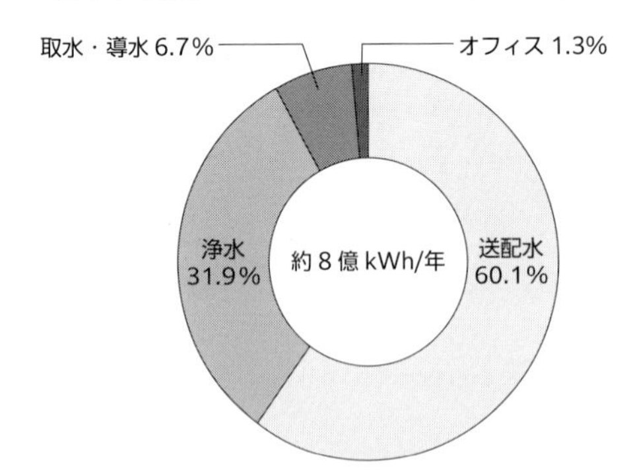

図3　工程別使用電力の割合
(2022年度)

表1　水量当たり工程別使用電力量
(2022年度)

	使用電力量 [千kWh]	水道水1m^{3}当たり使用電力量 [kWh/m^3]
取水・導水	52,724	0.03
浄水	240,754	0.17
送配水	472,174	0.31
その他	10,352	0.01
合計	776,005	0.52

※2022年度総配水量(15億1,700万㎥)を基に算出

水道使用と電気代

水道水は、浄水場や給水所からポンプにより圧力をかけて各家庭までお届けしているため、通常は蛇口をひねれば水道水が出ます。そのため、ご家庭で水道を使用するにあたって、電気代は通常かかりません。ただ、高層マンションなど、配水管内の水圧以上に水圧を必要とする建物では、追加のポンプが必要

になるため、水道使用者がその電気代を負担することがあります。

各ご家庭における給水方式は、水道水を配水管から直接給水する「直結給水方式」と、水道水をいったん受水槽に貯留し、揚水ポンプで屋上の高置水槽へくみ上げて給水する「貯水槽水道方式」があります。また、「直結給水方式」は、配水管内の水圧により水道水を直接給水する「直圧直結給水方式」と高層マンションなどの建物に給水するため増圧ポンプにより圧力を加える「増圧直結給水方式」の２つに分類されます(図 4)。

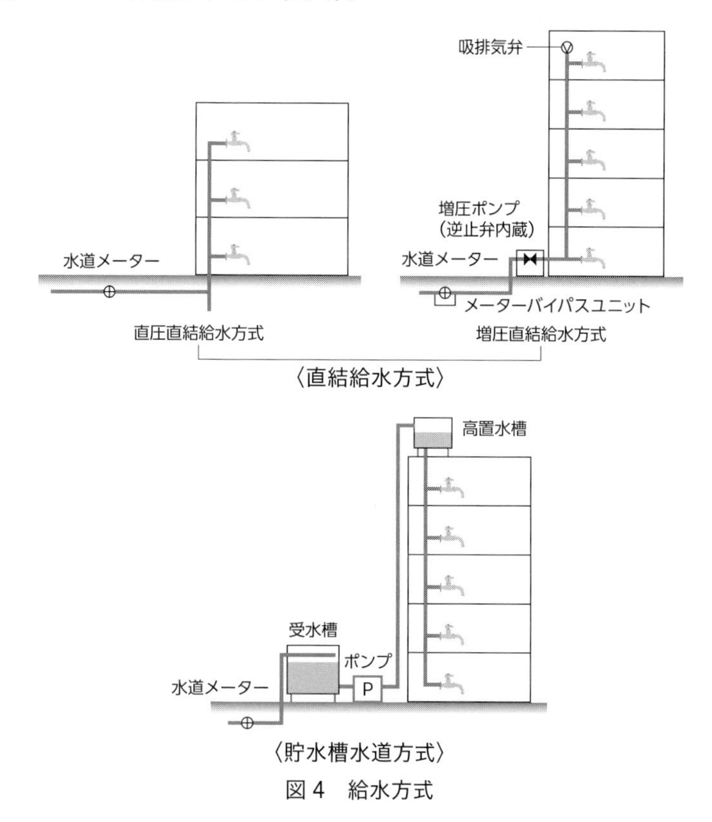

図 4　給水方式

直圧直結給水方式の場合、水道の使用にあたり電気代はかかりません。一方で、増圧直結給水方式や貯水槽水道方式の場合には、ポンプの使用に伴う電気代を建物の所有者や管理者から管理費として請求されることがあります。

東京都水道局

エレベーターとエスカレーター、どちらが電気代がかかる？

エレベーター(以下：エレ)もエスカレーター(以下：エス)も上下に移動する輸送手段です。エレでは乗りかごの定員に色々な違いがあり、速度にも違いがあります。さらに、高層ビル用、ホテル用、マンション用など種類も多くあります。一方、エスは、幅の違いや、1階だけ移動するもの、数階移動できるような長いものもあります。さらに、常に混雑しているか、空いているかの違いもあります。こう考えると、エレ同士でも電気代の比較はできず、エス同士でも電気代の比較はできません。エレとエスでどちらが電気代がかかるか、単純に比較するのは困難です。

上の階へ移動するのに必要なエネルギー(電気代)

そこで、いささか理屈っぽいですが、原理的な面に着目して、人ひとりがエレとエスで同じ高さに上がる場合、どのように電気代が違うのか、比較を試みます。電気代とはエネルギーの使用量です。

質量 m [kg] の物体が、ある高さ h [m] まで上がる場合、位置エネルギーが必要です。これに必要な位置エネルギーは、

mgh (単位は J(ジュール))

m：質量(体重)(kg)、g：重力加速度(9.8m/s^2)、h：高さ方向の距離(m)

で計算できます。一例として、体重 60kg の人が 5m 上がる(ちょっと天井の高いビルの1階から2階に上がる)ケースを考えます。この場合、

$60\text{kg} \times 9.8\text{m/s}^2 \times 5\text{m} = 2{,}940\text{J}$

の位置エネルギーが必要です。この人が 5m 高さ方向に移動するには、位置エネルギーの増加分 2,940J 相当のエネルギーを外部から電気エネルギーの形で供給しなければなりません。3,600J = 1Wh(Wh：(ワットアワー)電気代)ですから、2,940J ≒ 0.8Wh(1kWh = 30円とすると、0.0245円)の電気代がかかります。

エスでは、横移動する成分では位置エネルギーは増加しないので、エスも高さ移動成分だけにエネルギーが必要です。高さ方向の移動にエネルギーが必要なので、エレもエスもどちらもエネルギーは同じです。このように、人の移動

では、エレもエスも電気代は基本的には変わりません。

エレもエスも、電気のエネルギーを利用するモーターで動くので、モーターの出力はどちらが大きいか考えてみます。モーターの出力は、

出力＝所要エネルギー÷移動にかかる時間$(t)=(mgh)/t = mg(h/t)$

$= mgv$(単位はW(ワット))

v：速度$= h/t$(m/s)

で計算できます。エレの速度をマンションクラスの60m/minとして試算します。先の例の場合、加減速を無視すると、エレではモーターの出力は、

$60\text{kg} \times 9.8\text{m/s}^2 \times 1\text{m/s} = 588\text{W}$　　ここで、$v = 1\text{m/s}$は60m/minを秒速に変換して計算します。人ひとりだけだと結構小さなモーターです。

エスは、斜度30°、速度30m/minのものが多いです。エスの高さ方向の速度は**図1**のように計算できます。エスのモーターの出力は、

$60\text{kg} \times 9.8\text{m/s}^2 \times 0.25\text{m/s} = 147\text{W}$

とエレより小さくなります。

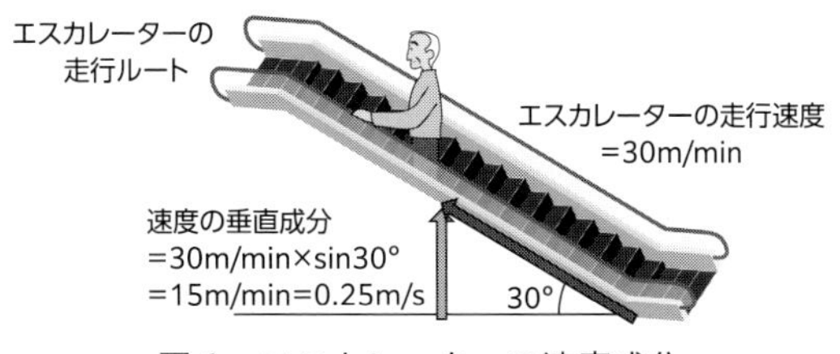

図1　エスカレーターの速度成分

実際のモーターは、移動している人数分だけかけ算が必要です。特にエスは多人数が乗るので、装置全体としては大きな出力が必要です。

では、移動時間はどうでしょう。エレは5m上るのに5秒です。エスは20秒かかります。電気代(エネルギー)は、出力×時間ですから、

エレでは、588W × 5s = 2,940Ws = 2,940J、一方、

エスでは、147W × 20s = 2,940Ws = 2,940Jとなって、どちらも同じです。

エレベーターとエスカレーターの構造

高さ方向に移動するためには、エレは「乗りかご」が必要です。エスは人が乗る「踏板(ステップ)」が必要です。これらも高さ方向に移動するので、これらが移動するための位置エネルギーも必要です。すなわち、上式の質量mにはこれらの質量も加えて考えないと人の移動はできません。乗りかごはかなり重いので(定員で割って、1人分に換算しても人ひとり分くらいの質量はあります)、この分、必要なエネルギー量(電気代)は増えるはずです。

そこで、エレとエスの構造を見てみます(**図2**)。

エレは図2(a)のように、人が乗る乗りかごはロープにより吊り下げられています。巻上機の綱車が回転し、それに巻き付けられたロープを動かすことにより乗りかごが上下します。ロープの反対側は「釣合おもり」に接続されていて、釣合おもりは、乗りかごの上下動と反対の動きをします。この時、釣合おもりは、乗りかごと同じ質量になるように「おもり」を調整します。こうすると、乗りかごの上昇に伴う位置エネルギーの増加は、釣合おもりの下降に伴う位置エネルギーの減少と等しくなります。このためエレ全体では、乗りかごの上下動に伴う位置エネルギーの変化は生じないことになります。すなわち、エレでは、乗りかご自体の上下動に伴う動きにエネルギーはいらないことになります。これはエレの最大の特長です。

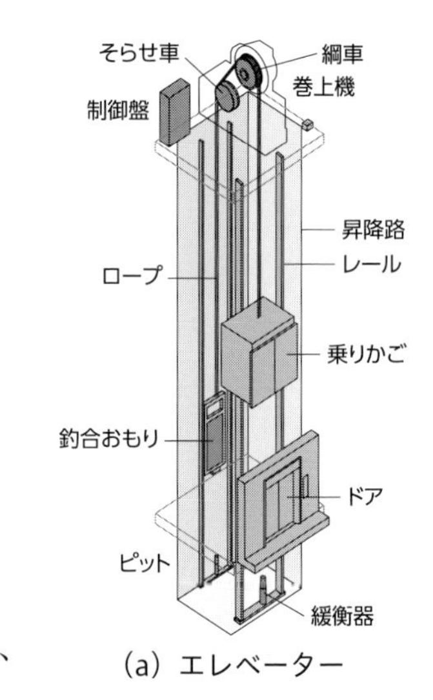

(a) エレベーター

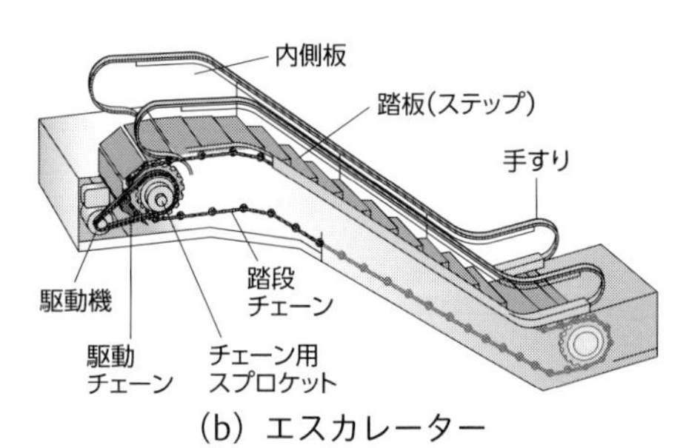

(b) エスカレーター

図2　エレベーターとエスカレーターの基本構造

エスはどうでしょう。エスは図2(b)のように、多数が連なる踏板はチェーンで互いにつながれています。踏板には車が取り付けられていて、レールを走行します。チェーンと噛み合うスプロケットを駆動機で回転させることにより踏板は上昇します。上がった後の踏板は、人が乗る面の裏側にあるレールを下るように構成されています。エスもチェーンを介して踏板が上がる位置エネルギーと、下る位置エネルギーがキャンセルされています。エスもエレと同様に、人の上方向の移動の分だけエネルギーが必要になります。

このことを自動車に乗り、人が坂道を上がる場合と対比してみます。自動車にはエレやエスのようにバランスをとる装置はありません。自動車単体で移動するので、車自体の質量(人の質量よりはるかに大きいです)が加わり、坂を上がるために大きなエネルギーが必要になります。

以上の説明のように、エレもエスも基本的には電気代は同じで、どちらも、とても省エネルギーな輸送手段ということになります。

エレベーターとエスカレーターの実際の動き

ここで、もう一歩踏み込んで考えてみます。人の高さ方向のための位置エネルギーをモーターから供給します。これには乗りかごや踏板の移動が伴います。乗りかごや踏板に連なる機構部分に動くことによる摩擦などの損失があります。エレは縦方向のレールに沿って移動する構造であり、駆動装置も最近はギヤレスが多いので、エレの駆動系の効率は0.8程度です。一方、エスは踏板がレールを走行し、斜行する分だけ移動距離は多く、また、チェーン駆動の損失も加わり、さらに駆動装置は歯車減速装置が組み込まれています。この結果、エスの駆動系効率は0.6程度です。エレもエスも効率の分、モーター出力を大きくする必要があります。したがって、人ひとりの移動で見ると、エスの方がやや電気代が高いという結論に至ります。

これまでは人が上がることを考えてきましたが、次に、人が下の階に下る場合を考えてみます。この時は、位置エネルギーが減少します。モーターは発電機になるので、位置エネルギーの減少をモーターで受け止め、モーターは発電機として運転し、発電した電力を電源に戻します(「回生」と言います)。上がる時は電気を使い、下る時は電気を戻すという動作をします。このように人の動きだけを考えると、トータルではエネルギーを使わないことになります。こう考えると、エレもエスも超省エネルギーな輸送手段と言えます。ただし、先に述べたように、エレもエスも乗りかごや踏板を動かすのに摩擦などの損失が伴うので、この分だけ電気代がかかります。

エレもエスも原理的にエネルギーを使わない高効率な輸送手段ですが、実際にはもう一歩踏み込んだ省エネを実現しています。乗客が乗っていないような無駄な動き(呼びの時に発生)を抑制すると、無駄な走行による損失を少なくできます。乗りかごの待機階を調節したり、複数エレがあるビルでは「群管理」といって、複数のエレを効率的に運行するシステムにより動きを調整しています。利用者は、車いすを利用する目的以外では、車いすボタンを押さないようにすれば、利用しない車いす用の乗りかごの呼びが抑制され、無駄な動きがなくなります。

エスは、乗客が少ない時は速度を落とす(損失が小さくなる)、利用しない時は停止させるなどの工夫をしています。

長瀬　博

元・(株)日立製作所

世界一大きいモーターは何に使われているの？

モーターは、一般家庭の家電製品から産業用機械に至るまで、あらゆる機械を駆動する動力源として、昔から様々な分野で使用されてきました。また、近年ではカーボンニュートラルを実現するため、従来、エンジンやタービンなどで駆動していた分野でも、モーターに切り替える電動化の需要が増加しています。

ここでは、モーターの種類、基本原理および大形モーターが使用されている代表的な用途とその産業分野について紹介します。

モーターの種類

一口にモーターと言っても、色々な種類のモーターがあります。回転方向に動力を発生する回転式モーターが一般的ですが、鉄道などでは、直線的な方向に動力を発生するリニアモーターが使用されることもあります。**図1**に回転式モーターの分類を示しますが、リニアモーターにも同様の分類があります。

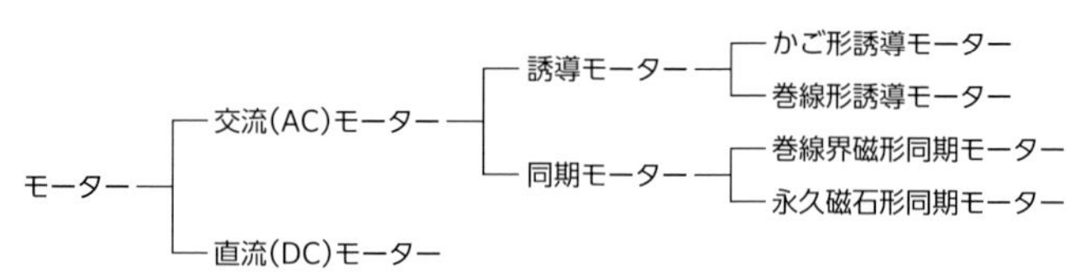

図１　モーターの分類

モーターの基本原理

各モーターの基本原理と特長を以下に示します。

誘導モーターは、フレミングの右手の法則(John Flemingが考案した磁界・導体・起電力の方向を人の手の形で表したもの)により電力を誘起、左手の法則によりトルク(回転する力)を発生する原理で回転するモーターで、構造が簡単、堅牢(けんろう)、取り扱いが容易なため、産業界で最も多く使用されています(**図2**)。

同期モーターは、固定子(固定して動かない部分)の回転磁界と回転子(回転する部分)磁極の間の吸引力でトルクを発生する原理で回転するモーターで、比較的容量の大きな用途で使用されています(**図3**)。

直流モーターは、フレミングの左手の法則によりトルクを発生する原理で回転するモーターで、速度制御が容易ですが、近年はインバーター駆動交流モーターに置き換わりつつあります(図4)。

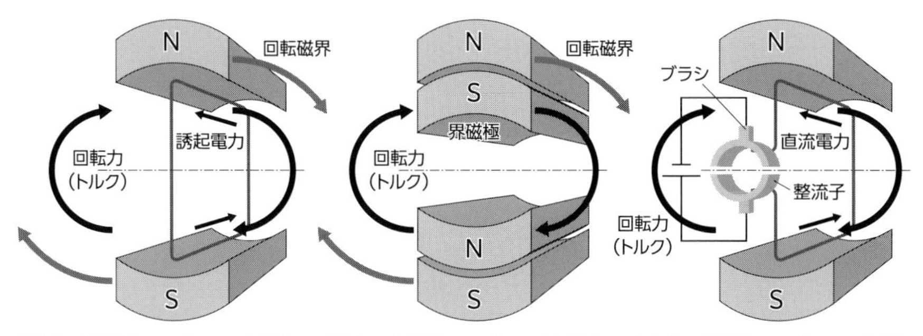

図2　誘導モーターの原理　図3　同期モーターの原理　図4　直流モーターの原理

大きなモーター

前述の特長から、一般的に大きなモーターには同期モーターが使用されます。モーターは、出力、トルク、外形(体格)や質量など、その比較する視点によって、大きなモーターも異なってきます。

出力はモーターの軸から出せる動力、トルクは負荷機械を回す力であり、モーターの外形・質量はトルクによって決定されます。

出力とトルクの関係は、以下のようになります。

$$\text{出力(kW)} = \frac{\text{トルク(N·m)} \times \text{回転速度(min}^{-1}\text{)}}{9{,}549}$$

$$\text{トルク(N·m)} = \frac{\text{出力(kW)} \times 9{,}549}{\text{回転速度(min}^{-1}\text{)}}$$

式から分かるように、トルクは出力に比例して回転速度に反比例します。例えば、10,000kW-1,500min^{-1} と 5,000kW-750min^{-1} のモーターは同じトルクになります。一方、10,000kW-1,500min^{-1} と 5,000kW-500min^{-1} のモーターでは、出力で比較すると 10,000kW-1,500min^{-1} のモーターの方が大きくなりますが、トルクで比較すると 5,000kW-500min^{-1} のモーターの方が大きくなります。また、モーターの外形や質量は、出力ではなくトルクで決定されるため、5,000kW-500min^{-1} のモーターの方が 10,000kW-1,500min^{-1} のモーターよりも外形が大きく、質量も重くなります。

では、出力やトルクの大きなモーターが、どのようなところに使用されているのかを説明します。出力の大きなモーターは、回転速度の速い機械であるコンプレッサー(圧縮機)やブロワー(送風機)の駆動用で、化学プラントなどで使用されています。この用途で最大級のものとしては、44,000kW-1,500min^{-1}があります。外形は幅4.5m・高さ3.5m・全長6.5m、質量は約77tになります(**図5**)。この用途では、長期間(数年間)連続運転するものもあり、高い信頼性が必要になります。

図5　コンプレッサー駆動モーター

比較的回転速度の遅い機械では、周波数変換機用として50,000kW-600min^{-1}があります。外形は幅7.5m・高さ8.5m・全長10m、質量は約270tになります(**図6**)。これは東海道新幹線の走行区間が50Hzと60Hzの両地域にまたがっているため、50Hz区間に60Hzの電力を供給するための設備です。

図6　周波数変換機用モーター

回転速度の遅い機械では、ポンプ用として9,100kW-133min^{-1}(立形)があります。外形は縦7m・横7m・高さ8.5m、質量は約170tになります(**図7**)。このモーターは原子力発電所に冷却水を送るための循環水ポンプ用です。

図7　循環水ポンプ用モーター

次に、トルクの大きなモーターについて説明します。トルクの大きなモーターは、回転速度の遅い用途であるボールミルや鉄鋼圧延ミルなどで使用されています。

ボールミルは、ドラムの中に採掘した原石を入れ、それを回転させながら粉砕するもので、鉱山で使われています。この用途で最大のものは、9,000kW-150min^{-1}があります。外形は幅4.5m・高さ

5m・全長 6m、質量は約 73t になります(図 8)。

図 8　ボールミル駆動モーター

また、もう 1 つの代表的な用途として、鉄鋼圧延用ミルがあり、製鉄所の圧延ライン(図 9)で、加熱したスラブ(鋼片)を複数の圧延機で伸ばし、所要の板厚の鋼板にしていますが、その圧延ロールを駆動するモーターは、低速回転で大きなトルクが要求されます。この用途で最大のものは、3,500kW-16.5min^{-1} があります。このモーターは上ロールと下ロールを別々のモーターで駆動し、2 台で 1 セットとなり、外形は幅 5.5m・高さ 8.5m・全長 17m、合計質量は約 510t にもなります(図 10)。また、この用途ではロールに鋼材を噛み込んだ時に大きな衝撃力が発生するため、堅牢な構造も必要です。

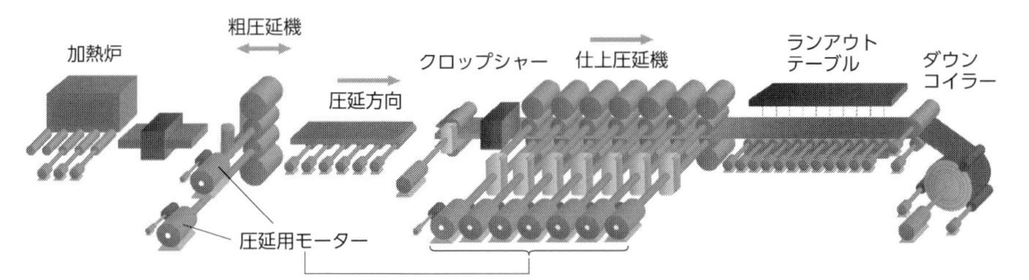

図 9　鉄鋼圧延ライン構成例

これまでに製造された大きなモーターについて説明しましたが、駆動される機械の高性能化、高強度材料の開発、通風冷却技術の進歩などに伴い、今後さらなる高速大容量化が進んでいくものと思われます。

図 10　圧延機駆動モーター

金川　晃夫
(株)TMEIC 回転機システム事業部

電気はなぜパチパチ・ビリビリ痛いの？

乾燥した冬に静電気で「バチ！」と痛い経験をしたことが誰しもあると思います。なぜ電気が流れると痛いと感じるかを考える前に、そもそも痛みを感じる人間の仕組みについて考えましょう。感覚の中でも、他の信号に優先して何かがおかしいと警告し不快な情動を喚起するという、他の感覚と異なる特性を痛みは持っていますが、感覚受容体から神経細胞を介して大脳まで伝わるという感知の基本的な機序は他の感覚と共通していて、神経細胞がこの機序で大きな役割を果たしています。

神経細胞の構造と機能

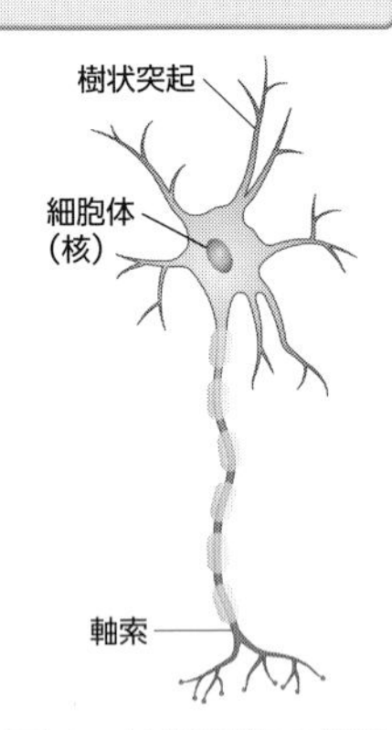

図1　神経細胞の構造

神経細胞の構造は、細胞の中心部分に当たる細胞体、細胞体から樹木のような形状で広がり、他の神経細胞から信号を受け取る樹状突起、細胞体から伸びて他の神経細胞へと信号を伝える軸索(じくさく)からなります(**図1**)。神経細胞を介した感覚の信号伝達は、神経細胞内では電気信号により、神経細胞間では化学物質により実現されています。

神経細胞では、他の細胞と同様に脂質二重層からなる細胞膜により細胞の内外が分けられています。この脂質二重層の主成分は、リン脂質と呼ばれるリン酸を含む脂肪分子で構成されています。リン脂質では脂肪酸とリン酸が結合していて、親水性部と疎水(そすい)性部の両方を持ち、両親媒性を持ちます。脂肪酸側は疎水性、リン酸側は親水性を示し、水中では外側に親水性部を向けながら疎水性部同士が向かい合うことで脂質二重層を形成することができます(**図2**)。すなわち、脂質二重層では、リン酸を細胞の内と外側に、脂肪酸を膜内部に向けた状態になります。そのため、細胞の内外に水溶液がある状態で脂質二重層は安定していますが、脂質二重層の内部は疎水性であり、電荷を持ったイオンが脂質二重層からなる細胞膜を通過しにくいという性質がつくり出されます。電荷を持ったイオンが通りにくいので、生体の中では細胞膜は絶縁体

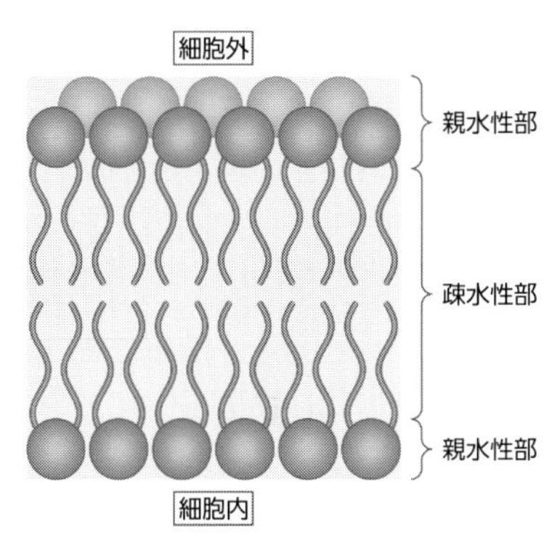

図2　脂質二重層の構造

として働きますが、細胞内外は水溶液なので、電荷を持ったイオンは留まることができます。この特性は電気回路におけるコンデンサーと同じで、細胞膜はコンデンサーと同様に充電することができます。細胞膜の内外近傍に正負の電荷をためることにより、細胞膜の内外に電位差が発生・維持され、細胞内の電位は細胞外の電位と異なることができるのです。この細胞内外の電位差、すなわち細胞膜電位の変化が膜に沿って伝わることで神経細胞内での信号伝達が行われます。生理的条件下では、細胞外の電位を0mV（ミリボルト）とすれば、信号が発生していない状態では、細胞内の電位は－70mV程度に維持され、これを静止膜電位と呼びます。

通常、負の値を持つ静止膜電位は、細胞内外のイオン濃度の差によって発生・維持されています。その中でも特に大きな役割を果たすのがカリウムイオンです。カリウムのような特定の分子を通すことができる細胞膜に存在するたんぱく質として、イオンチャネルとトランスポーターがあります(図3)。イオンチャネルは細胞膜に存在する真ん中に穴が開いたたんぱく質で、その穴の中にあるフィルターにより特定の分子のみを通すことができます。静止膜電位は、カリウムのみを通すイオンチャネルであるカリウムチャネルが常にある程度開いているため、発生・維持されています。

そもそもの細胞内外のカリウム濃度差はどのようにつくられるのでしょうか。カリウム、ナトリウム、カルシウムといった分子の細胞内外の濃度差は主に別の種類の膜たんぱく質であるトランスポーターによりつくられています。トランスポーターではイオンチャネルのような穴ではなく、特定の分子が付くこと

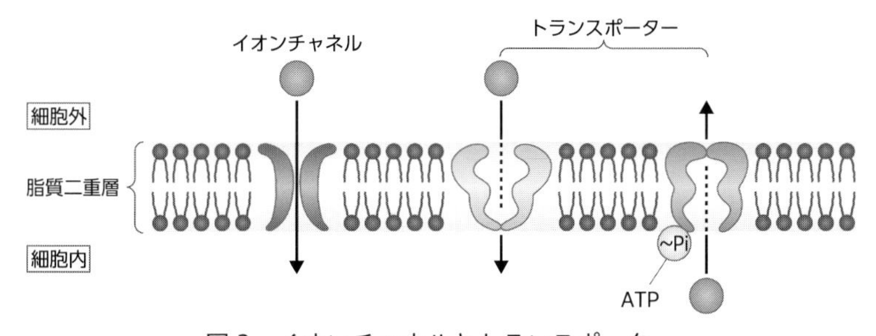

図3　イオンチャネルとトランスポーター

ができる箇所が細胞内外の間を移動することで、細胞内外のイオン輸送を行います。イオンチャネルと比べると運ぶイオンの量は少ないのですが、ATPをエネルギー源として使うタイプのトランスポーターであれば、化学的エネルギー、電気的エネルギーに逆らった方向にイオンを運ぶことができます。

神経細胞内において、電気的信号はどのように伝わるのでしょうか。神経細胞内において信号が伝わる時、静止していた負の膜電位が一時的に正の電位へと変化(脱分極)します。この脱分極は活動電位と呼ばれ、ナトリウムチャネルとカリウムチャネルの開閉により発生する神経における信号伝達を担う電気的信号の実体となります。この活動電位は、静止膜電位からの脱分極が閾値を超えると発生するため、デジタル的に0、1といった信号が伝わります。活動電位の幅はあまり変わらないので、感覚の伝達においては、活動電位発生の周波数で伝える感覚の大きさを伝えます。この活動電位が閾値を超える際に、各単一神経細胞において入力を加算する演算も行われていると考えられています。

神経細胞間ではどのように信号が伝わるのでしょうか。神経細胞から別の神経細胞に信号を伝達する際には、細胞体から軸索へと活動電位が伝わり、次の細胞の樹状突起近傍まで達しますが、軸索と樹状突起はシナプスと呼ばれる物理的には接していない構造をつくるため、電気信号では伝わることができません。この時に使われるのが神経伝達物質と呼ばれる分子で、軸索の末端側から樹状突起側へと放出されます。樹状突起側には受容体と呼ばれる特定の分子が結合することができる膜たんぱく質があり、神経伝達物質が受容体に結合すると、様々な分子を介したシグナル伝達の後、樹状突起の膜電位が変化します。

神経細胞を介した感覚の伝達

神経細胞と活動電位の伝導メカニズムを使って、どのように感覚、特に痛みは伝わるのでしょうか。多くの感覚は神経の末梢に刺激を受け取ることに特化した独特の構造を持つ感覚受容器が存在します。例えば、視覚の感覚受容器は光を受けることに特化した特殊な構造を持つ視細胞です。このような感覚受容器が何らかの刺激を感知して、活動電位を発生させます。刺激には、光、熱、圧力といった様々なものがありますが、臭覚などの例外を除くと、発生した活動電位は視床下部を経て大脳まで投射され、感覚が認識されます。感覚の1つである痛みも感覚受容器の1つである侵害受容器により感知され、痛覚を伝える求心性線維により大脳まで伝達されると考えられていますが、大きな特長の1つとして、侵害受容器は特定の構造を持たずに自由神経終末がその役割を果

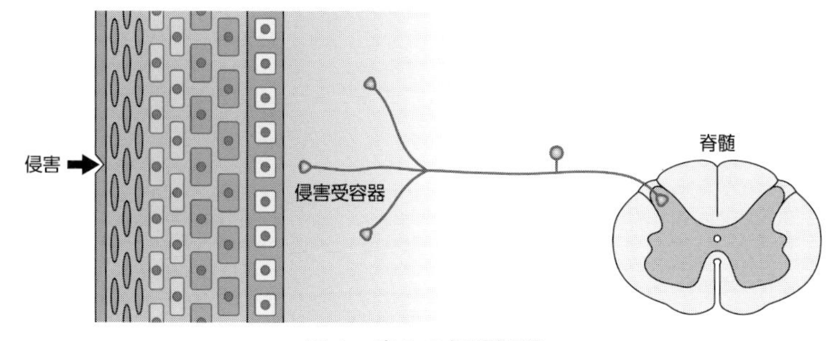

図 4　痛みの伝達経路

たしていると考えられています(図 4)。熱刺激・機械刺激・化学刺激などに侵害受容器は反応しますが、その反応を担う分子的実体はイオンチャネルや受容体ではないかと推定されています。電気的刺激により生じる痛みは、侵害受容器と神経線維が電気刺激を受けて活動電位が発生していると考えられています。

近年、電気パットを腹部に当て電気を流すことで腹筋の運動を行う器具が使われることがありますが、その電流量を増やし過ぎるとピリピリしてしまいます。適切な電圧なら筋肉のみが収縮するように運動神経や筋肉に活動電位が発生するのですが、過大な電圧を加えると痛みを感じる侵害受容器にまで活動電位が発生してしまうのです。

電気刺激などによる痛みを防ぐためにはどのようにすればよいのでしょうか。痛みが侵害受容器から神経線維を伝わって大脳まで伝わっていくので、神経線維で活動電位が生じないような薬を使うというのも 1 つの考え方です。例えば、皮膚のできものなどを取る時に塗る、局所麻酔薬のような塗り薬にはリドカインというナトリウムチャネルを阻害する薬が入っています。この薬がナトリウムチャネルを介した細胞外から細胞内へのナトリウムの動きを抑えるので、神経において活動電位が発生することができなくなります。また、薬を使わずとも電気刺激を正しく使えば痛みを抑えることもできる脊髄通電法（せきずいつうでん）という方法も痛みをコントロールする治療として使われることがあります。痛みの伝達経路である脊髄の後部に適切に電気刺激を与えると、痛みの伝達を抑制する神経伝達物質が増加して痛みの伝達を抑えることができます。電気は使い方によって痛みを起こしたり抑えたりすることができるのです。

村上　慎吾

中央大学 理工学部

良い電気と悪い電気の違いを実験などで分かりやすく教えて

良い電気と悪い電気、なかなか難しいテーマです。電気の品質には様々な要素があるので、例えるなら「良い食とは何か、実例を挙げて教えて」という話題に近いものがあります。食べ物には味、栄養、衛生、もっと様々な要素があるように、電気製品の食べ物である電気の質にも様々な要素があり、どれも欠かせません。今回はその中から「ノイズ」についてご紹介したいと思います。

質が良い電気の条件の１つに、「含まれているノイズが少ない」というのがあります。感覚的に言い表すと、「電圧に乱れがなく、なめらかである」ということです。イメージを**図１**に示します。

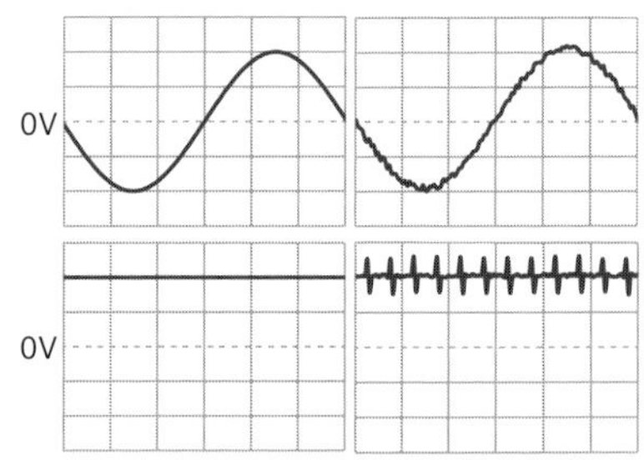

図１　ノイズのない電気(左)
ノイズのある電気(右)

現代の私たちが使っている精密機器にとっては、ノイズがないことが非常に重要です。ノイズがたくさん含まれていても平気な電気製品は、電気ストーブや換気扇くらいでしょうか。

良い電気、悪い電気—交流編

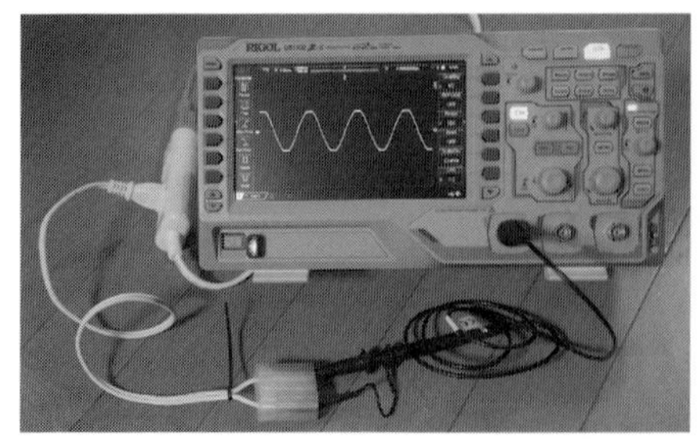

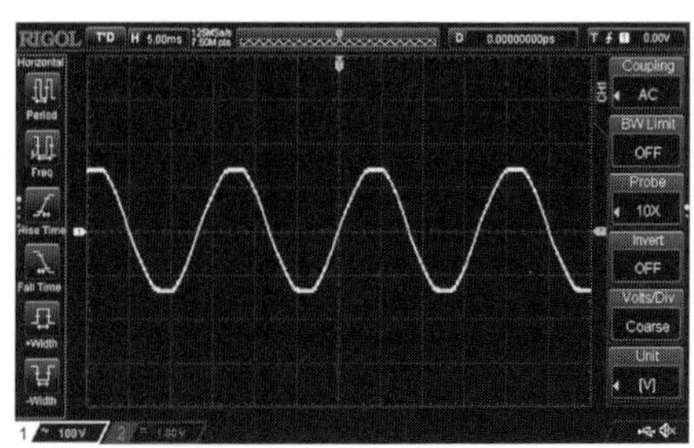

図２　コンセントの電気を計測している様子。とてもキレイ

電力会社から買ってきた電気、つまりコンセントに来ている電気を見てみましょう。**図２**に示します。山が若干潰れていますが、ほぼ理論通りのきれいな交流で、良い品質です。2024 年現在、日本で供給されている電気の品質は非

常に優秀で、悪い電気と言えるレベルのものを身の周りから探すのは大変です。「日本は飲める水がどこでも手に入る数少ない国」という話に近いでしょうか。

次に新幹線のコンセントの電気を見てみましょう。**図3**に示します。

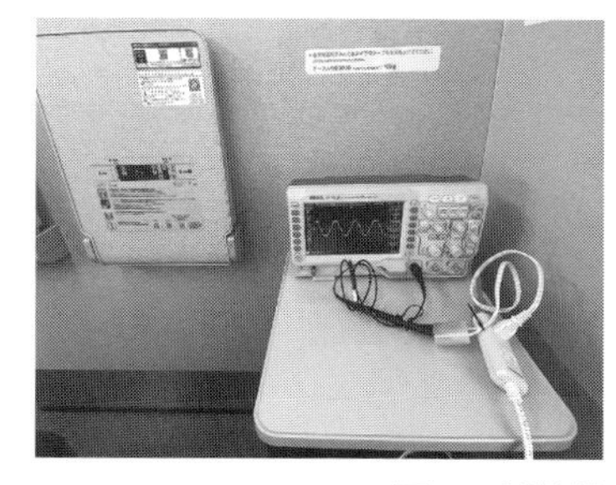

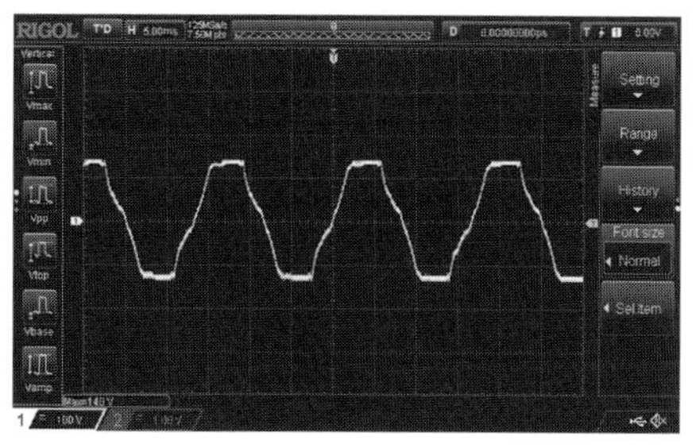

図3　新幹線客室の電気。まずまず

電力会社の電気に比べると、流石にカクカクザラザラしています。これが毎日使う電気だとしたら若干気が進みませんが、移動しながら一時的に使わせてもらえる電気としては十分ですし、新幹線の電気的設計の難しさを踏まえると、むしろかなりよくできていると思います。まさに機内食という感じでしょうか。

最後に、やや歓迎しがたい電気の例を探して、キャンプや車中泊用品のポータブル交流電源の電気を見てみます。波形を**図4**に示します。確かにプラスとマイナスを行き来する交流なのですが、お世辞にもなめらかとは言えず、食事で言えば非常食の雰囲気があります。キャンプ用品業界の名誉のためにつけ加えると、この波形は極端な例で、コンセントと遜色ないなめらかな交流を出してくれる製品も多く市販されています。

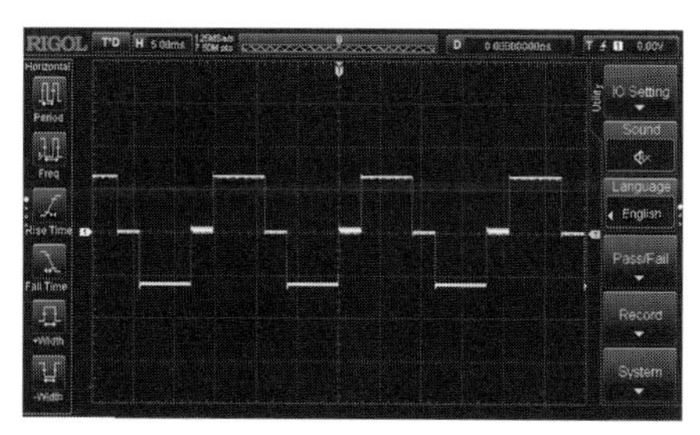

図4　ポータブル交流電源の電気。これは…

良い電気、悪い電気―直流編

ここまで交流について見てきましたが、直流のなめらかさについてはどうでしょうか。直流は電池の電気というイメージがありますが、スマートフォンの充電などに使われるUSB電源も直流です。スマホの充電器は、交流電源を直流電源に変換してくれる機器(＝ACアダプタ)です。その充電器を例に、直流のなめらかさを見ていきます。充電器はメーカー別で2個用意しました。カタログスペックは同じですが、販売価格は2倍の差がありました。

まず価格が高い方の充電器から試してみましょう。波形を**図5**に示します。流石の品質で、目を凝らすと若干ビリついていますが、かなり平らで良い直流です。次に安価な充電器の波形を**図6**に示します。スパイク状のノイズが鋭く立っていて、なめらかでキレイとはちょっと言い難い直流です。

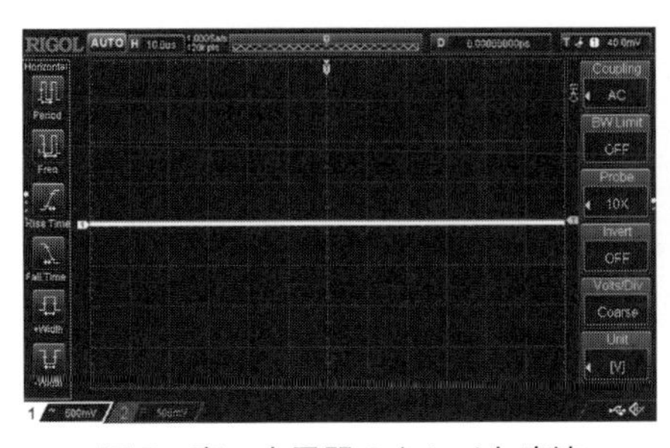

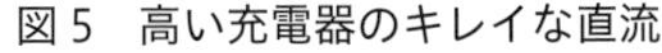
図5　高い充電器のキレイな直流

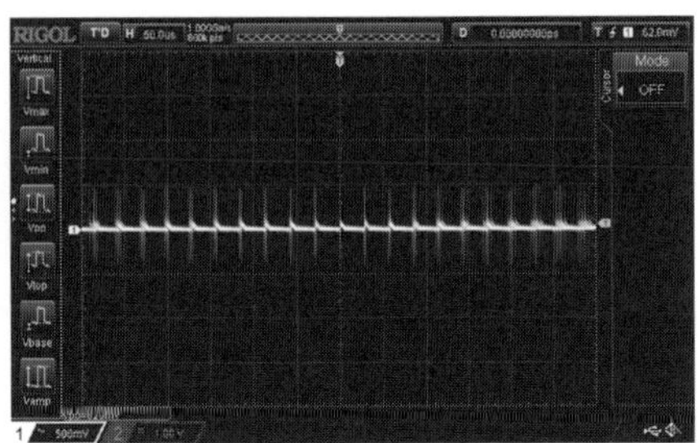

図6　安い充電器のイマイチな直流

電気の質が悪いと何が起こる?

一言で言うと機器の誤動作を招いたり、寿命に影響したりする可能性があります。筆者は過去に、「新幹線でノーブランドの充電器を使ってスマホを充電すると、スマホのタッチ操作がフリーズする」という現象を経験しました。スマホ純正の充電器を新幹線で使っても、ノーブランドの充電器を自宅で使っても、この現象は起きませんでした。

フリーズ現象発生時に近い状況を再現するために、先ほどの実験で使った充電器を新幹線で使用してみました。波形を**図7**に示します。安価な充電器ではノイズがさらに大きくなっていることが分かります。このように、元々の電気の品質と、充電器の変換品質のどちらもが最終的な電気の良し悪しを左右します。それぞれ単体の品質が悪いとまでは言えなくても、特定の組み合わせでは限界を超え、私たちが気づくレベルの現象として現れる場合があるのです。

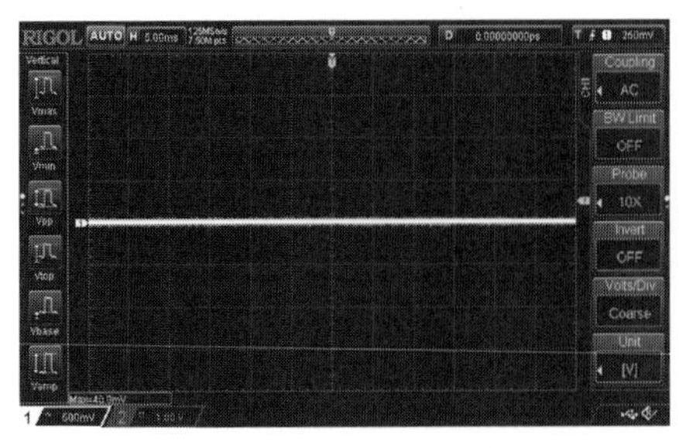

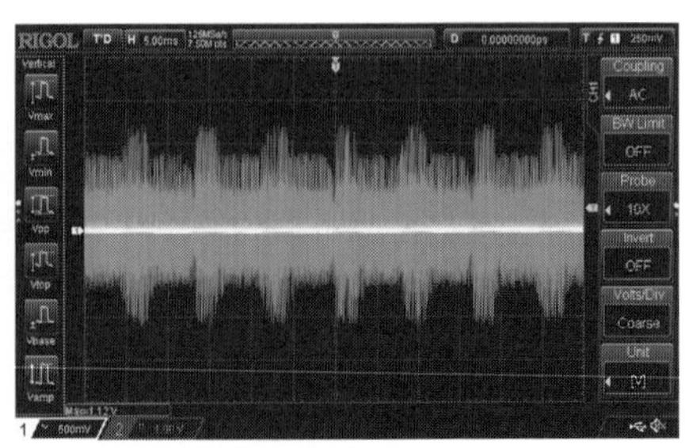

図7　新幹線で高い充電器を使った時の直流(左)と、安い充電器の直流(右)

電気を使う側が電気を汚す？

電気の質を左右するのは電気の供給側だけではありません。電気を使う電気製品のマナーが悪いと、良い電気もたちまちノイズだらけになってしまうのです。

今までの実験でノイズがほとんどなかった高い充電器に、いかにもワルそうな雰囲気のノーブランドUSB卓上ファンをつないでみました。実験の様子と波形を**図8**に示します。図5では非常に模範的だった直流が、画面を振りきる強烈なスパイク状ノイズまみれになっている様子が分かります。

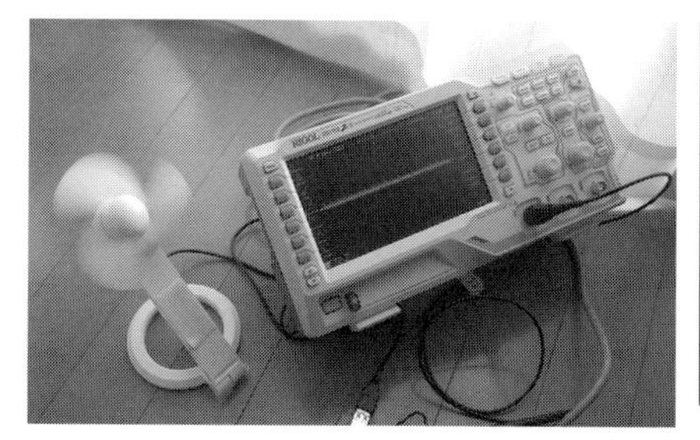

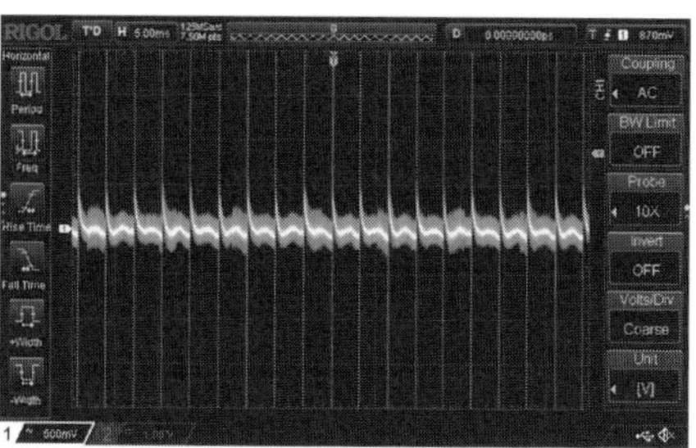

図8　良い電気でもマナーの悪い家電をつなぐとノイズだらけに

電気が汚れると、同じ電気をシェアしている周辺の機器にも影響します。このUSBファンをPCにつなぐと、マウスの操作が利かなくなりました。それにしてもこのノイズの激しさは、充電器やPCなどの寿命が心配になるレベルです。慌ただしく実験し、急いでUSBファンのケーブルを抜きました。

図8の例は、影響が自宅の中で収まる例ですが、建物や地域で電気をシェアしている送電網でも、これに近い現象は原理上起き得ます。私たち消費者は、質が良い電気を買ってくるのと同等以上に、ノイズの影響を受けにくく家庭内や地域の電気を汚さない、お行儀が良い電気製品を使うことも大事です。

内容をざっくりまとめます。なお、ここで述べた内容は個人の技術的知見に基づく見解であり、所属組織を代表するものではありません。

・良い電気の条件は何種類もあり、「ノイズの少なさ」も大切な要素の1つ。
・電気の質は供給源によって変わる。充電器などの品質によっても変わる。
・電気の質が悪いと、機器の誤動作や寿命変化を招くことがある。
・電気を使う側の機器が電気の質を左右することがよくある。

屋並　陽仁
久留米工業高等専門学校 教育研究支援センター

電子がマイナス、原子核がプラスってどうやって測ったの？

電子の発見

古代ギリシャ時代から摩擦によって生じる電気にはプラスの電荷とマイナスの電荷があり、異なると引き合い、同じでは反発することが知られていました。19世紀始めにイタリアのアレッサンドロ・ボルタ博士が、亜鉛板と銅板を希硫酸に浸したボルタ電池を発明しました。電気の流れである電流は、水が上から下に流れ落ちるのと似ていました。電流も、水流のように流れの向きを決める必要がありました。ボルタ電池では亜鉛側は溶け出して徐々に小さくなりますが、銅側は気体が発生するだけで小さくなりません。何が流れているのかは不明でしたが、サイズが小さくなる亜鉛側をとりあえずマイナス極とし、電流はプラス極からマイナス極に流れると決めました。1881年、電気分解を調べたドイツのヘルマン・フォン・ヘルムホルツ博士が、電気は粒子の状態で存在することを発見しました。1891年、アイルランドのジョンストン・ストーニー博士がその粒子に電子（エレクトロン）と名をつけました。

かなり低い気圧の気体を詰めた管の中の2つの極板の間で放電させると、放射線が観察できます。放射線には2種類ありました。陰極線と陽極線です(**図1**)。この頃には、荷電粒子が電場や磁場の中でどのように運動するかは分かっていました。陰極線や陽極線は①直線的に進み、②途中にある物体の影をその先の壁に写し、③運動量を持ち、羽根車を回転させることから、流れの向きが分かりました。これらのことから陰極線はマイナス極からプラス極への粒子の流れであり、陽極線は逆の流れであることが分かりました。

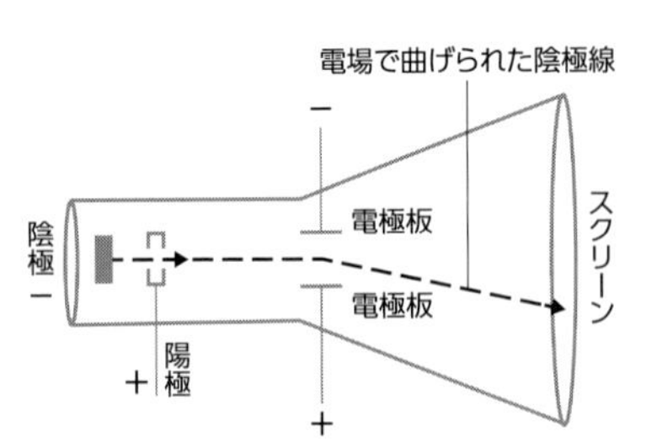

図1　陰極線に電場をかけた図

1897年、イギリスのJ・J・トムソン博士は、電場と磁場の強さを調節することで陰極線の偏りをゼロにして粒子の速度を測りました。荷電粒子への磁場による力は速度に比例しますが、電場の力はそうではありません。トムソン博士は、電場の強さと磁場の強さから粒子の速度を計算し、その速度と電場および磁場による偏りから粒子の電荷と質量の比を求めました。トムソン博士は、放電管にどんな気体を入れても電荷と質量の比がいつも同一であることから、陰極線粒子はすべての物質に共通する要素であるとしました。一方、プラス極からマイナス極に向かうプラス電荷の水素イオンによる陽極線の荷電量と質量との比から、水素イオンの質量は陰極線粒子の約 2,000 倍であるとも結論づけました。トムソン博士は、陰極線粒子の電子は水素イオンの電荷とは符合が反対だが、同一の電荷を持っていると発表し、後にノーベル賞を受賞しました。

陰極線が電場や磁場での曲げられ方から電子はマイナスの電気を持つと分かりました。こうして電流の流れは電子の流れと分かり、ボルタ電池で決めた電流の流れの向きが電子の流れの向きと逆であることが分かりました。しかし、電流の向きの決め方を変えると大きな混乱が起き、事故が誘発されることが予想されるので、電子の流れに対して電流が逆向きに流れていると考えます。

原子構造の確定

電子を発見したトムソン博士は、原子というのは球状に広がった正の電荷の塊の中に電子が詰まっていると考えました。そして、原子の全体の質量は電子の数によっていると考え、水素原子には電子が約 2,000 個あるものだと考えました。これはブドウパン型原子模型と呼ばれています。

1911 年、イギリスの物理学者アーネスト・ラザフォード博士が、金箔に放射線の一種であるアルファ線をぶつける実験を基に原子模型を提唱しました。アルファ線はプラスの電気を持つ小さな粒子です。放射性物質から秒速約 1 万 km という速さで飛び出します。金箔に高速のアルファ粒子をぶつけるのは、薄いティッシュペーパーに弾丸を勢いよく打ち込むようなものです。原子の構造がブドウパンのブドウのように電子が埋め込まれていたら、電子はとても軽いので、アルファ線はほぼすべて金箔を貫通すると予測されます。しかし、実験すると、打ち込んだアルファ線の中に大きく角度を変えて跳ね返って来るものがありました。アルファ線が大きく角度を変えたということは、金原子の中の小さくて重く堅い何かにぶつかったと考えられます。この実験により、原子の真ん中にはプラスの電気を持つ小さいが重く堅い核があり、その周りを電子が回っていることが分かりました。プラスの電気を持つ核は原子核と名づけられました。この原子構造模型は「土星型原子模型」と呼ばれます。この原子模型においては、原子の質量と正の電荷成分は非常に小さな原子核に集中していることになります(図2)。

原子核がプラスであるということは、プラスの電気を持つアルファ線を金の原子に当てた結果、反発して跳ね返って来たことから分かりました。

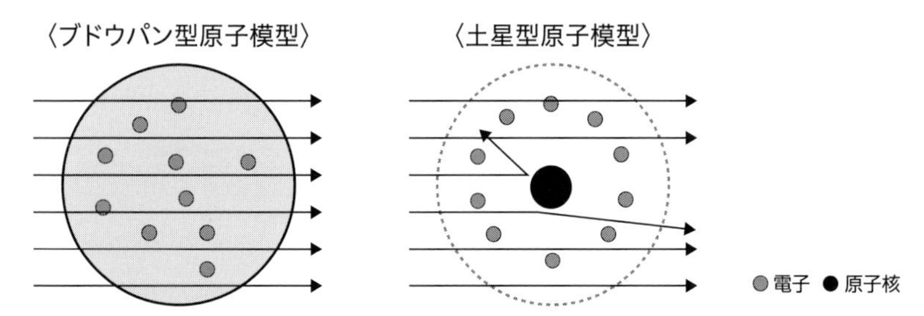

図2　トムソンのブドウパン型原子模型とラザフォードの土星型原子模型
小さな丸が電子の位置を示す。左から入る6本の矢印線は、入射させたアルファ粒子。右図中央の丸が原子核

1920年までに原子質量は、(ほとんど)水素原子の質量の整数倍であると決定されます。1920年代を通じて原子核は当時知られていた2つの素粒子である陽子と電子の組み合わせで構成されていると考えられていましたが、土星型原子模型には、それ自体に理論的な欠陥がありました。原子核の周りを回っている電子ですが、当時すでによく知られていた電磁気学の理論によれば、原子核の周りを円軌道で運動する電子は、原子核のつくる静電場の中で向きを変えて運動し続けているので、絶えず電磁波を放射し続けます。そのため、電子はエネルギーを失い、原子核の方にラセン形の曲線を描きながら潰れていくはずです。

1913年にデンマークの理論物理学者のニールス・ボーア博士が、原子が潰れない説明をする新しい量子論を発表しました。原子を回る電子にはある安定な軌道があり、そこに電子がいる限り、電子からの電磁波の連続的な放射はなく、電子が他の安定な軌道に飛び移る時にだけ電磁波が量子というエネルギーの塊として放射されると主張しました。こうして原子から発せられる電磁波のエネルギーの分布が広い帯状に広がったものではなく鋭い線であることを説明し、鋭い線として観測される電磁波のエネルギーの分布の原子スペクトルを量的に説明しました。

原子核の構造の解明(中性子の発見)

1912年、トムソン博士は、希薄な気体の中に電流を通じた際に生じる陽極から陰極に向けて発せられる陽極線に電場と磁場を作用させると、その線の偏りが気体によって異なることから、陽極線の正体は電子のようにすべての原子に共通の成分でできているのではないとしました。陽極線粒子の荷電量の質量に対する比を決定し、しかもそれらの粒子の質量がその気体の元素の質量の平均値である「原子量」と同一であることから陽極線粒子の正体は正に帯電した気体原子であると結論しました。ただし、ネオン原子は2種類あり、水素の原子量1に比べて1種目の原子量は20で、2種目の原子量22であることを発見します。1種目の存在割合は約90.5%で、2種目の存在割合が約9.5%なので、2種の原子量の平均は20.2です。ネオンについて知られていた原子量20.18とほぼ一致しました。このことから、ネオンは2種類の原子、すなわち2種類の同位体(アイソトープ)があり、それらは異なった質量を持つが、電荷は同じで同数の軌道電子を持つと推測しました。このようにネオンの2種の同位体のそれぞれの原子量が、水素の原子量の整数倍であるということから、「原子というのは水素原子の集まりである」という考えがもっともらしくなり、原子核は陽子と電子からできているのではないかと考えられました。例えば、ネオン原子の2種の同位体は22個の陽子と12個の電子を持つものと、20個の陽子と10個の電子を持つものからなっているとされました。そうであれば、両方とも原子核としてはプラス10の電荷を持ち、質量は22と20になります。しかし、1920年にラザフォード博士はアルファ線を使った実験で、もし原子核に電荷を持たない中性の粒子が含まれていて、これが陽子と同じ質量を持つならば原子核の中に電子が入っていなくてもよいというアイデアを述べました。

1932年、ラザフォード博士の弟子だったイギリスのジェームズ・チャドイック博士が、放射性元素ポロニウムからのアルファ線をベリリウムに当てた時、特別に長い到達距離を持つ粒子が放出されることに気がつきました。この粒子は電場でも磁場でも曲げられなかったため、電荷を持たない中性粒子と判明しました。中性粒子自体の直接の検出は難しいのですが、1920年代にはアルゴンガスの電離現象を応用した荷電粒子を観測する電離箱が発明されていました。この電離箱を使い、未知の中性の粒子が水素ガスにぶつかった時、陽子が生じることが分かりました。陽子が弾き飛ばされる現象から、未知の中性の粒子は陽子と同じ質量を持つことが分かりました。こうして原子核の中には正電荷を持つ陽子と、中性で陽子と同じ質量を持つ中性子がいることが分かりました。

藤本 順平
高エネルギー加速器研究機構 加速器科学支援センター

静電気は悪者なの？ 静電気は何か利用できないの？

冬場の“パチッ！”と来る静電気、不快ですよね。でも、これは静電気の1つの現象に過ぎません。静電気は本当に幅広く、地球上の自然な状態の中で、何か物質が存在すれば必ず静電気が発生すると考えられます。特に物質(物質A)と物質(物質B)が接触したり、こすれたり、離れたりした瞬間に静電気が生じ、電位差が発生します。例えば、皆さんがフィルムをはがした時、どんなことが起きますか。“チリチリチリ…”という音が聞こえて来ませんか。また、はがしたフィルム同士がくっつきませんか。これは**図1**の「剥離帯電（はくりたいでん）」が起こっているためです。図1のように電荷(＋と－)を持っていることを「帯電」と言い、対向していると電位差が生じることになります。つまり、物質Aと物質Bの間には数百～数万V(ボルト)の電圧がかかっている状態です。この状態が「静電気の発生」です。

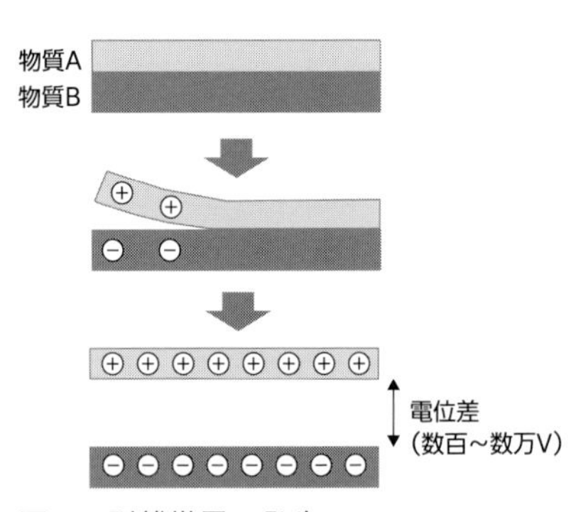

図1　剥離帯電の発生
電気的に中性な材質の異なる2つの物体を接触させて、分離すると発生する

一方、同じ静電気が、**図2**のような針と平板のようなところで発生した

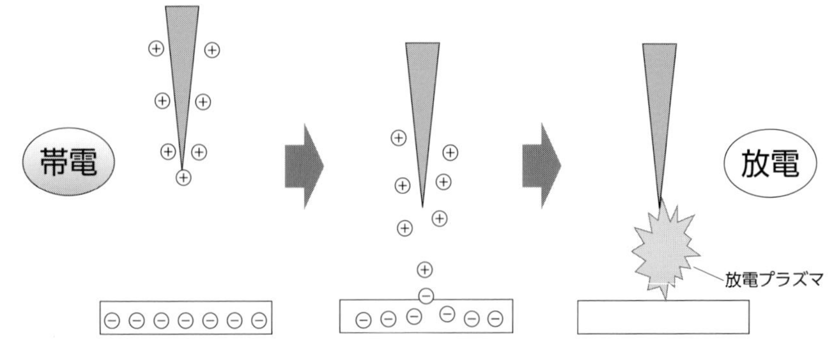

図2　放電プラズマの発生　いわゆる静電気が起きた状態。突起物があると発生しやすい

とします。針を次第に平板に近づけていくと、ある地点で＋と－の電荷が急激に中和しようとします。この瞬間に起こる発光現象を「放電」と言い、発光している空間を「放電プラズマ」と言います。放電は「静電気の瞬間的な消滅」と言い換えることもできます。これが冬場のパチッ！の正体です。一般にパチッ！のことを「静電気が来た」と言いますが、正確ではないのです。パチッ！となった瞬間は、帯電していた静電気が消滅した瞬間であり、不快な痛みを感じる瞬間なのです。

冬場のパチッ!を防ぐには?

最初にも書きましたが、静電気はありとあらゆるところで発生していて、それらが複雑に干渉しています。したがって、冬場のパチッ！を簡単かつ完全に防ぐことはできません。例えば、雷は雲の中の水蒸気が氷結した粒子が、空気と摩擦することで発生する静電気が原因です。雷の発生を人為的に防ぐことはできませんし、雷発生の地点と時間を完全に予測することは不可能です。

つまり、常に静電気は発生しているという心がけが大事なのではないかと考えています。そして、必要な時に静電気を「ゆっくり」逃がす習慣を持つことが重要です。このことを実践している一番身近な例は、セルフ式ガソリンスタンドです。日本で給油の前に必ず触れている黒い半円形の物体の意味はご存じでしょうか。この正体は、わずかに導電性のあるポリマーで地面(地球)につながっています。これに触れた時、体にたまった静電気をゆっくり逃がしてくれているのです。セルフ式ガソリンスタンドが普及し始めた頃は、静電気による放電が原因の発火事故があったのですが、この黒い物体の普及とともに発火事故はほとんどなくなりました。

静電気対策グッズとネット検索すると、たくさんの商品が出て来ます。この中でシート状マグネットの商品もいくつかあり、金属性のドアに貼って、ドアノブに触れる前に触るよう説明されています。筆者の経験ですが、かなりの頻度で静電気による放電被害を受けていた職場のドアで実践してみたところ、かなり軽減されました。本当は、金属製ドアが地面(地球)につながっていれば完璧なのですが…。

静電気はただの厄介者? 利用できないの?

そんなことはありません。静電気は社会の様々な分野で利用されています。最も広く利用されている技術として電気集塵(しゅうじん)が挙げられます。電気集塵装置は、ホコリなどを含む汚れた空気をきれいにできる装置で、大活躍しています。この仕組みを**図 3** に示します。ホコリのほとんどは帯電した状態で浮遊しています。これらが電位差のある金属電極に挟まれた空間に入った時、壁面に吸着除去され、きれいな空気を排出することができます。静電気は空気の浄化に大活躍です。家庭においては静電気ホコリ取りも有効な掃除器具です(**図 4**)。ディスプレイ表面に付着しているホコリの除去にも有効です。静電気力は小さいので重い物質の移動には不向きですが、ホコリのような軽い小さな物質の移動には有効です。コピー機のトナーの固着にも使われています。

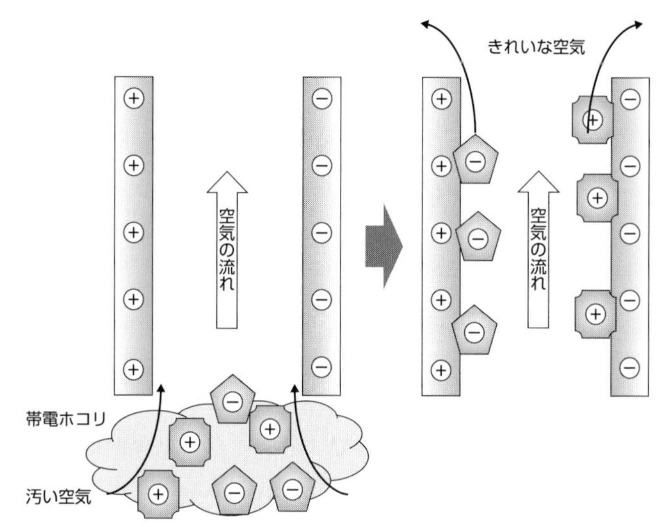

図 3　**電気集塵の原理**　空気の清浄化に広く利用されている

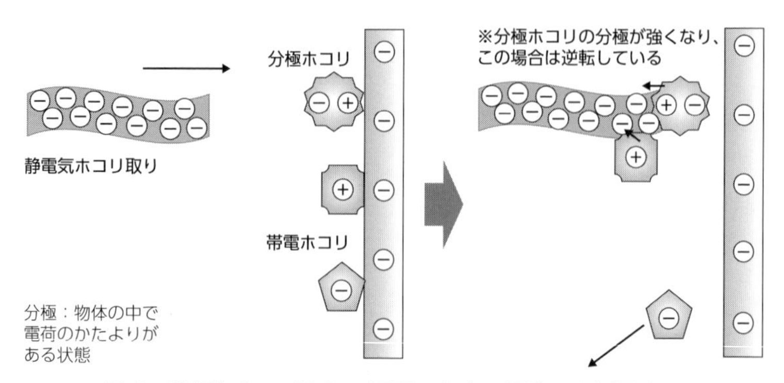

図 4　**静電気ホコリ取りの原理**　家庭の掃除でも活躍する

また、静電気は液体の微粒化や乳化にも利用できます。**図5**は、デカノール(油)にノズルから白い水溶液を滴下している系です。電圧が無印加の時には液滴が降下しているだけですが、ノズルに電圧を印加していくと微粒化現象が起こり、2.5kV(2万5千V)印加した時にはきれいな乳化が起こっています。これは発生した液滴同士が同じ電荷を持っているため、反発し合い、分散・乳化しているのです。微粒子の作製や乳液の作製にも利用できそうな技術です。

図5　静電微粒化の様子　油の中に水滴を滴下しているところに電圧を印加すると微粒化が起こり、安定した乳化状態を維持する

最後に、静電気は不快なものではありますが、原理をしっかり理解すると色々な利用が可能です。ぜひ静電気の世界の扉を開けてください。

大嶋　孝之
東京家政学院大学 現代生活学部

電磁波って何？人体に影響はあるの？

電波の分類

「電波の安全性」に関する理解は、その分類、用途、人体への影響に関する知識から始まります。電波は電磁波の一種であり、その周波数によって様々に分類されます。日本の電波法では、3,000GHz(ギガヘルツ)(3THz(テラヘルツ))以下の周波数を持つ電磁波を「電波」と定めています。電波はさらに帯域毎に分けられ、それぞれの帯域は上限周波数が下限周波数の10倍に設定され、上限を含み下限を含まない形で区切られます(図1)。

現代において最も広く使われている電波は、超短波(VHF)から極超短波

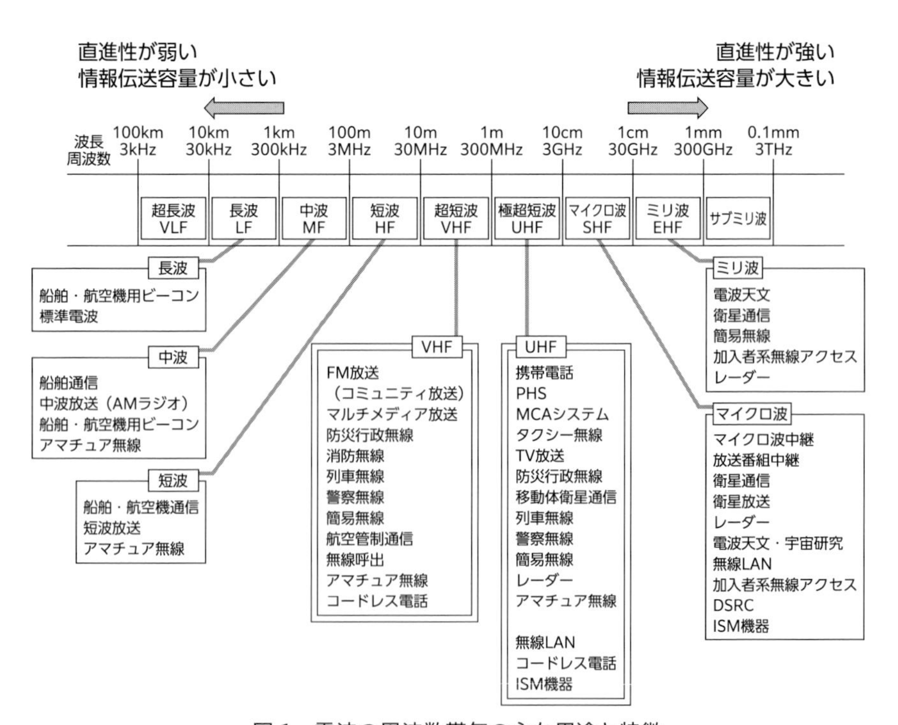

図１　電波の周波数帯毎の主な用途と特徴
出典：総務省、電波利用ホームページ、周波数割当て、周波数帯ごとの主な用途と電波の特徴

(UHF)の帯域に属します。この帯域の電波は、波長が数mから数十cmと短いため、送受信用アンテナを比較的小さく製造することが可能です。これは、日常の通信手段としての効率性と利便性を高めています。

しかし、VHFやUHF帯域での周波数資源の逼迫が問題となっている現状では、より高い周波数帯域、特にミリ波帯の利用が注目されています。第5世代携帯電話サービス(5G)では、FR1(Frequency Range 1)と呼ばれるサブ6GHz帯に加えて、FR2(Frequency Range 2)と呼ばれる28GHzの準ミリ波帯が利用されており、これにより大容量のデータ通信が可能になっています。60GHz帯を利用するWiGig (Wireless Gigabit、ワイギグ)やBeyond-5G、6Gなどミリ波帯からテラヘルツ帯まで、今後新たな周波数帯電波を利用した無線通信が期待されています。

さて、電磁波には、無線通信に用いられる電波だけでなく、赤外線、可視光線、紫外線といった光波や、エックス線、ガンマ線といった放射線も含まれます。これらの波は、電波に比べて周波数が非常に高いため、波長(λ[m]=光速度3×10^8[m/秒]÷周波数[Hz])が短い特長を持ちます。可視光線は、人の目に見える光であり、波長が約0.77μm(マイクロメートル)から0.38μmの範囲にあります。電磁波は、「非電離放射線」と「電離放射線」の2つに大別されます。電離とは、原子や分子が電子を放出、あるいは取り入れてイオンになることです。電波や光波(紫外線の一部まで)は、非電離放射線に分類され、電離作用を引き起こすことはありません。一方、エックス線やガンマ線などの電離放射線は、高い量子エネルギー(約10eV(エレクトロンボルト)以上)を持つため、物質を電離させ、生体に対しては有害な影響を与える可能性があります。遺伝子が傷つき、例えば発ガンなどに至る恐れがあります。しかし、無線通信に使われる電波のような非電離放射線は、その量子エネルギーが小さいため、電離作用を生じさせることはなく、エックス線やガンマ線によるような生体への悪影響は生じません。

電波の人体への影響と防護のための指針

電波による人体への影響として、非常に強い電波の照射が「刺激作用」と「熱作用」を引き起こすことが知られています(**図2**)。刺激作用とは、周波数が10MHz(メガヘルツ)程度より低い電波が、ある程度強く人体に照射されると、体内に電流が流れて「ビリビリ」「チクチク」と感じることです。

周波数が100kHz(キロヘルツ)程度より高い電磁波が人体に照射されると、

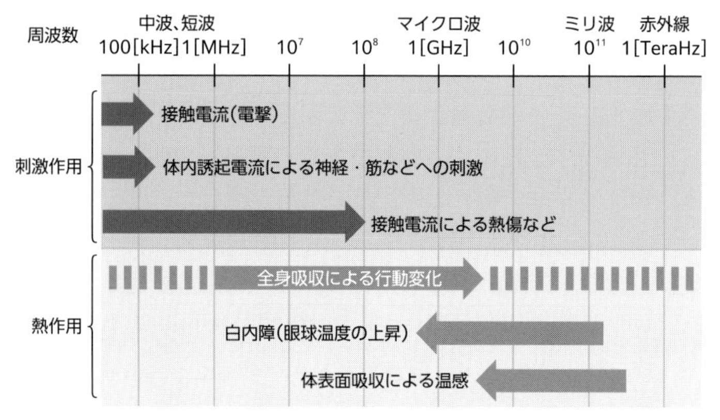

図2　刺激作用と熱作用に関して実際に確認された影響例

そのエネルギーの一部が人体に吸収され、吸収されたエネルギーは熱となって全身または局所的に体温を上げることになります。このように体温を上昇させる作用を熱作用と言います。

人体には、体温を一定に保つ機能があるため、一定値以下の強さの電波を人体が吸収しても体温が上昇することはありません。しかし、電波が非常に強い場合には、このような機能の限界を越えてしまい、体温が上昇することがあります。体温が1℃以上、長時間にわたり上がる場合には、人体に影響を与える可能性があることが分かっています。

電波が人体に与える影響については、国内外でこれまで60年以上の研究の蓄積があり、これら科学的知見を基に、「十分な安全率を考慮した安全基準」として指針(ガイドライン)が策定されています。国際ガイドラインとして、国際非電離放射線防護委員会(ICNIRP)が策定しているガイドライン[(1)、(2)]、米国電気電子学会・国際電磁界安全委員会(IEEE/ICES)が策定している安全基準[(3)-(5)]が知られています。日本では、「電波防護指針」[(6)]が策定されています。指針では、電磁波の人体への影響に関する研究結果を基に、安全な電波の強度(レベル)が定められています。

日本の電波防護指針

1990年に郵政省(現在の総務省)は、電波の人体に対する安全性の基準を「電波防護指針」として定めました。正式には、電気通信技術審議会答申 諮問第38号「電波利用における人体の防護指針」と言います。第1章において、「電波防護指針は、人体の安全と電波利用施設の運用との間の適切な調和を図ることによって、社会・経済的に需要の高まっている電波利用の健全な発展に資することを目的とする。このため、電波利用において人体が電磁界にさらされる場合、その電磁界が人体に好ましくない電磁現象(深部体温の上昇、電撃、高周波熱傷など)を及ぼさない安全な状況であるか否かの判断をする際の基本的な考え方と、それに基づく数値、電波利用施設周辺における電磁界強度等の測定法及び推定法並びに人体に照射される電磁界の強度を軽減するための防護法を示し、電波利用の安全基準、勧告、実施要領などを定める際の指針を提供する。ここで示した数値は、十分な安全率を考慮した人体防護を前提としており、これを超えたからといってそれだけで人体に影響があるものではない。」と記されています。防護指針で定められている基準値は、ICNIRPなどが策定している基準値と同等のものであり、この基準値を満たしていれば、人体への安全性が確保されるというのが国際的な考えとなっています。

電磁波の安全性については、科学的根拠に基づいた正確な情報と理解が必要です。今後ますます発展することが予想される電波利用の安全担保に向け、電波の生体安全性に関する研究は世界各国で積極的に実施されています。最新の技術や研究成果などに基づき、例えば5Gなど新たな電波利用に関する安全性の周知[7]、さらには、ガイドラインの高精度化・改訂などが行われています。電波の利用は現代社会において欠かせないものであり、その安全性を保証することは公衆衛生の観点からも極めて重要です。電波防護指針や関連する研究は、電波の安全な利用を確保するための基盤となっています。

◆参考文献

(1) ICNIRP：Guidelines for limiting exposure to time-varying electric, magnetic and electromagnetic fields (up to 300 GHz)、Health Physics、Vol. 74、No. 4、pp.494–522、1998
(2) ICNIRP：Guidelines for Limiting Exposure to Electromagnetic Fields (100kHz − 300 GHz). Health Physics、Vol. 118、No. 5、pp.483–524、2020
(3) IEEE：IEEE Standard for Safety Levels with Respect to Human Exposure to Electromagnetic Fields, 0−3 kHz、IEEE Std C95.6、2002
(4) IEEE：IEEE Standard for Safety Levels with Respect to Human Exposure to Radio Frequency Electromagnetic Fields, 3 kHz to 300 GHz、IEEE Std C95.1、2005
(5) IEEE：IEEE Standard for Safety Levels with Respect to Human Exposure to Electric、Magnetic, and Electromagnetic Fields, 0 Hz to 300 GHz、IEEE Std C95.1、2019
(6) 総務省、電波利用ホームページ、電波防護指針
(7) 総務省、電波の安全性に関するパンフレット、2020

日景　隆
北海道大学 大学院情報科学研究院

感電している人がいたらどうする？

現代では、電気はすべての文化的な生活を支援する必須のエネルギーです。しかし、その便利な電気も取り扱いを一歩間違えると致命的な感電事故に至ります。

これまで感電事故の多くは、大きな工場などの電気事業者に多く発生していました。2020年では、死亡事故が18件報告されています。しかし近年では、一般家庭でも太陽光発電や電気自動車(EV)などの普及により、自家用設置者の死傷事故も51件と増加に転じています。

家庭内の電流は100Vと低電圧であり、感電死亡事故は起こりにくいと考えられてきましたが、太陽光発電機やEV充電装置が設置されるようになり200Vを扱う機会が増えてきており、災害時や震災などで、むしろ一般家庭内でも重大な感電事故や死亡事故が増加するようになりました。

このような家庭内の痛ましい事故を防ぐためには、どのような状況で感電事故が起きてしまうのか、また対処をどうするか、しっかり知っておく必要があります

感電事故はなぜ起こるのか

家庭内での感電事故は、身近で発生しうる、また、死亡に至る可能性のある危険な事故です。感電事故の定義：感電事故とは体の中に電気が流れ、皮膚のやけど、心臓などの不整脈、筋肉や神経の異常を発生したものを言います。正しく電気製品が使われない場合には事故が発生します。EVの普及や太陽光発電機などの普及によって家庭内にも200V電圧を持つものが多く設置され、感電事故が増えてきているので注意が必要です。

事故が発生しやすい状況

家庭内での感電事故は、以下のような状況で発生します。予防するために、以下のポイントに注意してください。

・電気が流れている状態(電圧がかかった状態)の電線に直接触れない。または、

コンセントに金属製品を差し込まない。濡れた手で直接コンセントに触れないようにする。
・家電製品のコンセントやスイッチを操作し、使用していない時はOFFにしておく。
・漏電している部分に触れない。特に漏電による感電は、漏電していることに気づかないため、家庭内での事故の最も多い原因です。漏電は見た目では分かりにくいため、注意が必要です。

感電事故に遭った場合、その症状の大きさは、電流の大きさ、通電の時間、通電のしやすさなどの3つの要素で変わります。

要素① 電流の大きさ

体内へ流れた電流が大きければ、症状も深刻になります。電流とは、ある面を単位時間に通過する電荷の量で、電流の単位は、A(アンペア)で示されます。電圧とは、回路に電流を流そうとする力です。電圧の単位は、V(ボルト)です。したがって、体に影響を与える電流のレベルはAの大きさによって変わってきます。流れた電流の大きさと人体に起きる症状を**表1**に示します。

表1　電流の大きさと症状

電流の大きさ	症　状	人体への影響
5mA	少し痛みを感じますが、体表や内臓に悪影響はありません。	ほぼなし
10mA	激しい痛みを感じます。局所のやけどが起こることがあります。	小
20mA	筋肉の痙攣が起こり、電線を手放せなくなります。筋肉のダメージや皮膚のやけどが起こる可能性があります。	中
50mA	心臓の不整脈を起こし、短い時間でも死亡する可能性が高いです。	大

要素② 感電した時間

電流が体内に流れ続ける時間が重要です。長ければ長いほど死亡する可能性が高くなります。ビリッと来たら、すぐに接触している部分を体から離します。もし離れない場合には、ブレーカーを下ろして元から電源を断ちます。

要素③ 通電のしやすさ

手が濡れている状態で感電した場合、家庭内で使用している100Vの電圧であっても125mAもの電流が体に流れることになります。手や体に汗をかいている夏場なども、当然ながら通電しやすい状態になってしまうので、濡れた手で漏電した家電製品に触れるのは絶対に止めましょう。

家庭内での電気事故の事例と対策

以下に家庭内での電気事故の例を示します。このような事故を起こさないようにご注意ください。

〈ケース 1〉ヘアドライヤーの火花で手にやけど

ヘアドライヤーの電源コードを本体に巻き付けて収納していたため、本体と電源コードの付け根部分が半断線状態になったことが事故の原因です。電源コードは丁寧に取り扱うことや、ヘアドライヤーの吸込口や吹出口は、こまめに掃除するなどの対策を行いましょう。

〈ケース 2〉ヘアピンや異物で感電

コンセントに差し込んで手にやけどを負うことや、電気コードを赤ちゃんがかじって口唇にやけどすることなどもあとを絶ちません。子供は予想以上のことを行います。コンセントカバーを付けていれば大丈夫ではなく、両親が気にかけて説明を丁寧にすることも重要です。子供は電気の怖さを理解できているわけでなく、興味のあるものに何かを差し込んでみたりします。コンセントもその興味の対象となっています。クリップやヘアピン、金属のチェーンなどを差し込み、ビリッとして指先のやけどが起こる原因となります。

〈ケース 3〉コンセントとプラグの隙間に金属製品(ネックレスなど)を巻いてショート

これ以外にもテーブルタップに差し込んでいた電源コードが外れなかったので、マイナスドライバー2本で外そうとした際、ドライバーがプラグの両刃に接触しショートして出火。コンセントに差さっていた扇風機の差し込みプラグの刃に、子供が携帯ストラップの金具部分を接触させショートして出火。壁付きコンセントに半差し状態で差し込まれている空気清浄機の電源プラグとコンセントの間にキーホルダのチェーン部分を引っかけたため、ショートして出火。壁付きコンセントに半差し状態で差し込まれているテレビの電源プラグとコンセントの隙間に子供がヘアピンを差し込んだためショートして出火した、などの報告があります。

感電事故の応急手当

一般の家庭で感電事故が発生した場合は、助けようとしてすぐに傷病者に触れるのでなく、まずブレーカー(電源)を切ってください。まずは安全な環境で感電した人に対処することが大変重要です。

もし大元の電気が切れなかった場合は、倒れている人が握っている電線を離すために、直接触らず、木やプラスチックなど絶縁できるものを使って体から離しましょう。まだ電気が体に流れていて痙攣(けいれん)している最中に触れると、助けようとしている人も感電してしまいます。

致命傷となるのは、電気が流れ続けた場合です。心臓に通電すると心臓が痙攣(心室細動)します。その場合には10秒以内に反応がなくなります。直ちに胸骨圧迫と、AEDを使用するようにしましょう。

皮膚の変色や水ぶくれを起こしている場合は、電気によるやけどを負っています。まず患部をすぐに冷却し(最低15分以上)、そのあとに皮膚科・形成外科などを受診するようにしましょう。小さいお子さんがいる家庭では、コンセントキャップやコンセントカバーを付けるようにしましょう。

電気器具の正しい使い方を理解しよう

電気器具を使用した後に、途中でその場を離れる時は、必ずスイッチを切り、プラグをコンセントから抜くことを忘れないでください。

プラグを抜く時は、コンセントをしっかり持って抜きましょう。ケーブルを引っ張るのは断線を誘発して危険です。

特にエアコンやヒーターなど消費電力が大きい電気器具を使用する際には、専用コンセントを使用しましょう。アイロンやヘアドライヤーなど熱器具には注意しましょう。

水や汗で濡れた肌は電気抵抗が低くなり、通電しやすくなります。その状態で感電を起こすと人体に致命的な影響を及ぼす危険性があるので、プラグにコンセントを差す際は、必ず乾いた手で行うようにしましょう。

使用していないコンセントは抜きましょう。また、小さなお子さんがいる家庭では、使っていないコンセントをコンセントカバーで覆(おお)うことをお勧めします。

電化製品のプラグに付いているアース線を専用の端子につなぐことで、漏電により漏れ出た電気を地面に逃すことができます。水周りや湿気の多い場所で電化製品を使用する場合、アースの取り付けが義務づけられています。

感電は死につながる危険性のある恐ろしい事故です。中でも漏電による感電事故は、家庭でも起こる可能性があるので警戒が必要でしょう。いったんケガをすると一生涯の傷を残すことがあります。予防をすることで大事な家族を守ることができますので、注意しましょう。

田中　秀治
国士舘大学大学院 救急システム研究科

日本には60ヘルツと50ヘルツの周波数があるけど、何か違いはあるの？

直流と交流

電気には、直流と交流とがあります。直流とは**図1**のように、時刻に対して大きさが一定となる電圧、電流または電力をいいます。直流では、大きさ(図1の a)だけがパラメーターです。

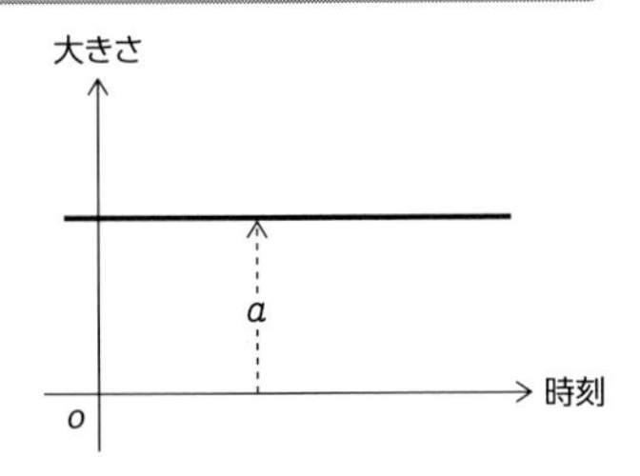

図1　直流の波形

直流以外の電気を交流といいます。交流では、電圧、電流または電力が時間とともに変化します。変化の仕方は任意で構いませんが、電力会社が供給している商用電気では、**図2**に示す正弦波が使われています。正弦波には2つのパラメーターがあり、1つは振幅(図2の b)で、もう1つは1秒間における繰り返しの回数(サイクル数) f です。この2つの数字が決まれば、正弦波は決まります。サイクル数の単位をヘルツと言い、Hzと書きます。50Hzとは、1秒間に50回繰り返すことを意味します。したがって、1サイクルの長さは、1/50秒＝20ミリ秒(ms)です。一方、60Hzでは、1サイクルの長さが16.67msになります。

図2の b は正弦波の高さですが、電圧と電流の場合には大きさを表すのにその $\frac{1}{\sqrt{2}}$、すなわち $0.707b$ の値を使います。これを実効値と呼びます。実効値は、エネルギーの面で直流と等価になる値です。実効値が100Vの場合、波高値は141.4Vになります。

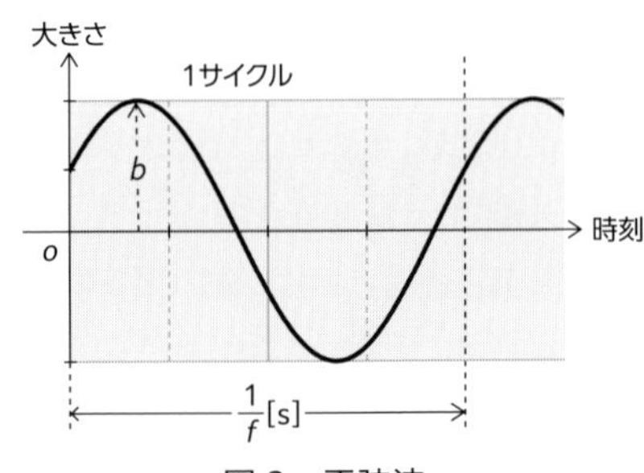

図2　正弦波

世界と日本の商用電気周波数

電気の商用販売はエジソンによって1882年に開始されましたが、その時は直流による販売でした。直流では電圧の上げ下げが困難であったことから、遠くへの送電が容易ではなかったため、電気の需要の増加とともに交流に切り換えられてゆきました。現在では、世界のどの国においても電気の販売は交流によって行われています。

使われている周波数には、60Hz と 50Hz とがあり、60Hz はアメリカ由来、50Hz はヨーロッパ由来です。北アメリカ大陸から中央アメリカ、南アメリカ大陸の北半分は 60Hz です。ヨーロッパをはじめ、ユーラシア大陸、東南アジア、アフリカ大陸やオセアニア地域は原則 50Hz です。サウジアラビア(中東)、韓国、台湾、フィリピン、リベリア(アフリカ)は、アメリカとの結びつきが強いため、周囲の 50Hz 地域から独立した 60Hz となっています。

日本では原則として、中部電力、北陸電力、関西電力、中国電力、四国電力、九州電力、沖縄電力が 60Hz、東京電力、東北電力、北海道電力が 50Hz です。60Hz 系統の需要の大きさは約 9,000万kW あり、50Hz 系統の需要の大きさは約 7,000万kW あります。世界広しといえども、このように周波数の異なる大規模電力系統が並存する国は、日本だけです。このようなことになった背景には、東京電灯と大阪電灯との間に対抗意識の存在していたことがあると考えられます(1)。江戸末期には大坂の人口が江戸を上回っていましたが、明治に入って堂島米会所が廃止されて、中之島にあった各藩の米蔵屋敷が政府に没収されると人口が流出して、大阪の人口が東京の人口を下回るようになりました。東京電灯より遅れて開業した大阪電灯は当初から交流で電気を販売しました。発電機は、アメリカ GE 社の前身となる会社からの輸入でした。1889 年に開業した当初は 125Hz でしたが、1897 年に 60Hz となりました。大阪電灯はこの時、後に GE 社となる会社との間で独占販売契約を結びました(1)。東京電灯が GE 社の前身である会社から発電機を購入するには、大阪電灯の承認が必要でした。東京電灯は直流販売から始まりましたが、交流発電を始める時に GE 社からではなく、ドイツの AEG 社から発電機を購入する選択をしました。その結果、東京電灯の周波数は 50Hz となりました。

異なる周波数の接続

周波数の異なる交流回路は直接、接続することができません。そのため、東地域の 50Hz 系統と西地域の 60Hz 系統とは、半導体を用いた周波数変換装置を介してつながれています。50Hz 系統と 60Hz 系統とは、次の 4 か所の周波数変換設備を介して接続されています。最大融通電力は、210万kW です。

① 佐久間周波数変換所(静岡県) 30万kW　② 新信濃変電所(長野県)

60万kW ③ 東清水変電所(静岡県) 30万kW ④ 飛騨信濃周波数変換設備(岐阜県、長野県) 90万kW

①、②、③は同一構内で周波数を変換していますが、④では岐阜県側(高山市)で60Hzと直流との変換を、長野県側(塩尻市)で50Hzと直流との変換を行い、直流送電線が両側を結んでいます(2)。

周波数の変動

50Hzや60Hzは目標値であり、実際の周波数は細かく変動しています。東京電力のエリアで周波数を実測した例を**図3**に示します。50Hzを中心にして±0.05Hz程度で小刻みに動いていることが分かります。

周波数を決めるのは発電機(**図4**)の回転数です。回転が速くなれば周波数が上がり、遅くなれば下がります。タービン軸と発電機軸とは直結されていて(**図5**)、タービンは軸を駆動するトルク(回転力)を発生し、発電機はブレーキとなるトルクを発生します。回転数は、この駆動トルクとブレーキトルクとのバランスに基づく運動方程式の結果として瞬時毎に決まるので、小刻みに変化するのです。

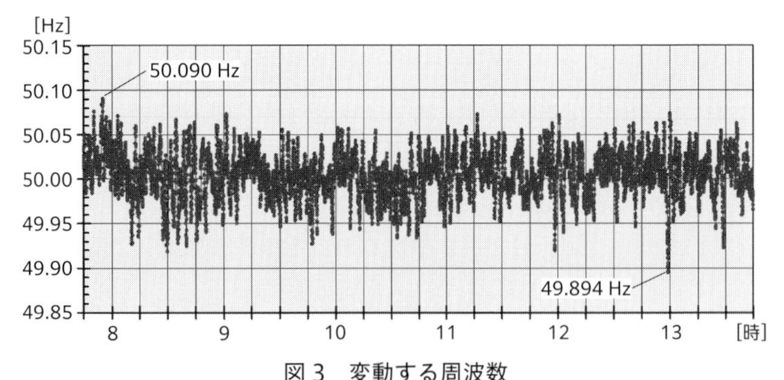

図3 変動する周波数

図4 タービンと発電機 出典：勿来IGCCパワー合同会社

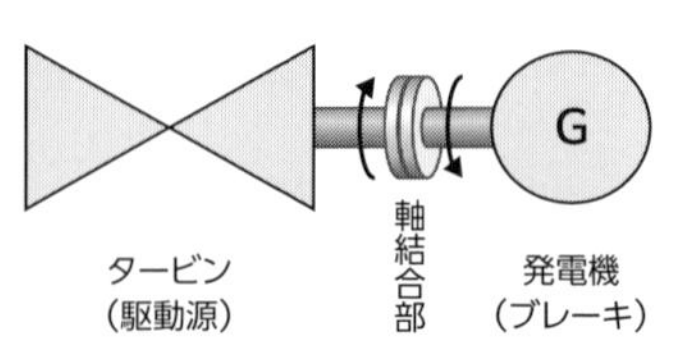

図5 結合部での力学的バランス

電気製品への周波数の影響

パワーエレクトロニクスの発展により、現代では周波数の変換を容易に行えるようになりました。エアコン、冷蔵庫、洗濯乾燥機、掃除機には省エネルギーの目的もあり、インバーターが内蔵されていることが多いので、50Hz/60Hz の違いを意識せずに使えるものがほとんどです。また、テレビ、パソコンやスマホの充電器、オーディオ装置、プリンターなどの電子機器は内蔵する整流器でつくった直流で動作するので元々、周波数の違いによる影響を受けません。パワーエレクトロニクスを使わない場合に、周波数の違いがどのような影響を与えるかを主な機器について説明します。

① 電動機(モーター)　50Hz の電動機に 60Hz の交流電圧を供給すると、回転数が 20% 程度上昇して回転します。そのため、ポンプやファンを負荷にしている場合などには、電動機が過負荷となって電流が増える可能性があり、注意が必要です。また、回転数の上昇に伴って軸受の寿命が短くなる可能性もあります。

一方、60Hz の電動機を 50Hz の交流電源に接続することはできません。鉄心を通る磁束が 1.2 倍となって飽和を起こす可能性が高いため危険です。

② 変圧器(トランス)　交流の電圧をファラデーの法則を利用して変える機器を変圧器といいます。

50Hz の変圧器を 60Hz で使用するのは、問題がありません。使うことができます。一方、60Hz の変圧器を 50Hz で使うことはできません。電動機の場合と同様に、磁束が飽和する可能性が高く、危険です。

③ 照明　白熱電球は 50Hz、60Hz で共用できるのは、よく知られています。50Hz で点灯している場合には 1 秒間に 100 回、60Hz で点灯している場合には 1 秒間に 120 回点滅していますが、人の目には残像現象があるので、直流で点灯したかのごとく、連続点灯しているように見えます。周波数が 10Hz 位から下がってくると、点滅するのを見ることができるようになります。LED 照明の場合には、交流電源から直流コンバーターによって直流電流をつくり、それによって点灯していますので、電源周波数の違いによる影響はありません。

④ 電熱器　電熱器、アイロンやトースターは抵抗負荷(電気を熱に変換する)なので、電源周波数の違いによる影響はありません。

◆参考文献

(1) 大島正明：日本に 50 Hz と 60 Hz とが並存するのはなぜか－東京電灯と大阪電灯－前編・後編、電気計算 4・5 月号、電気書院、2020 年
(2) 飛騨信濃 FC が運開。東京～中部の連系、90 万キロワット増強、電気新聞、2021 年 3 月 30 日

大島　正明
大島研究所

太陽光発電は実際にエコなの？

太陽光発電は代表的なクリーンエネルギーの代名詞でしたが、最近では設置による景観の悪化や環境破壊などが問題になる事例もあり、必ずしも良いイメージばかりを持たれなくなってきました。急速に普及が進んでいる太陽光発電ですが、何事も良い部分ばかりではないはずで(その逆もまた然り)、冷静に太陽光発電のことを考えた時に自然と出る質問かと思います。太陽光発電に限らず、何かの推進派の人たちは、もしかしたらその悪い部分を隠して良い部分だけを宣伝することがあるかもしれません。逆に反対派の人たちは、自身が被(こうむ)る不利益が大きくなる可能性があるため、あえて良い部分に目を瞑(つむ)り、悪い部分を強調することがあるかもしれません。

ここでは、あくまで中立な立場で太陽光発電を俯瞰(ふかん)し、太陽光発電がこれからの持続可能な社会において、主要なエネルギー源の１つとしてふさわしいか否か、改めて考えていきたいと思います。

太陽光発電に限らず、他のエネルギー源も含め、私たちの生活に関わる身近なものすべてがエコであるのが望ましいのは言うまでもありません。また、そうあるべき努力が今も世界中でなされているところかと思います。2015 年 9 月に開催された国連サミットで、持続可能でより良い世界を目指す国際目標として設定された SDGs(Sustainable Development Goals)は、その方向性の確認という１つの活動の表れと言えます。それでは、太陽光発電は本当にエコなのでしょうか。

エネルギーのエコ度ものさし

結論から言ってしまえば、太陽光発電は究極とはいかないまでも実際にエコなエネルギーと言えるでしょう。エコ度を測るものさしは様々ですが、太陽光発電の場合、その１つにエネルギーペイバックタイム(Energy Payback Time: EPT)というものがあります。これは、発電設備の製造などに要したエネルギー(ライフサイクル中に消費するエネルギー)を、その発電設備をどれだけの期間稼働させることで回収できるかを表す指標です。太陽光発電のエネルギーペイバックタイムは、太陽電池(**図1**)の種類によっても変わりますが、1～3年です。つまり、設置からそれだけの期間使い続けることで元が取れ、その後に使用し続けて得られるエネルギーは利得分となります。太陽光発電の寿命が20年以上であることを考えると、設置してから極めて短期間でエネルギーペイバックタイムを迎えることが分かります。

また、太陽電池の中には化合物薄膜系と呼ばれる種類のものがあり、そのエネルギーペイバックタイムは1年以下と、現在太陽電池の主流である結晶シリコン系と呼ばれるものよりも、さらに短期間なものもあります。そのような種類の太陽電池を使った太陽光発電の普及もこれから進んでいくことが期待されます。

どれも同じように見えるが、よく見ると異なり、それぞれに特長がある

図1　様々な種類の太陽電池パネル

もう1つの指標に、CO_2 ペイバックタイムというものがあります。これはエネルギーペイバックタイムの二酸化炭素(CO_2)版とも言えますが、太陽光発電の製造など、ライフサイクル中に排出される地球温暖化ガスを、その発電設備を何年以上稼働することで排出量削減効果が期待できるかを表す指標です。エネルギーペイバックタイムと同様、太陽光発電の CO_2 ペイバックタイムは、やはり1～3年程度と設備の寿命に対して短時間で達成され、その効果の大きさが分かります。

太陽光発電におけるリサイクルの重要性も認識されています。寿命を迎えた太陽光発電システムは、技術的にはかなりの部分がリサイクル可能です。リサイクルはコストに見合うかどうかも重要であり、中古パネルのリユースなども含めて、今後はよりエコ度の高さとコストの低さとを両立させた優れたリサイクル技術の進展が期待されます。

太陽光発電が良いイメージばかりを持たれなくなった背景には、エコよりも経済的利益を目的とした事業者の乱立や、設置による環境破壊などが要因として挙げられます。山間部などで、森林を伐採して太陽光発電が設置されている景観や、太陽電池パネルからのまぶしい反射光など、本来クリーンエネルギーであるはずが、逆に環境破壊要因になってしまった事例があることは否定できません。太陽光発電の普及が進んできた現在、設置場所の不足は普及の阻害要因になりつつあります。

2023年の経済産業省資源エネルギー庁エネルギー白書によると、2020年の日本の化石エネルギー依存度(一次エネルギー供給のうち、原油・石油製品、石炭、天然ガスの供給を一次エネルギー供給で除した割合)は88.9％と高く、エネルギー供給源の化石燃料依存や温暖化ガスの排出量は、まだかなり高い段階にあると言わざるを得ません。つまり、太陽光発電をはじめとする再生可能エネルギーの普及をさらに進めていく必要があります。そこで、従来は太陽光発電が設置できなかったスペースに、景観悪化や環境破壊を伴わず導入を可能にする技術が求められます。

太陽光発電をもっと手軽に

従来の太陽電池パネルは、ガラス板を裏面基板や表面カバー材に用いているため重く、曲げることもできません。軽くて曲面追従性にも優れ、設置によって景観も壊さないような太陽電池があれば、耐荷重制限のある工場の屋根や自動車の屋根、曲面形状の外壁や柱など、今まで以上に私たちの生活に自然と馴染む形で太陽光発電の普及が期待できます。最近では、従来から使用されている結晶シリコン系太陽電池でも、軽く、曲げられるものが出てきました。他方、化合物薄膜系太陽電池は、その名が示す通り薄膜型の太陽電池であり、さらに軽く、より曲がる製品の実現も可能です(図2)。化合物薄膜系太陽電池の光

図2　軽くて曲がるCIS系化合物薄膜太陽電池でLEDを点灯する様子

吸収層には、テルル化カドミウム(CdTe)や黄銅鉱型無機材料(CIS 系)のほか、有機物と無機物によるハイブリッド型ペロブスカイト材料など、結晶シリコンとは異なる様々な材料があります。

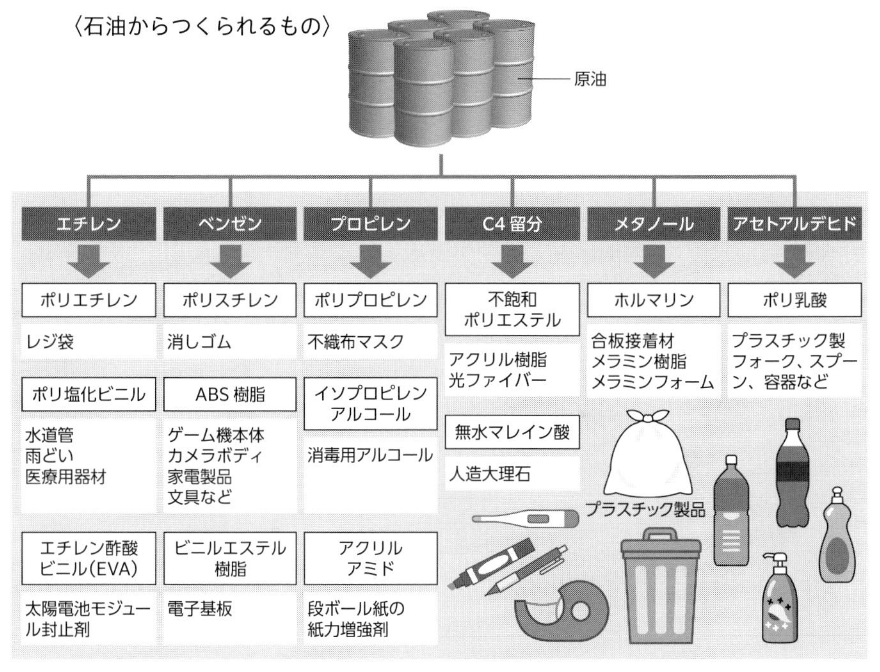

図 3　身の周りの石油製品の例

ところで、石油などの化石エネルギーを使わない生活は、現代の私たちに可能でしょうか。燃料だけでなく、プラスチックなどの石油製品や化成品は私たちの暮らしの中に極めて深く入り込んでいます(**図 3**)。太陽光発電を構成する部材としても使われており、今となっては、これら石油製品を 100% 別のものに置き換えるというのはなかなか難しいように思われます。エコを追求するうえで、太陽光発電や他の再生可能エネルギーが本当にエコかどうかを議論検証することは大変重要なことです。しかしそれ以外にも、私たちの今の生活スタイルを見直し、必要に応じて意識を変えていくことができれば一層エコの追求につながるのではないでしょうか。

石塚　尚吾
(国研)産業技術総合研究所

人がその場でつくる電気エネルギー(足こぎ、手回し)で、どんなものが動かせる？

ヒトのパワーは何ワット？

人間の力（ちから）で発電機を回す人力発電は、何ワット(W)の電力を発電できるでしょうか。1人がその場でつくる電気エネルギーとして、1人力（じんりき）は約100Wと言われています。発電所や太陽光発電ではkW(キロワット)単位で表すことが多いので、1人力は約0.1kWです。

風力発電は風によって、太陽光発電は太陽からの光によって電力を発生します。火力発電では、化石燃料やバイオマス燃料を燃やして電力を発生します。人力発電のエネルギー源は食べ物です。食べ物として体に取り込むエネルギーは熱量、カロリー数で表されます。食べ物の熱量をカロリー数と呼びますが、実際の単位はkcal(キロカロリー)を用いています。

人間が健康に活動するために必要なカロリー数は年齢、性別、体重や運動の度合いなどで大きく異なり、また実際に食べているカロリー数も個人の食習慣によってかなり異なります。代表的な値として1日当たり2,000kcalとしましょう。1秒当たりに換算すると、

2,000,000÷(24×60×60)≒23cal/秒

となります。熱エネルギー1calは、一般のエネルギーの単位で約4.2J(ジュール)と等しいので、1秒当たりに消費する食べ物のエネルギーは、

23×4.2＝96.6≒100J/秒＝100W

です。1秒当たりのジュール数が電力のワット数と同じなので、私たち人間が食べ物として熱エネルギーを消費する速さは約100Wということが分かります。

さて、食べ物エネルギーの100Wをすべて発電に回すことはできません。運動や仕事をする以前に、約60Wは生命を維持するために使っています。運動をせずに静かに横になっていても、体内の臓器などが常に活動し、体温の熱が逃げていくために使われる基礎代謝と呼ばれるエネルギー消費が約60Wです。基礎代謝を差し引いた残り40W程度を運動や仕事に使うことができるという

計算になります(**図1**)。100W の食べ物エネルギーと 60W の基礎代謝、その差 40W が人の仕事や運動になるという計算ですが、実際に食べるカロリー数は個人差が大きいので、あくまでも目安です。基礎代謝の量は、年齢、性別、体重、体格などで異なります。スポーツ選手は食べ物エネルギーをたくさん摂取し、より多くの運動をすることができます。

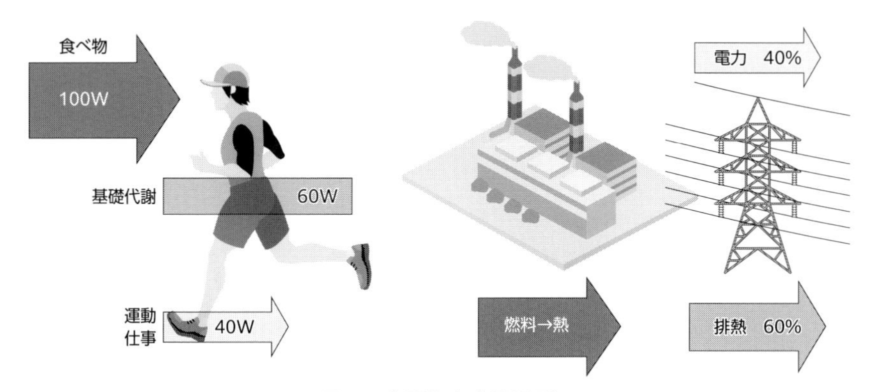

図1　人間と火力発電所

火力発電所では、燃料を燃やした熱エネルギーで発電機を回します。熱エネルギーのうち、電力に変換される割合を発電効率や熱効率と呼びます。日本の最先端の火力発電では、天然ガスを燃焼するガスタービンと、その排熱を有効利用する蒸気タービンを組み合わせたコンバインドサイクルという方法で、63.62%(2023 年 1 月にギネス世界記録認定)を達成しています。しかし、従来の多くの火力発電所は 30～40% の発電効率に留まっていて、電力に変換されなかった熱、燃料から得られる熱の 60～70% は海水で冷却するなどして海や大気中に捨てられてしまいます(図 1)。人力発電も 100W の食べ物エネルギーから 40W 程度の電力を出すとすれば、発電効率は火力発電と同じぐらいであることが分かります。ただし、人の場合は残りの 60W を捨てているのではなく、大切な基礎代謝、生命の維持に使っています。

自転車型人力発電機

自転車の後輪を浮かせてタイヤに接触した発電機を回す自転車型人力発電機(**図2**)を用いて、人力でどれだけ発電できるのか実験することができます。発電量に合わせて電球の点灯数や明るさを変化させて、電流と電圧を測定することでワット数(電力＝電圧×電流)を求めることができます。

図 2　自転車型人力発電機

男子大学生 4 人が 30 秒間の発電実験に挑戦しました(図 3)。最初の10秒程度は300～400W の大きな発電が記録されますが、その後、急激に減っていきます。最初の 10 秒程度は無酸素運動による瞬発力で、全身では 2kW 以上のパワーが出せるとも言われています。30 秒から数分程度なら 100W 以上の発電を持続することができます。さらに続けると、ワット数は 50W 程度まで低下しますが、40～50W であれば 1 時間以上続けることができます。長時間続く発電は有酸素運動によるものです。長時間の有酸素運動には微妙な限界があります。持久走を思い出してみましょう。ちょっと頑張り過ぎると、途中から急にしんどくなって走れなくなってしまうので、自分の限界、マイペースを守ることが大切です。

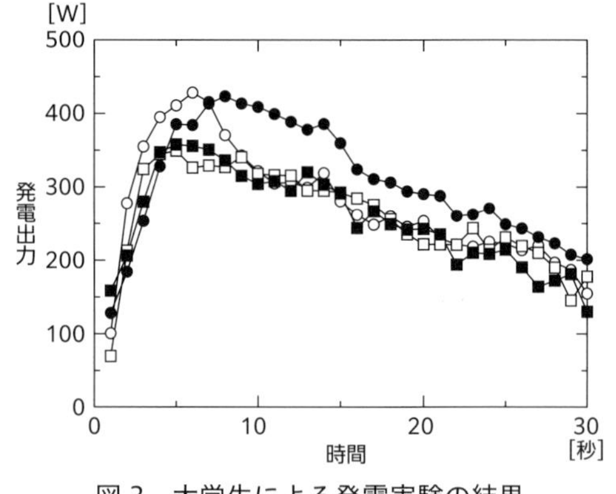

図 3　大学生による発電実験の結果

1 人力約 100W でできること

1 人力 100W で何ができるのか、例えば災害で停電した時、もし人力発電機があれば何ができるのでしょうか。ただし、100W の発電を長時間続けることはできません。長時間発電を続けられる電力は個人差がとても大きいのですが、自転車型人力発電機(足こぎ)では 40～50W 程度です。また、小学校の理科の実験で使う手回し発電機では5W程度です。

電気でできることと言えば、まずは部屋の灯りです。LEDの照明器具は小さいものでは10W以下なので、余裕で長時間つけることができます。小さなLED球が連なったイルミネーションは、1球当たり0.05W程度ですから、40÷0.05＝800個程度は長時間つけ続けることができます。短時間なら2,000個のイルミネーションを輝かせることができます。

スマホの充電器はゆっくり充電するものでは5W程度なので手回しでも充電できますが、急速充電するものは30W程度なので、足こぎなら充電できます。テレビは画面サイズによってワット数が大きく違います。24V型で50Wくらいが人力で長時間つけることができる限界です。42V型では150Wくらいになってしまうので、短時間なら頑張ってつけることができても、続けることはできません。CMだけなら見ることができそうです。人力発電の電力を家庭のコンセントと同じ交流の100Vに変換し、15型の小さなテレビとDVDプレーヤー、合わせて約50Wを2人の男子大学生が1時間ずつ発電し、2時間の映画を人力だけで鑑賞することができました(図4)。

エアコンは大きさや動作状況で消費電力が異なりますが、例えば6畳用の小型での冷房時では、最大で約1,000Wを消費します。スイッチを入れてから涼しくなるまでには時間がかかりそうなので、無理はせず1人40Wの発電を続けるとすれば、25人が協力して一斉に発電しなければいけません。さすがに6畳の部屋では狭過ぎます。

電気製品には消費電力のワット数が書いてあります。1人力で使うことができる電気製品、100Wや40W以下のものを身の周りで探してみましょう。

図4　人力発電50Wで映画を鑑賞

八田　章光

高知工科大学 システム工学群

牛の排せつ物を使った発電ってどういう仕組みなの？

牛の排せつ物を使った発電は「バイオガス発電」と呼ばれており、牛だけではなく、豚や鶏の排せつ物を利用したり、食品残さ物や生ゴミ、下水汚泥を利用した発電を行っているところもあります。このような発電を行う施設をバイオガスプラントと言います（図1）。バイオガスプラントでつくられた電力は、太陽光や風力発電と同様の再生可能エネルギーであり、二酸化炭素を増やさない環境にやさしいエネルギーです。

図1　バイオガスプラント

バイオガス発電の仕組み

バイオガス発電の仕組みについて説明します。牛の排せつ物などをそのまま燃料として利用するのではなく、最初に牛の排せつ物を発酵させます。これをメタン発酵（嫌気性発酵）と言います。バイオガスプラントの主要設備であるメタン発酵槽と呼ばれる施設で、メタン菌を活用して行います（図2、3）。メタン菌は酸素のあるところでは活動できないため、メタン発酵槽内部は、酸素のない嫌気性の状態となっています。この発酵槽の中に牛の排せつ物などの原料

図2　メタン発酵槽

図3　バイオガス貯留設備

を投入し、加温します。温める温度は、中温発酵で約40℃程度、高温発酵で約55℃程度です。国内では、北海道の寒い地域では中温発酵、九州地方の温暖な地域では高温発酵が主流です。原料を一定の温度まで加温することにより、メタン菌が牛の排せつ物を分解し、その分解過程でメタンを主成分とするガスが発生します。このガスをバイオガスと言います。バイオガスの成分は、メタン約60%、二酸化炭素約40%と硫化水素、水分が含まれています。発生したバイオガスから除湿装置で除湿し、酸化鉄や活性炭で硫化水素を取り除き、二酸化炭素を含んだままの状態でガスを発電機(図4)の燃料として利用して発電を行います。バイオガス発電機は車と同様なエンジンがあり、バイオガスを燃料としてエンジンを動かして、その動力によりモーターを回転させ電気がつくられます。

ちなみに牛1頭の排せつ物量は、1日約65kgで年間約23tもの量になり、この排せつ物量から年間約1,500kWhの電気をつくることができ、牛3頭分の排せつ物で一般家庭1軒分の電気をつくることが可能です。

図4　バイオガス発電機

メタン発酵が終わった原料はバイオ液肥と呼ばれ、肥料として利用することが可能です。バイオ液肥は、発酵により病原菌が死滅するとともに排せつ物特有の悪臭がほとんどなくなり、即効性のある安心・安全な有機質肥料として利用が推進されています(図5)。

図5　バイオ液肥散布作業

熱エネルギーの利用

バイオガス発電機では、電気がつくられるのと同時に熱エネルギーが発生します。熱エネルギーは、メタン発酵槽の加温用エネルギーとして利用していますが、すべてを使いきることができず、余剰分が発生しています。この余った熱エネルギーを活用して様々な取り組みが行われています。北海道鹿追町では、余剰分の熱エネルギーをマンゴー栽培(図6)、チョウザメ養殖(図7)、サツマ

図6　ハウスでのマンゴー栽培

図7　チョウザメ養殖

イモ貯蔵施設の加温用エネルギーとして活用しています。マンゴー栽培では、国内の端境期である12月に収穫できるよう冬場に降った雪とバイオガス発電の熱エネルギーを使い、ハウスの温度を調節しています。チョウザメ養殖では、生育が促進される水温が約19℃であることから余剰分の熱エネルギーを利用して加温しています。皆さんご存じの通り、チョウザメからは世界の三大珍味「キャビア」が採取されます。牛の排せつ物を活用したバイオガス発電のエネルギーで生産されたキャビアが誕生するのももう間近です。サツマイモ貯蔵庫では、保存に最適な温度である13～15℃に保たれるよう余剰分の熱エネルギーを利用しています。近年、北海道において、サツマイモ栽培が増えてきています。寒冷地において冬期間の保存が課題ですが、バイオガス発電から得られるエネルギーをうまく利用することにより、新たな作物として期待されるところです。

ガスとしての活用

バイオガスプラントから発生したバイオガスは発電の燃料として利用されることが一番多いですが、ガスとしての利用も研究されています。バイオガスを膜に通して二酸化炭素を取り除き、メタン濃度を約93%以上に精製すると都市ガスと同等の品質にすることができます。精製したバイオガスを活用して、圧縮天然ガス(CNG)自動車や給湯用燃料として、さらには冬期間のハウス暖房用とし

図8　バイオガスで加温しているイチゴ栽培

ての利用(**図8**)が進められています。また、北海道大樹町では、精製バイオガスを液化してロケット燃料として利用する調査、研究も進められています。牛の排せつ物から得られたエネルギーでロケットが打ち上げられる日が来るのも近いと思います。

様々なエネルギーとして

発電や熱、ガスの直接利用として活用されているバイオガスですが、水素エネルギーとして活用する試みが始まっています。北海道鹿追町では、バイオガスから水素エネルギーを製造し利用するまでの試みが進められてきました。水蒸気改質と呼ばれる方法で、バイオガスと水蒸気を反応させることにより水素をつくります。つくられた水素は、水素燃料電池自動車(FCEV)やFCフォークリフト、純水素型燃料電池の燃料として利用されています。牛の排せつ物から水素を製造するのは国内唯一の取り組みです。人口5,000人程度の町で20台以上のFCEVが導入されています(**図9**)。また、公共施設においても燃料電池を設置し、通常時は再生可能エネルギーの積極的利用と災害時には電力が確保できる仕組みができています。

図9　水素ステーションとFCEV

水素はエネルギーとしての利用だけではなく、様々な用途で利用されています。国内では新たな半導体工場が建設されていますが、半導体をつくるうえでも水素がたくさん使われます。バイオガス由来水素の活躍が期待されるところです。その他にも、現在ではバイオガスからLPガスへの変換技術やギ酸製造の研究が進められています。

このようにバイオガスからは電気だけではなく、熱や水素などの様々なエネルギーとしての利用が進んでいます。牛の排せつ物や生ゴミなどの厄介者が再生可能エネルギーとして活用され、カーボンニュートラルな地球にやさしいエネルギーとして利用がさらに進むことを期待しています。

城石　賢一
北海道鹿追町 農業振興課環境保全センター

身の周りで使われているセンサーを教えて寿命はどのくらい？

センサーは感じ取る「現象」により名称が変わります。光を感じ取る「光センサー」、温度を感じ取る「温度センサー」、音を感じ取る「音センサー」、磁気を感じ取る「磁気センサー」、圧力を感じ取る「圧力センサー」があります。以下にそれぞれのセンサーについて解説していきます。

光センサー

身の周りで応用されているものが多いのが光センサーです。光を受け取る部分だけのもの、光を出す部分と光を受け取る部分が向かい合わせになっているもの(透過型、フォトインタラプター)、または光を出す部分と受け取る部分が同じ向きを向いているもの(反射型、フォトリフレクター)に大別されます。

例えば家電製品は、リモコンから目に見えない赤外線の光を出し、受け取る側の動作機器に光を受け取るセンサー、フォトダイオードを付けています。フォトダイオードは、光を受け取ると電気を流す仕組みになっており、光を受け取る量に応じて電気が流れる量が増減します。リモコンから出る赤外線の光は点灯・消灯を非常に短い時間で繰り返しており、この点滅がモールス信号のように規定のパターンで点滅することで光の信号(情報)を送っています。受け取る側の家電製品は点滅を確認し、規定の動作を行います。身の周りの家電製品に多く使われ、他にも建物の自動ドアには欠かせないセンサーとなっています。フォトダイオードの寿命は約60,000時間とされています。1日8時間駆動すると計算上は約20年間動作しますが、使う環境や温湿度によって寿命は変化します。自動ドアには、光線反射・電波方式が用いられている例が多いように思います。これは赤外線やマイクロ波の反射を光センサーが検知してドアが開きます(**図1**)。そして、保護センサー(補助センサー)として、さらに光センサーを使っています。保護センサーがJIS規格に基づきドアが正常に開け閉めされているか常に監視しており、もし故障や異常があると診断した場合は、ドアを全開もしくは全閉の状態で停止させるか、速度を遅くすることで物体(人間など)の安全を守ります(**図2**)。

〈光線反射方式〉天井取付

センサー

〈電波方式〉無目取付

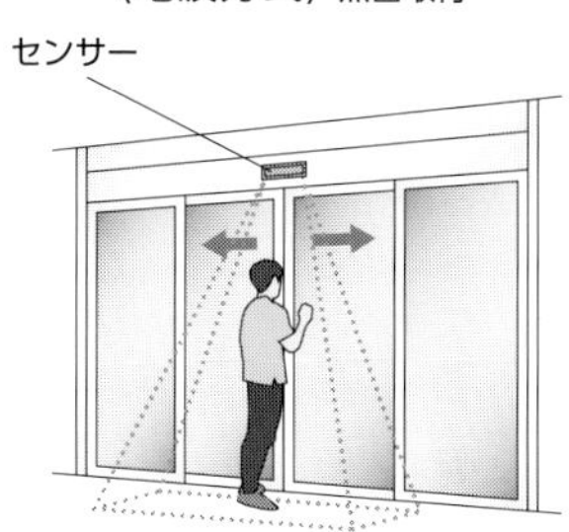

図１　自動ドア(光線反射方式・電波方式)

〈光電方式〉方立取付

投光器―受光器間の光線が遮られている時は、ドアは閉じない

〈光線反射方式〉無目取付

赤外線の反射で物体を検知している間は、ドアは閉じない

〈超音波方式〉無目取付

監視エリアに物体がある時は、ドアは閉じない

図２　自動ドア(光電方式・光線反射方式・超音波方式)の保護センサー

温度センサー

温度センサーは、測定する対象にセンサー素子を接触させて測定する接触型と、測定対象に接触させないで検知する非接触型に分けられます。温度センサーの身近な応用製品である体温計にも、接触型と非接触型があります。かつて使われていた水銀体温計や、それに代わって普及した電子体温計は、腋や舌下などに挟んで温度を測定する接触型です。水銀体温計は半永久的に持ちますが、水銀を入れているガラスが劣化、または破損した時点で使えなくなります。電子体温計の耐用年数は約５年間とされていますが、使い方によってはもっと長く使用できるかもしれません。

一方、病院や空港などで発熱チェック用に、顔や手にかざして測定するのは非接触型になります。熱を持つ物体や人間の表面からは赤外線が放出されています。赤外線が放出される強さと、その表面温度が関係していることを利用したものが放射温度計になります。画像で温度分布を表せるサーモグラフィは非接触型の温度計の代表的なものになります。サーモグラフィは、赤外線が感知できるデジタルカメラです。耐用年数は6年とされていますが、実際の寿命はメーカーによって変わり、約10年と言われています。

音センサー

音は空気の振動(空気の震え、疎密波)ですが、この振動を捉えて電気の振動(電気信号)に変えるものがマイクロフォンです。皆さんが「マイク」と言っているものの多くは、マイクロフォンの応用製品の総称です。マイクロフォンは、空気の振動を捉える原理に応じて様々な種類が存在しています。ダイナミックマイクロフォン(永久磁石のそばで振動したコイル内の磁束が変化し、起電力が発生する原理を利用)や、コンデンサーマイクロフォン(空気の振動を受けてコンデンサーの静電容量が変化することを利用)などが代表的です。寿命については、ダイナミックマイクロフォンはコンデンサーマイクロフォンと比較すると丈夫と言われており、うまく使えば10年以上持つものもあるそうです。

コンデンサーマイクロフォンはコンデンサーが使われており、精密な音を拾うことができます。コンデンサーマイクロフォンの振動板は湿気に弱く、衝撃にも弱いという特性があります。劣化するとノイズ(雑音)が生じるので、機械的には問題なくてもマイクロフォンとしては致命的なため、保管に適した環境を準備できないと非常に寿命が短いものと言えます。

磁気センサー

磁気センサーは文字通り、磁気を感知して電気信号に変えるものです。代表的なものとして、リードスイッチがあります。リードスイッチは、「2本のリード接点端部の隙間で接点を開放、外部から磁界をかけるとリードの接点端部が引き付け合って接触することで電気が流れる」と説明されますが、簡単に言えば「磁石を近づけるとONになるスイッチ」です。ただし、磁界には向きがあるので、近づける磁石の極性を考慮する必要があります。

リードスイッチが応用されている製品は、白物家電のドアの開閉部が身近だと思います。例えば、電子レンジの扉は閉めておかなければマイクロ波が漏れてしまうので、ドア部に磁石を入れておき、閉じられている時はON状態になるようにリードスイッチを設置しています。リードスイッチの寿命は、1億回ON・OFFが繰り返されるまで耐えられると言われています。

圧力センサー

圧力センサーには、圧力を検知するための手法が大別すると4種類あります。抵抗膜方式、静電容量方式、圧電素子方式、光学方式です。抵抗膜方式は、圧力を受けるパーツに「ひずみゲージ」が貼られています。

圧力を受けて変形するひずみゲージの電気抵抗の変化から圧力を測定します。静電容量方式は、ひずみによる静電容量の変化を利用しています。圧電素子方式は、ピエゾ素子と呼ばれる圧電素子を使います。ピエゾ素子は加えられた力を電圧に変換します。応答性が非常に高く、高温環境下での使用にも耐えられますが、一方で、非常に敏感なことから振動や加速度変化を「雑音」として検知してしまいます。光学方式では光ファイバーを用いています。圧力を受けて歪んだ光ファイバーから送られてくる光を干渉計で計測し、圧力に変換します。小型で電磁波の影響を受けないのですが、光ファイバーの性質上、物理的耐久性が低いのが欠点です。

圧力センサーには、気圧計、水圧計、タッチパネルなど多くの応用例があります。最近の抵抗膜方式の圧力センサーは、フィルム型のものが登場し、様々な応用が期待されています。圧力センサーの寿命は様々です。圧力を受けられる回数(耐久性)が500万サイクルのものや、5,000万サイクルまで耐えられるものなどがあります。

センサーの恩恵

ここまで紹介したセンサーは、皆さんの身近で非常によく使われています。使用環境や用途に応じて寿命も変わります。筆者は授業で家電を分解して説明することを実践しています。炊飯器に使われているサーミスタ(温度センサー)がなければ、自動で“はじめちょろちょろ中ぱっぱ、じゅうじゅう吹いたら火をひいて、ひと握りのワラ燃やし、赤子泣いてもふた取るな”の火加減は実現しません。センサーの恩恵を強く受ける私たち人間は、人間自身の五感を大切にしていくべきと感じています。

三栖　貴行

神奈川工科大学 工学部

日本で一番背の高い送電鉄塔はどこにある？

大小合わせて1,000近い島々が浮かぶ瀬戸内海には、海上を横断する送電線や海底ケーブルなどにより電気を供給している島が多数あります。このうち、瀬戸内海芸予諸島の１つである広島県竹原市忠海町に位置する大久野島は、かつては戦時中に毒ガス工場があったことから、軍事機密として当時の地図では一帯が空白にされ、「地図から消された島」とも呼ばれていましたが、現在は瀬戸内海国立公園に指定され、「うさぎの島」として国内外を問わず多くの観光客が訪れる県内でも有数の観光地として人気を博しています。一度訪れたことのある方はご存じかもしれませんが、日本で一番背の高い送電鉄塔がこの大久野島に建設されています。

図１　海峡横断風景

鉄塔マニアの間では言わずと知れた日本一の送電鉄塔は、その高さ226mを誇り、大久野島と本州の海峡間に２基建設され(**図１**)、現在、中国電力ネットワークが大三島支線No.10、11鉄塔(11万V)として管理・運用していますが、元は中国地方と四国地方を結ぶ中四幹線(22万V)として電源開発において建設されました。

その構想は古くは大正年代より計画されていましたが、1958年広域運営協議会の発足とともに中国地方と四国地方の電力融通を図る目的から早期建設が要望され、広島県広島市から愛媛県西条市までの125kmを結ぶ22万V広域連系線(**図２**)として、電源開発は1958年12月に本格調査を開始、1961年４月には鉄塔工事に着工し、1962年10月に中

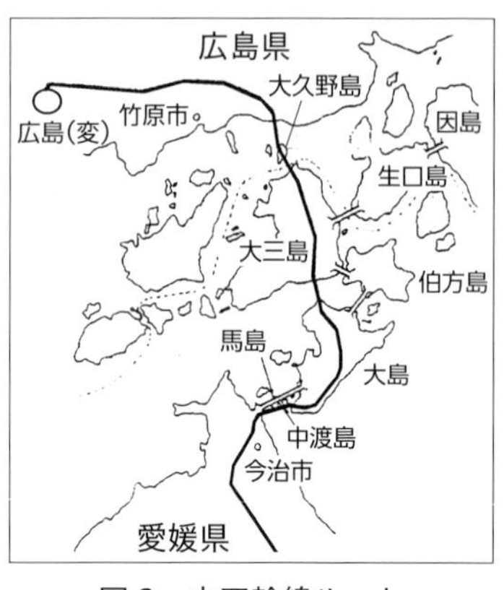

図２　中四幹線ルート

四幹線として完成しました。

建設当時は世界にも例を見ない画期的な工事であったことが窺えますが、特に、大きな強度を持つ電線、それを吊り下げる碍子や金具の製作および鉄塔の強度設計に関わる検討、海に囲まれているため塩害による腐食防止対策に加え、鉄塔建設工具ならびに鉄塔の組み立て、海峡部へ電線を張るための工法など、解決しなければならない幾多の技術的な課題がありました。

これら諸課題に対する早期解決と安価で信頼度の高い送電設備を建設することを目的に、電源開発はもとより、関係電力会社、電力中央研究所および学識経験者などによる技術委員会を設立し、設計・施工の基本事項を取りまとめるなど、当時の最先端技術を結集することで、驚くほど短期間のうちに中四幹線の完成を実現しました。

本州と四国間の電力系統は、2000 年 1 月に岡山県と香川県を結ぶ本四連系線(50 万 V)が 2 ルート化されたことから、中四幹線は電力融通の役目を終えて運用を停止することになりました。しかし、中四幹線の大三島から本州側の一部設備については、中国電力ネットワークが譲り受ける形で、現在も大三島支線として電気を送り続けています。

海峡横断部の鉄塔が高い理由

山間部や市街地において建設される送電鉄塔は、電圧や送電線下の建物や樹木などとの離隔状況により違いはあるものの、一般的に高さ 40～80m 程度となります。それでは、なぜ 226m もの大きな鉄塔を建設する必要があったのか、皆さん何となく想像いただけるのではないでしょうか。理由はシンプルで、約 2.4km にも及ぶ海峡を横断する必要があるためです。大三島支線の No.10～11 鉄塔間(**図 3**)の電線重量は、1 本当たり 10t を超えるため、電線を直線的に張ることが困難であり、電線重量による電線の弛みが発生します。この電線の弛みのことを弛度と言います。これだけの長い距離かつ重量のある電線であれば弛度は大変大きくなるため、弛度の分だけ鉄塔を高くする必要があるわけです。また、海面からの電線高さについては、船舶の航行に影響がないように高さを確保する

図 3　大三島支線 No.10(全景)

必要がありますが、こちらの海峡では45mの高さを確保する必要があり、これらを考慮して226mにもなる超巨大鉄塔が建設されました。

また、皆さんに注目していただきたいのが、海峡横断鉄塔に隣接する背の低い鉄塔です。電線の重量やこれを把持する張力など鉄塔にかかる荷重を背の高い鉄塔で負担することになれば、鉄塔の部材は太く、基礎は深く大きくなるため、建設費用が高くなります。そのため、海峡横断部の隣接鉄塔は低く頑丈な鉄塔にその荷重を負担させることで、建設費用を大幅に低減しています(図4)。つまり、隣接する低く頑丈な鉄塔がなければ、海峡に送電線を張ることはできないわけで、縁の下の力持ちとしての役割を担っているのです。

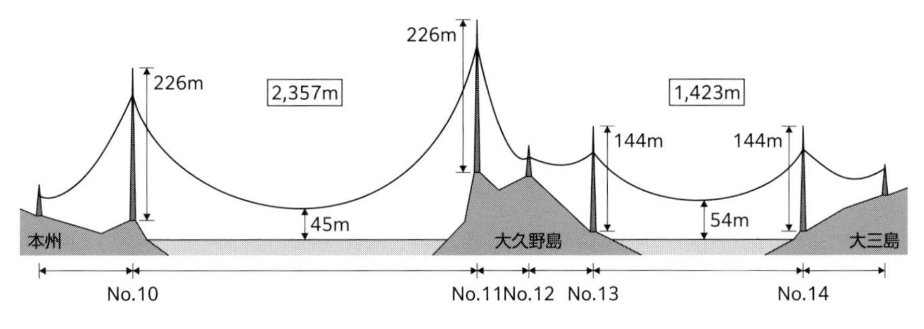

図4　大久野島海峡横断部

設備保守の重要性と苦労話

さて、これまで大三島支線の建設に至るまでの経緯などについてお話をしてきましたが、鉄塔や電線などの送電設備は完成して終わりではありません。海峡横断部の電線などは特別仕様となっており、海風による振動や腐食などにより大きな不具合が発生した場合、改修には多大な時間を要すため、計画的なメンテナンスが大変重要となります。大三島支線の電線においては、電線の周囲にぐるりと防食油を塗布することで、塩害による金属腐食対策を施しています。時間の経過とともに塗布した防食油が少しずつ減少し、やがては電線の金属部分が露出し腐食してしまうため、防食油の塗り替えが必要となります。塗り替えを行うためには、滑車を付けた大きなカゴを送電線にぶら下げ、そのカゴに作業員が乗り込み、人の手で古い防食油を剥いだあとに電線を磨き、新しい防食油を塗布していきます。技術が進歩しても人が持つ技術・技能は現在も重要であるとする一例でありますが、我々電力関連産業はその技術力を結集し、設備故障や電気事故の未然防止のため、定期的な点検やメンテナンスを行っています。

ここで、大三島支線ならではの苦労話をさせていただきます。一般的に鉄塔や電線の点検は、作業員が鉄塔に昇り、その目で設備状況の確認を行っていますが、鉄塔が高ければ高いほど作業員の労力がかかります。大三島支線 No.10、11 鉄塔(**図 5**)は、足場ボルトや梯子、四角い螺旋階段を駆使して人力で昇るのですが、熟練した作業員であっても鉄塔の頂部まで昇るのに 1 時間程度を要します。このため昼の食事や休憩もすべて鉄塔の上で行いますし、鉄塔上での作業が完了しても、また 1 時間程度かけて鉄塔を降りていく必要があります。背の高い鉄塔での点検やメンテナンス作業において最も大変なのは、鉄塔の昇降と言っても過言ではありません。

図 5　大三島支線 No.10(中上部)

なお、大三島支線の近くには大崎火力線という日本で 2 番目に高い、223m の送電鉄塔がありますが、こちらの鉄塔にはエレベーターのような自動昇降設備が備わっているおかげで、鉄塔の昇降にかかる労力は大きく軽減されています。近年の技術開発により電力業界もドローンや AI を活用した点検手法などについて研究開発が進められていますが、皆さんに低廉で安定した電気を送り届けるため、現在も人の力により送電設備が保守されていることを知っていただければと思います。

これからの大三島支線

計画から設計、工事、保守メンテナンスと様々な工程のスペシャリストたち(ラインマン)により管理・運用されている大三島支線も建設から 60 年が経過し、設備の老朽化という課題を避けて通ることはできませんが、現場では大三島支線が送電設備としての役目を全(まっと)うできるよう、引き続きの安定供給に向けた努力を重ねてまいります。

最後になりますが、瀬戸内海の自然豊かな風景と可愛いうさぎ達に癒(いや)されながら、夕日をバックに悠然と佇む日本一背の高い送電鉄塔をご覧にぜひ一度、大久野島へ足を運んでみてはいかがでしょうか。

佐藤　伸成
中国電力ネットワーク(株) 送変電部

山間部の送電線の張り替え方法を知りたい

送電線には、上空を通過する架空送電線と地下を通過する地中送電線があります。全国には約 104,100km(2022 年度)の送電線があり、そのうちの約 85% が架空送電線です。日本全国、北海道から九州まですべての地域(沖縄および離島を除く)が変電所などを介して送電線でつながっています。一方、日本の国土のうち山地や丘陵地の割合は約 75% を占めています。架空送電線が山間部にも多く設置されている状況を理解いただけるのではないでしょうか。送電線は厳しい自然環境下におかれており、設備の健全性を維持するために点検や補修が行われています。ここでは、普段目にすることの少ない山間部での送電線の張り替え方法について説明します。

送電設備について

架空送電線には、電気を送る電線と落雷による電線損傷などを防止するための架空地線があります。電線には主に導電率の高い硬アルミ線を引張強度の大きい鋼より線の周囲により合わせた鋼心アルミより線(**図 1**)を使用しています。また、架空地線には、鋼心の周囲にアルミを被覆させた線をより合わせたアルミ覆鋼より線や光ファイバー線の周囲にアルミ覆鋼線をより合わせた通信設備としての役割も担う光ファイバー複合架空地線が使用されています。電線および架空地線は基本的に被覆のない裸線を採用し、電気の輸送路としての電気的性能と厳しい自然環境下でも耐えうる機械的性能を兼ね備えています。電線の太さや本数および形状は、電圧や送る電気の容量および設置される環境に応じて様々な種類の中から選定します。

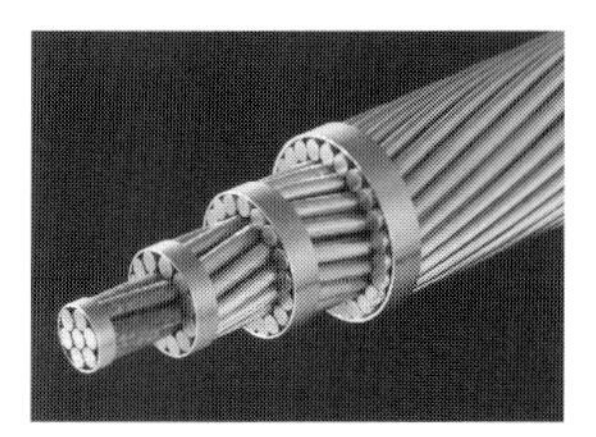

図 1　鋼心アルミより線
出典：北日本電線(株)

一方で送電鉄塔は、電線を支持する方法の違いから、耐張鉄塔(**図 2**)と懸垂鉄塔(**図 3**)の 2 つに分類されます。これは主に、電線路の水平角度と前後鉄塔との径間長(鉄塔間距離)および高低差で決定されます。前後の鉄塔と平面的にほぼ直線的に位置し、前後鉄塔との高低差などの条件が満たされる場合は、電線を吊り上げ把持する懸垂鉄塔を選定し、懸垂鉄塔の条件を満たさない場合は、前後の電線を鉄塔で引き留め、ジャンパ線で前後の電線を接続する耐張鉄塔を選定します。また、平面的水平角度が大きくなるにつれて鉄塔に加わる荷重は増加するため、頑強な鉄塔を選定しています。

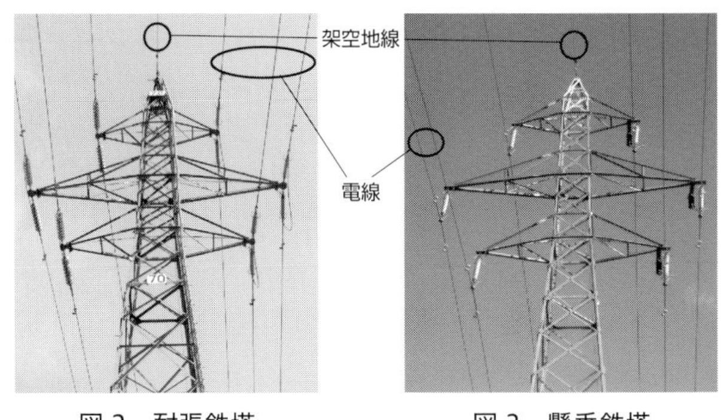

図 2　耐張鉄塔　　図 3　懸垂鉄塔

電線の張り替えは耐張鉄塔間で行い、一度に張り替えできる区間長には限度があります。また、後述のエンジン場やドラム場では大型機械を使用しなければならず、機械を設置できる工事用スペースの確保や資機材運搬方法の確立が必要となります。

電線張り替え準備

① 資機材運搬

初めに工事用資機材を各所へ運搬配置する必要があります。

運搬方法は、地形や用地事情、施工性、環境への配慮、経済的合理性を考慮して選定します。主な運搬方法として、車両やキャタピラ付き特殊車両で各所まで資機材を直接運ぶ方法や、仮設道路設置が困難な場合に索道を施設し運搬する方法があります。また、仮設道路や索道による運搬が困難な場合には、モノレールによる運搬、さらに険しい山地や索道など他の運搬設備が設置できない場合に適用するヘリコプター物輸があります。その他の運搬方法として、昔ながらの人力運搬があり、近年はドローンを用いた運搬も取り入れられており、今後のさらなる進歩が期待されています。

② エンジン場―ドラム場の設営

エンジン場：旧電線を巻き取るための機械を設置する箇所

ドラム場：新電線を送り出す機械を設置する箇所(図 4)

図 4　ドラム場

電線張り替え

電線を張り替える代表的な工法として引抜工法があります。引抜工法とは、旧電線と新電線をワイヤロープで接続し、旧電線を巻き取ることにより新電線を延ばしていく工法です。この工法での電線の張り替えについて説明します。

① 送電停止

張り替えをする送電線の電気を停止します。電気停止後、他送電線からの電気の誤流入や誘導現象により生ずる電気から感電を防止するため、定められた箇所に接地を取り付けます。

② 金車乗せ替え

電線を張り替える際は、旧電線を各鉄塔で金車上に移し、巻き取り可能な状態とします(図5)。

図5　金車乗せ替え(懸垂型)

③ 延線(電線引き替え)

前述の引抜工法により、旧電線から新電線に引き替えを行います。その際、電線の重量により鉄塔間には電線のたるみが生じます。このたるみは電線を引っ張る強さ「張力」により大きく変化します。地面や立木、他工作物と電線の離隔を確保するため、電線の張力を調整しながら延線します。新電線がエンジン場側の鉄塔まで到着したら電線を鉄塔に取り付けます。同様の工法で架空地線も延線します。ここまでが延線作業の一連の流れとなります。

④ がいし工事

がいしとは、送電設備において鉄塔と電線との間を絶縁するものであり、主に電力設備に使用されているものです。耐候性、耐熱性、機械強度に優れた陶磁器が主に使われており、破損しやすいため慎重に取り扱います。そのがいしと、鉄塔や電線に取り付けるための金具を地上で連結し、吊り上げて鉄塔に取り付けます(図6)。

図6　懸垂がいし装置

⑤ 緊線(耐張緊線・懸垂取り付け)

緊線とは、耐張鉄塔間を1つの区間として、電線を所定の張力に張り上げ、がいしとともに鉄塔に取り付ける作業です。電線を所定の張力に張り上げる際は、各鉄塔間における電線のたるみを測定し、電線の長さを調整することにより決定します。電線は金属でできているため、温度の変化により長さが変化し、たるみや張力も変化します。したがって、緊線時の温度に応じたたるみとなるよう電線の長さを調整して耐張鉄塔のがいし装置に取り付けます(図7)。

図7　耐張緊線

懸垂鉄塔では、耐張鉄塔の緊線が終了してから、金車上の電線を懸垂がいし装置に取り付けます。架空地線の緊線も同様の手順で行います。

⑥ ジャンパ線取り付け

ジャンパ線は、耐張鉄塔において鉄塔前後の電線間を電気的に接続するものです。ジャンパ線は風による横振れなどにより鉄塔部材に接近して電気事故につながることがあるため、ジャンパ線のたるみや鉄塔との間隔を測定し、調整して形状を決定します(図8)。

図8　ジャンパ線

ここまでが代表的な引抜工法による山間部での電線を張り替える作業内容となります。

近年は気候変動の影響もあり、大型台風や集中豪雨などの自然災害も多発しています。また、大規模地震が発生した地域もあり、被災地の電力設備が甚大な被害を受けました。停電により重要なライフラインの１つである電気が使用できなくなった際は、人々の生活に支障をきたし、長期間の停電ともなれば生活基盤に大きな影響を及ぼします。そのような大規模自然災害の停電時でも、生活に欠かすことのできない電気を１日でも早く復旧できるよう懸命な作業を続けています。その中でも、送電設備の建設や保守・点検を担う作業員は「ラインマン」と称され、専門的な高い技術と強い使命感を持ち、設備の早期復旧や維持に日々努めています。ドローンの活用や機械化・省力化に取り組み、最新デジタル技術を取り入れながら作業の効率化を図っていますが、送電線工事は人の手によるところが大きい仕事です。安定した電気を日常的に使用するために多くのラインマンが携わっていることをぜひご理解ください。

村山　秀男

(株)ユアテック 送電工事センター

海底ケーブルってどうやってつなげているの? 切れたらどうやって修復するの?

電気は現代社会における重要なインフラであり、日常生活に必要不可欠になりました。日本には大小様々な離島があり、日常生活に電気を使用しています。すべての離島に発電施設を配置するのは効率的でなく、海を隔てており電柱や鉄塔を設置することは難しいので、海の中でも耐えることができる特殊なケーブルを離島までつなげています。その特殊なケーブルを海底ケーブルと呼びます。海底ケーブルには、大別すると情報通信用と電力用があります。今回は電力用の海底ケーブルについてご紹介します。

図1　海底電力ケーブル

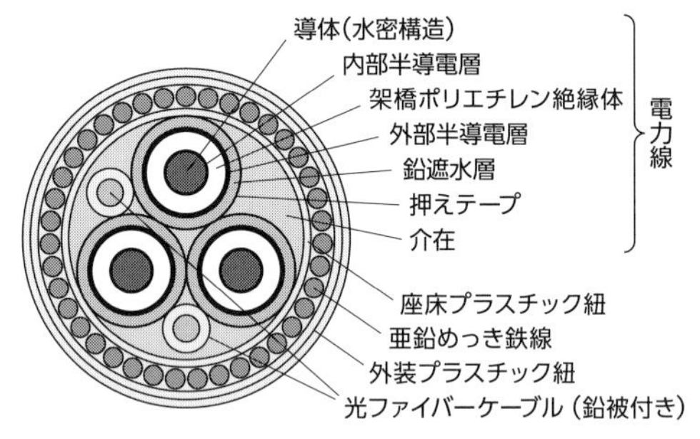

図2　海底電力ケーブル断面図

海底ケーブルの構造は、陸上の電力ケーブルと違って海中での様々な外傷に耐えられるよう鉄線を巻き付けた構造になっています(図1、2)。

弊社(古河電工)では海底ケーブルの製造と、その海底ケーブル工事を行っています。

海を隔てた離島まで海底ケーブルを布設するための専

図3　海底ケーブル布設専用船

用の設備を搭載した船を使用します(図3)。この専用船は4つのプロペラとGPSによって自分の位置を正確にコントロールすることができます。ミシンのボビンの糸のように巻き取ったケーブルを布設するための設備であるターンテーブルとケーブルをゆっくりと海中に送り出すためのキャタピラと呼ばれる設備を搭載しています。それ以外にも、大型のクレーンや全体を見回すことができる操縦室などケーブルを安全に布設するための設備が搭載されています。

海底ケーブル工事について

弊社工場で製造した海底ケーブル積み込み後、現地に到着した船は布設するルートの確認やルート上の障害物などがないか確認します。その後、布設専用船に積み込んだケーブルを陸上に向けて布設する陸揚げと呼ばれる作業を行います(図4)。陸揚げ作業では、布設専用船が浅瀬に入れないため、ケーブルにタイヤチューブを取り付けて海面に浮かせた状態にし、浅瀬を航行できる小型船で陸上までけん引します。陸上までケーブルを運んだ後、船は反対岸の陸地へ向けてケーブルをゆっくりと海へ向かって繰り出しながら進んでいきます。ケーブルを繰り出し過ぎてもいけませんし、船が速過ぎてもいけません。息の合ったコントロールが必要です。距離や施工地域にもよりますが、およそ10kmを1〜2日程度かけて布設を行います。反対岸まで進むと再度陸揚げ作業を行います。陸上まで運んだ海底ケーブルは、海底でケーブルを保護する役割を担うためにケーブルに巻き付けている鉄線を取り除いて、陸上用のケーブルと接続を行います。一連の布設作業が終わりましたが、このままではケーブルは海底の上に置かれたままで、船の錨や漁具により傷つけられたり、潮流により流されたりするため、埋設作業を行います。ケーブルを海底に埋設するための専用機械を搭載した埋設船を使用します。また、埋設船が入れない浅瀬では、潜水士による手作業でケーブルを埋設します。工事完了後に試験を行い、性能に問題ないことを確認して海底ケーブルの工事は完了となります。

図4　陸揚げ風景

海底ケーブルの修理について

図5　錨に切断された海底ケーブル

海底ケーブルは約20年にわたり海中で使用するため、様々な原因で故障することがあります。船の錨や、漁具による外傷、台風等で岩石が移動し破損するなどがあります(**図5**)。故障が発生した場合、速やかに事故点を探索・特定し、故障部分を取り除き、新しいケーブルをつなぎ込む「割入れ修理」を行います(図8)。

修理するにあたり、どの場所で故障しているか探す必要があります。机上計算や陸上からの電気的な試験により、大まかな事故点を把握し、事故点付近を潜水士やROV(海中を探索する機械)が探索し、事故点を特定します。海中では修理作業ができないため、ケーブルを切断し、船上に引き上げる必要があります。引き上げて修理するには、吊り上げるクレーンがある修理船、修理材料、交換する海底ケーブルが必要なため、海底ケーブルの修理は大がかりなものになります。

故障部分からケーブル内部に浸水が懸念される場合は、浸水していないところまで船上に引き上げます(**図6**)。ケーブルの浸水の有無は、船上に引き上げて切断したケーブルを熱した油に入れて反応するか確認します。これを「天ぷら試験」と呼んでいます。船上に引き上げた片側のケーブルのうち浸水していない部分まで切断した後、ケーブル端部から浸水しないよう防水処理を施し、再度海底へケーブルを沈めます。次に、水中で切断したもう片側のケーブルを船上へ引き上げて浸水確認を行います。事故点と浸水部を取り除いた長さと接続作業に必要な長さ分の交換用ケーブルを用いて接続を行います。ケーブル同士の接続は、ケーブル中の導体と呼ばれる電気が流れる部分同士をつなぎます。絶縁層や防水層などケーブル内の導体は様々な層の中にあるため、その層を手

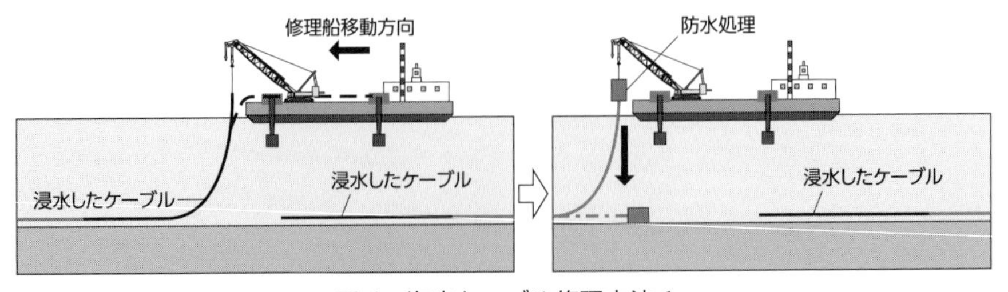

図6　海底ケーブル修理方法1

作業で取り除きます。導体同士を接続後、絶縁・防水のための処理を行います。接続箇所は外傷から守るため、ケース(接続箱 J2)に入れて、再度海底に布設します(**図 7**)。

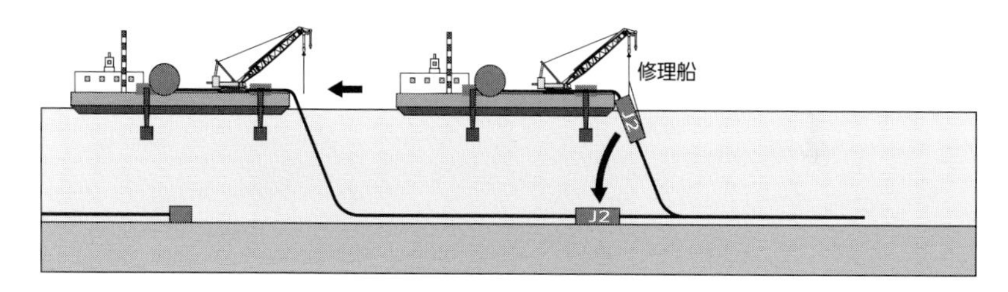

図 7　海底ケーブル修理方法 2

最初に引き上げて海底に沈めたケーブルを再度船上に引き上げて、割入れケーブルと接続を行います(接続箱 J1(**図 8**))。接続完了後は、再度ケーブルを海底に沈めます。ケーブルを船上に引き上げたので、水深分ケーブルが余ってしまいます。余分なケーブル分を海底に戻しているので、真上から見るとコの字状にケーブルが曲がっています(図 8)。そのためケーブルを修理するには周囲に障害物がないようにしなければなりません。以上が海底ケーブル修理方法になります。

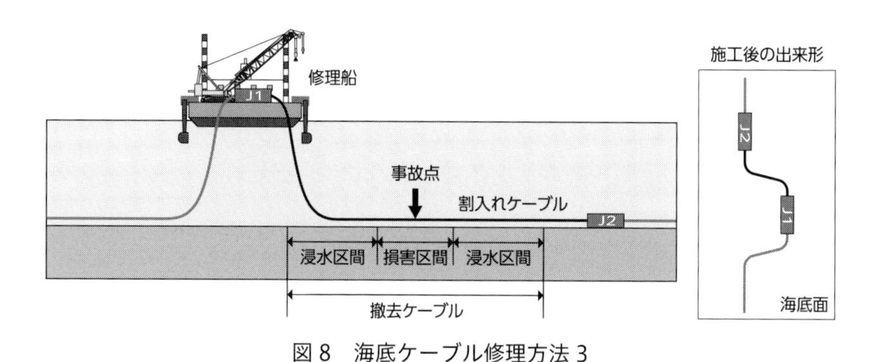

図 8　海底ケーブル修理方法 3

海底ケーブルの工事は揺れる船上での作業で、周囲の状況も潮の流れや干満差によって刻々と変化するため、海の状況も考慮して作業を行っています。

中東　駿斗
古河電気工業(株) 電力事業部門 新エネルギーエンジニアリング部

火力発電所が海の近くにあるのはなぜ？

図１　碧南火力発電所

フェリーで海を周遊している時や高速道路をドライブしている時、観覧車に乗っている時や夜景を見ている時などに、海沿いに建てられた発電所を目にする機会がありますよね(図1)。火力発電所が海の近くにあるのはなぜでしょうか。理由は３つあります。１つ目は「発電時に大量の水が必要となるため」、２つ目は「海外から燃料を輸入するため」、３つ目は「設備や機械を海上輸送するため」です。

発電には大量の水が必要

まずは、火力発電の仕組みを紹介します(図2)。

① ボイラー内で燃料を燃やし、その熱で水を高温高圧の蒸気に変えます。

② ①の蒸気の力で、蒸気タービンを回転させます。

③ タービンに直結した発電機が電気をつくります。

④ タービンを回し終えた蒸気は、復水器という設備に入ります。ここで蒸気を大量の海水で冷やして水に戻し、再び蒸気タービンを回

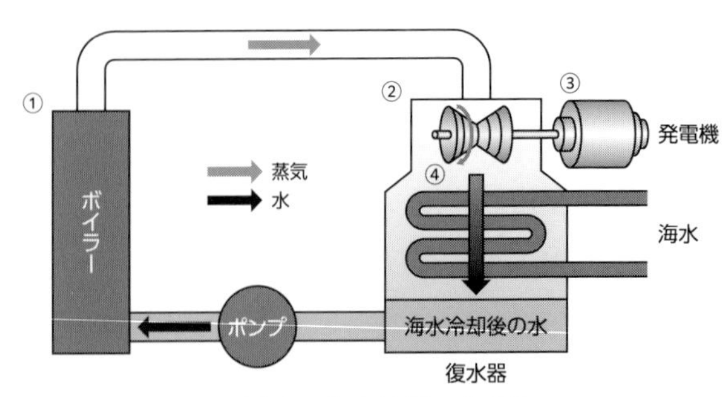

図２　火力発電の仕組み

すために利用されます(必ずしも海水である必要はありませんが、海に囲まれた日本では海水を利用することが多いです)。

水力発電や風力発電などとは異なり、タービンを回す動力が蒸気であることから、④の海水が必要となるため、火力発電所は海沿いにあります。

④では、タービンを回し終えた蒸気を水に戻していますが、なぜ水に戻す必要があるのでしょうか。理由を2つ紹介します。

(1) 発電効率向上のため：復水器の中で蒸気から水へ状態を変化させることで、体積が一気に縮まり、復水器内部が真空に近い状態となります。そのため、復水器(内部)とボイラーで温められた蒸気との間で圧力差が生まれ、①から②へ向かう蒸気が復水器側に引っ張られることから、蒸気の循環が加速し、発電効率が向上します。発電効率が向上するということは、発電に必要な燃料の量も少なくなります。二酸化炭素や燃料費を削減することで、より環境にやさしく安価な電気の供給を実現しています。

(2) コスト削減のため：タービンなど発電設備の腐食を防止するため、タービンを回すための水がボイラーで蒸気となる前に薬品を加えて水質を調整しています。水質を調整した水を再利用することで薬品の使用量を減らし、コストを下げることができます。このような工夫を通して、より安価な電気の供給を実現しています。

また、④で利用した海水は海に戻していますが、その際にも環境へ配慮した取り組みを行っています。2つの事例を紹介します。

(1) 流速への配慮：生態系への影響を最小限に抑えるため、ゆるやかな流速で発電所構内への取水、および発電所構外への放水を行っています。

(2) 放水位置への配慮：蒸気の冷却に使用した海水は構外へ排水される際、取水時と比較するとやや温度が高くなります。温排水による生態系への影響を最小限とするためには、温排水と周辺海域の温度差をできるだけ小さくすることが重要なので、より水温の高い表層部で放水を行っています。

海外から燃料を輸入

火力発電で用いる化石燃料は、日本ではほとんど採れません。当社JERAでは、輸出国や輸送ルート上の環境変化に端を発した燃料不足を防ぐため、**図3**の液化天然ガスの供給フローの通り、ある一部の国や地域に依存せず、様々な国から燃料を調達しています。輸入した燃料が船で運ばれ、発電所に隣接された基地に備蓄されることから、火力発電所は海沿いに位置しています。

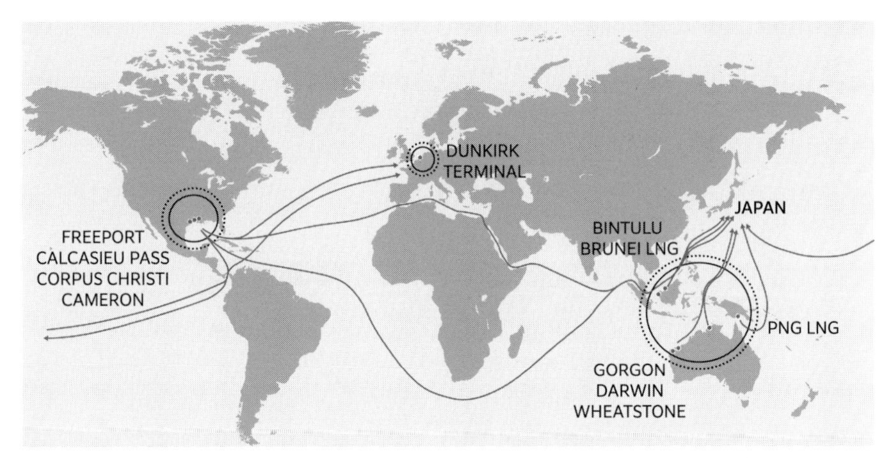

図 3　JERA における液化天然ガスの供給フロー（2023 年時点）

設備・機械は海上輸送

発電所では、大量の電気をつくるために、**図 4〜6** のような大型機器がたくさん設置されています。建設時には、工場でつくられた大型機器を運搬する必要がありますが、陸上輸送と比較して輸送時間やコストの面で優れている海上輸送を利用するため、発電所は海沿いに位置しています。

図 4　復水器（姉崎火力発電所）

最後に、日本はもちろん世界共通の課題である脱炭素化社会の実現に向けた、火力発電の現状と挑戦についてご紹介します。

日本全体の二酸化炭素排出量のうち、約 4 割が電力セクターから排出されています（2019 年度）。日本の発電電力量の 72% が火力発電、二酸化炭素を排出しない再生可能エネルギーと原子力発電の発電電力量が 24% であることを踏まえると、電力セクターのほぼすべての二酸化炭素は火力発電が由来であることが分かります（2021 年）。

図 5　タービン（碧南火力発電所）

再生可能エネルギーは発電時に二

図 6　ボイラー(袖ヶ浦火力発電所)

酸化炭素を排出しませんが、日照時間や風量などの気象条件によって時々刻々と発電電力量が大きく変わります。電力を安定供給するためには、常に電力の使用量と発電電力量をぴったり一致させなければならないため、火力発電が出力の急上昇／急降下、急起動／急停止などをすることで再生可能エネルギーの出力変動をカバーしています。つまり、現時点では、再生可能エネルギーが存在する以上、火力発電がそれを補完する役割は電気の安定供給の観点で切っても切り離すことができないのです。そうした中、火力発電で用いる燃料を、二酸化炭素を排出しないものに置き換えて、最終的には火力発電を脱炭素化させる「ゼロエミッション火力発電」の取り組みが進められています。具体的には「水素(H_2)」や「アンモニア(NH_3)」を燃料に用います。分子式からも分かるように、この 2 つの物質には「炭素(C)」が含まれていないため、燃やしても二酸化炭素(CO_2)が発生しません(**図 7**)。この特長を利用し、既存の LNG や石炭の燃料を水素やアンモニアに置き換えることで、発電電力量はそのままに、置き換えた分だけ二酸化炭素を削減するのです。

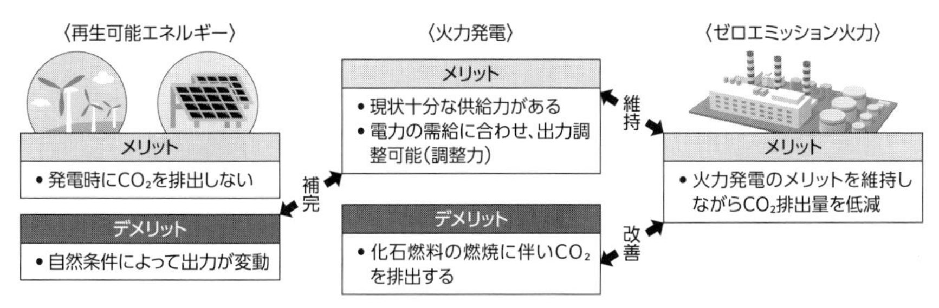

図 7　再生可能エネルギーとゼロエミッション火力発電の相互補完

日本最大の発電会社である当社は、再生可能エネルギーとゼロエミッション火力発電を組み合わせて、2050 年時点で国内外の当社事業所から排出される二酸化炭素ゼロを目指す「JERA ゼロエミッション 2050」に挑戦します。

(株)JERA

国内と世界最大規模の電気事故を教えて

電気は我々の日常生活に欠かせない存在となり、その重要性は近年ますます増しています。停電を減らす努力は電気事業黎明期から続けられてきていますが、いまだに停電の発生または停電に至りそうなリスクが国内外で散見されます。ここでは、国内外で発生した最大の停電事例を皮切りに、電力供給を構成する機器や制約事項、停電の原因に迫っていきます。

最大の停電事例：北アメリカ大規模停電と東日本大震災による停電

海外最大規模は、発電機1台の事故に端を発した北アメリカ大規模停電(2003年)で、約5,000万人に影響が出ました。日本最大規模は、国内観測史上最大規模の地震である東日本大震災による停電(2011年)で、約900万戸が停電しました。

これ以外にも、皆さんの記憶に残っているものがあるかもしれません。国内では、北海道全域の停電(2018年)、台風15号(2019年)のほか、台風による度重なる停電、飛行機(1999年)やクレーン船(2006年)の衝突が引き金となった停電など。海外では、アメリカ南部のハリケーンによる度重なる停電や異常気象、山火事による計画停電、または悲惨な戦争による停電など。

一口に「大規模な停電だった」と記憶に残っていたとしても、その理由は、センセーショナルな自然災害やイベントとセットで起きたから、停電戸数が多かったから、停電復旧に時間を要したから、身近ないしは注目されやすい場所が停電したからなど、様々あるような気がします。また専門家の視点からは、従来想定できていなかったプロセスで停電が広範囲で発生した、供給している電気の量に対する停電量が大きかったといった視点で、国内外・古今問わず、教訓として記憶や学習資料として残っている停電事例もあります。多大な影響を及ぼす停電に至ったという結果は同じでも、停電に至るきっかけ、過程などは様々あります。

本トピックにおいては、少しだけ専門家の視点から、停電はなぜ起きるのか、どんな種類があるのか、どのような対策が行われているのか(それでも停電がなくならないのはなぜか)を掘り下げてみます。

電気は普段どのように供給されているか、そしてどうなると停電するのか

停電のメカニズムを理解するためには、電気供給のプロセスを把握することが不可欠です。電気が家庭や建物に送り届けられる過程では、電気をつくる発電所、電気を送る送電線などの電力設備(これらを総称して「電力システム」と言います)、家庭や建物で電気を受け取るための受電設備が存在します。送電線などが損壊・倒壊してしまった状況では、電気を送る経路がなくなった家庭や建物では停電が起きます。毎年一度は台風などによる停電をニュースで見かけますし、アメリカにおけるハリケーンをきっかけとした停電などもあります。これらは、物理的・視覚的なイメージが伴うので、なぜ停電が発生するのか、イメージが湧きやすいかと思います。

電気をつくる・送る・使うというプロセスの中では、電力設備を物理的に使える状態にしておく以外にも、つくる電気の量と使う電気の量を常に一致させる必要があります。発電所の故障で電気を十分につくれないと、停電を余儀なくされます。幸い停電には至らなかったものの、2022年3月の東日本需給ひっ迫は記憶に新しいと思います。大型の発電所が予定外に停止して、電気の使う量に対してつくる量の不足が大きくなると、周波数が、東日本では50Hz(ヘルツ)、西日本では60Hzから低下します。この変動幅が大きいと、発電所や工場などの機器が破損するのを防ぐため、発電所や工場自体に設置してある保護装置で送電線などから自動的に切り離され、ますます周波数が低下します。日本の停電で言えば、東日本大震災による停電や北海道全域の停電がこれに該当します。

電気的な制約に基づく停電のメカニズム

電気的な制約はこれ以外にもあります。送電線などに流してよい電気の量には上限があります。電気を流し過ぎることによる温度上昇で機器が損傷しないようにするための上限(専門家は「熱容量制約」と言います)や、送電線を雷事故などの故障により切り離したことなどで電力システムにショックが加わっても、発電所の安定運転が維持できるようにするための上限(専門家は「安定度制約」と言います)のほか、様々な電気的な制約があります。

送電線などは1つの設備が故障などで停止しても、これら電気的な制約を逸脱しないよう冗長性を持たせて構築されていますが、2つ以上の設備が停止した場合には電気的な制約を逸脱することがあり得ます。このような場合でも、

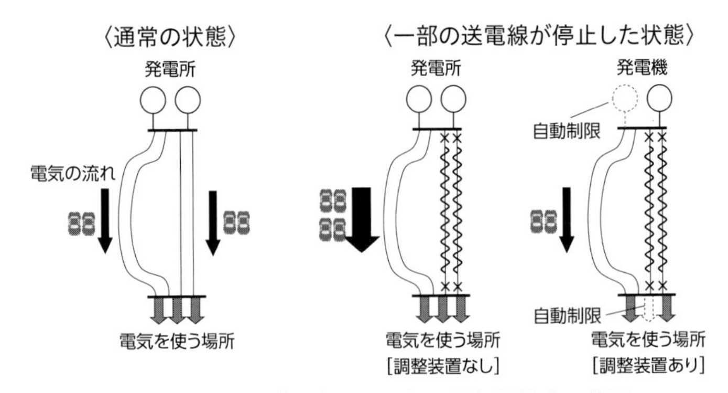

図１　送電線などに流れる電気の量を調整する装置

例えば熱容量制約であれば、機器の損傷につながらないよう(電力設備を取り替えたり修繕したりしないと使えないような事態にならないよう)、①流れる電気の量を調整する装置(**図１**)や、②損傷に至りそうな設備を切り離す(スイッチを切って、電気が流れないようにする)装置があります。

海外で発生した停電のメカニズム

日本では、①の装置を古くから広く導入してきていますが、欧米では、少なくとも過去は②の処置が主流だったようです。②は損傷に至りそうな設備への処置としては確実ですが、当該設備を流れなくなった電気は、その他の並行する送電線などに流れて、そちらの送電線に流れる電気の量を増やすことになります(図１)。高速道路で通行止めをすると、他のルートや下道が混むのと同じ原理です。これにより今度は別の送電線で②の装置が動作、さらに次の送電線で動作という具合に、連鎖的に送電線の切り離しが行われ、元々1つだった電力システムが複数の電力システムに分離してしまいます。こうなると、個々の電力システム内で電気をつくる・使う量が不一致となり、周波数の問題で停電が起きやすくなります。このような複数の事象が重なり、影響範囲が拡大した停電としては、先の北アメリカ大規模停電のほか、イタリア大停電(2003年)、ヨーロッパ大陸大停電(2006年)があります。

日本における電力供給の高信頼度化

電気の専門家たちは、電気の制約による停電や影響範囲の拡大防止(極小化)に努めてきました。例えば、御母衣事故(1965年)や電圧崩壊事故(1987年)など、電気の制約を起因にした大停電は、その後の電力システムの在り方を考え

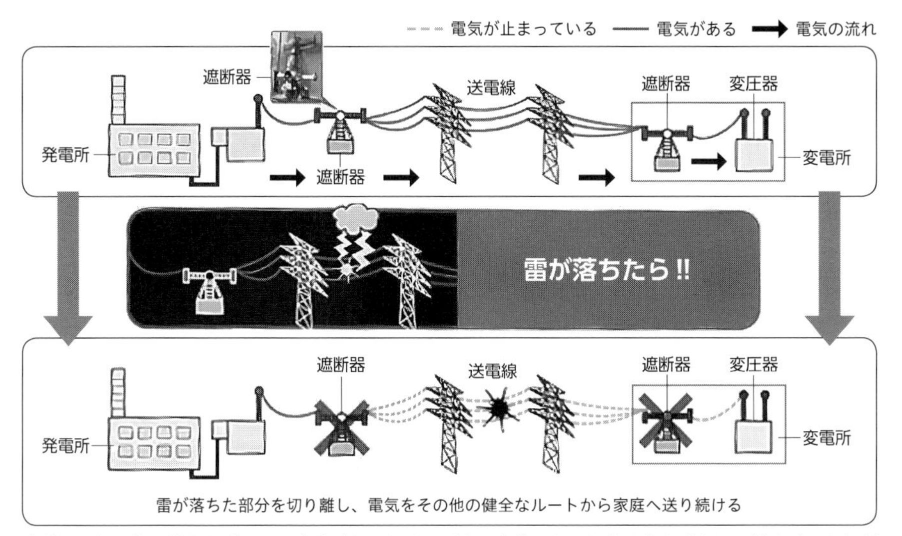

遮断器の必要性：落雷などによる事故があった時、瞬時に事故のあった送電線などを切り離す重要な役割を果たす

図 2　遮断器による事故区間の切り離し

るうえでの教訓となってきた歴史があります。

電力供給の信頼度を上げるには、電力システムを構成する機器の耐力を物理的・電気的に上げる、電気の制約に対する電力システムの耐力を上げるという両面があります。前者の例としては、送電線を支える送電鉄塔の倒壊という苦い経験を活かした、特殊地形における突風を踏まえたうえでの送電鉄塔設計などがあります。後者の例としては、設備の数を増やす以外に、送電電圧の格上げ(送電電圧を 2 倍にすると流せる電気の量は 2 の 2 乗の 4 倍になる)技術の開発、電力設備に事故が発生したあとの影響範囲を極小化する役割を担う遮断器(**図 2**)の高性能化や、前述①のような装置の導入や高機能化などを行ってきました。

それでも、地震、津波、台風、水害、雪害、雷、火山噴火などの自然災害に対して停電が確実に発生しないようにすることは、他の社会インフラの維持同様に、残念ながら技術的にも経済的にも現実的ではありません。

このトピックについてより詳しく知りたい方には、『大規模停電の記録－電力系統の安全とレジリエンス』(オーム社)をお勧めいたします。

八巻　康一郎
東京電力ホールディングス(株) 技術戦略ユニット 技術統括室

電力不足はなぜ起きる？

東日本大震災と、その後の東京電力福島第一原子力発電所事故は、我が国の電力システムを激変させました。歴史的とも言える変革は、① 垂直統合一貫体制（後述）から発送配電分離へ、② 地域独占から自由化へ、③ 大規模電源から分散型電源へ。これらを「電力システム改革」と呼びます。何しろ大変革ですから、一朝一夕に達成できるものではありません。「電力不足はなぜ起きる？」その答えは「今、この大変革の過渡期にあるから」です。

電力不足とはどういう状態？

そもそも電力不足の定義とは何でしょうか。東日本大震災に伴う計画停電が首都圏で実施された翌年から、経済産業省資源エネルギー庁は電力需給ひっ迫警報・注意報の運用を開始しました。前日の電力予備率が3% を下回る見通しとなった場合に「警報」、5% の場合に「注意報」が発令されます。これは突然の大規模停電やブラックアウト（広域大停電）を防ぐための手段です。電気は、その物理的特性から、供給（発電量）と需要（消費量）が同時同量でなければなり

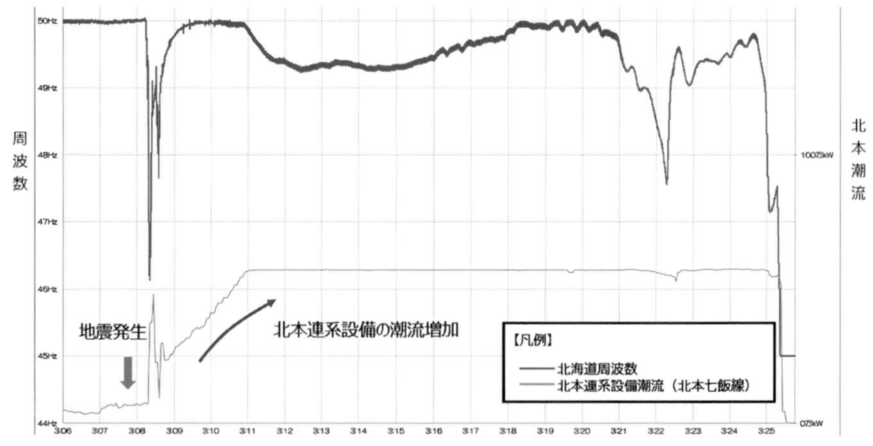

図１　北海道胆振東部沖地震によるブラックアウト時の周波数の動き

出典：電力広域的運営推進機関、第１回平成 30 年北海道胆振東部地震に伴う大規模停電に関する検証委員会、地震発生からブラックアウトに至るまでの事象について、2018 年９月 21 日

ません。仮に供給力が需要よりも少なくなった場合、周波数が下がり始め、それに歯止めが利かなくなります。**図1**は、2018年9月の北海道ブラックアウト時の周波数の動きです。

こうした電力不足の「その先の大停電」を防ぐべく、警報・注意報があることをまずは確認したうえで、電力不足と3つの大変革の関係性を考えます。

① 発送配電分離

垂直統合一貫体制とは、1つの電力会社が「発電」「送配電」「小売」の3部門を一気通貫でサービス提供する形態です。電力会社に地域独占を認める代わりに、供給義務を課し、全国津々浦々電力をあまねく行きわたらせることに貢献しました。その一方で、経営効率化の観点、競争原理の観点では硬直的との批判も多く、2020年より発送配電分離が導入されました。発送配電分離は英語で「unbundle（アンバンドル）」と言います（「切り離す」という意味です）。この結果、送配電部門は、「発電」「小売」部門から独立して中立性を確保するとともに、「発電」「小売」部門は新規参入を認め、大競争の時代に突入しました。

ここで重要なのは、地域独占に裏づけられた電力会社の供給義務の扱いです。現行制度では、送配電部門と小売部門が分担して「供給能力確保義務」を果たすと整理されていますが、供給義務とは異なります。特に小売部門の立場では、注意報や警報発令時（つまり電力不足の状態）には、卸電力取引所での電力価格は高騰します。そんな中、原価割れを起こしてまでも無理に電源調達し、供給義務を果たすべきなのか…。その結果、最終的には送配電部門に責任の所在が偏（かたよ）っているのです。この小売部門の供給能力確保義務の曖昧さが電力不足の要因の1つです。

② 小売全面自由化

「小売全面自由化」は2016年に開始され、家庭や商店も含むすべての消費者が、電力会社や料金メニューを自由に選択できるようになりました。その結果、2024年3月現在で、724もの事業者が電力市場に参入しています。

そもそも自由化の目的は何でしょうか。第一が、電力の安定供給。生活に欠かせない公共財である電気の安定供給は必須です。そもそも自由化により、事業者の柔軟な発想・創造性を期待しての安定供給なのです。第二が、低廉な電力供給。自由化により競争が促進され、価格低減効果が見込まれるとの意図でした。第三が、新規参入者を増やし、事業機会の拡大を図ることです。すでに724の事業者が市場参入しているわけですから、その目的は達成できていると言えるでしょう。その一方で、**図2**は家計における電気代の割合を示したグラフですが、低廉な価格は風前の灯火です。特に2012年以降の上昇傾向は顕著です。つまり、自由化はまだまだ道半ばということになります。

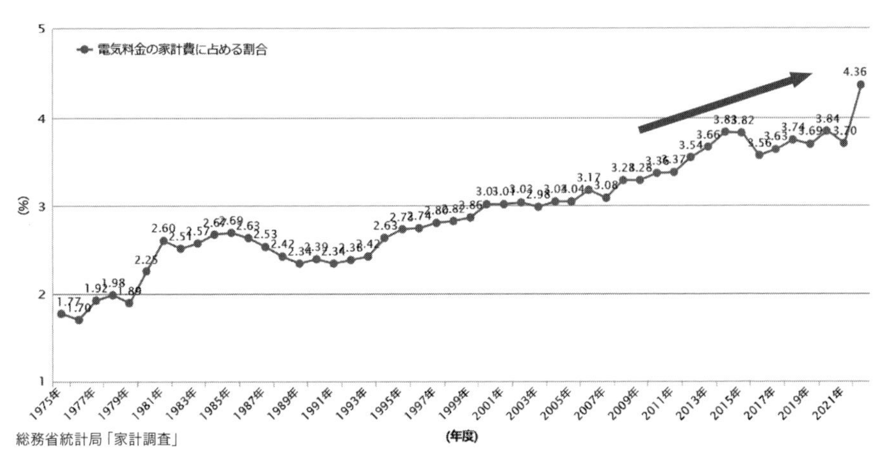

図2　電気料金の家計費に占める割合(全国全世帯)
出典：東京電力ホールディングス(株)、数表で見る東京電力、電気料金・制度

③ 分散型電源

皆さんは、我が国が世界でも有数の太陽光発電大国であることをご存じでしょうか。例えば、2021年の太陽光発電の導入実績では、日本は中国、アメリカに次いで世界第3位です。平地面積当たりでは圧倒的な世界第1位を誇ります。

太陽光はクリーンエネルギーです。太陽の恵みで発電するわけですから、燃料費が発生せず、二酸化炭素も排出しません。原子力のような災害も起きようがない。良いこと尽くめに思えます。しかしながら、唯一の欠点が、太陽の恵みのある時しか発電しないということです。必要な時に発電しなければ意味がなく、「太陽が照らない夜間は電気の利用を止めてください」というわけにはいかないのです。専門家の間では、太陽光を間欠性電源(電気出力が不安定で常に変動する電源)と呼びます。この間欠性を補うためには、機動性の高い火力発電は不可欠になります。機動性とは、必要時に必要量を発電できるという能力です。つまり、間欠性電源を主力電源にするには、機動性の高い火力を太陽光発電と同程度維持する必要があるということです。100万kWの太陽光発電があっても、その価値がゼロになる時間帯(夕方から夜間)に取り得る対策は、「100万kWの電力消費を諦める」あるいは「100万kWを代替する電源(蓄電池を含む)を用意する」かです。当然コストは上昇します。この間欠性電源を補う費用を統合コストと呼んでいます。

すべての電源を活かすベストミックスの発想を

東日本大震災後の原子力事故への反省によりスタートした大変革。発送配電分離と自由化により、市場参入者は大幅に増えました。しかし、電力供給義務の責任の所在は曖昧となり、世界第３位の太陽光大国は誇らしいものの、間欠性電源故の課題も露見し、その結果、電気代は高騰の一途を辿り、安定供給にはほど遠い状況に至り、その結果、ひっ迫警報・注意報が頻発したのです。

電力不足の原因が複合的であることはご理解いただけましたでしょうか。重要なのは、この３つの大変革の現実に即したモデルチェンジです。第一に、事業者の意識(モラル)醸成です。実際に、「契約後に連絡が取れなくなった新規参入者が電気事業に参入してよいのか」という問題提起もありました。参入するならば、継続する覚悟・責任を持っていただくことを願います。利益が出ないから「イチ抜けた」では、お客さまに電気はお届けできません。

第二に、太陽光発電を最大限活用し得る取り組みが一層求められます。例えば、蓄電池やデマンド・レスポンス(供給力に応じて、消費者側が賢く電力使用量を制御すること)を活用することで、間欠性電源の欠点を補う施策が、特に重要になります。デマンド・レスポンスについては、省エネ法を改正して、太陽光が発電過多の時間帯に電力需要を増やし、少ない時間帯には需要を抑える取り組みを評価する仕組もできました。

さらには、安定電源としての原子力の復権です。世界の大国は地球温暖化を目の当たりにして、原子力活用に一挙に舵(かじ)を切りました。もちろん、あれだけの事故を起こしたのですから安全対策は大前提ですが、日本の規制基準はすでに世界最高峰です。これをクリアした発電所から順次再稼働を進めることが、安定供給上は不可欠なのです。

我が国は資源小国で、島国特有の電力系統上の制約があります。さらには50Hzと60Hzに分かれている世界でも稀な国ですから、「あれか？これか？」「再エネか？原子力か？」の二者択一ではなく、「再エネも、原子力も」の多様性を包含することが大切です。様々な電源の長所を上手に組み合わせ、短所を補うベストミックスの発想が、今こそ求められているのです。

市村　健

エナジープールジャパン(株)

電気が突然消えた！ でもブレーカーは落ちていない どんな原因が考えられる？

電気は、日常生活や企業活動にとって欠かすことのできないエネルギーになっており、誰でも気軽に電気器具を取り扱っています。しかし、ひとたびその扱いを誤ると、取り返しのつかない災害を招きかねません。もし電気が突然消えてしまったら、真っ暗になり不安になることもあるかと思います。万が一の時のためにも、落ち着いて行動ができるよう対応しましょう。

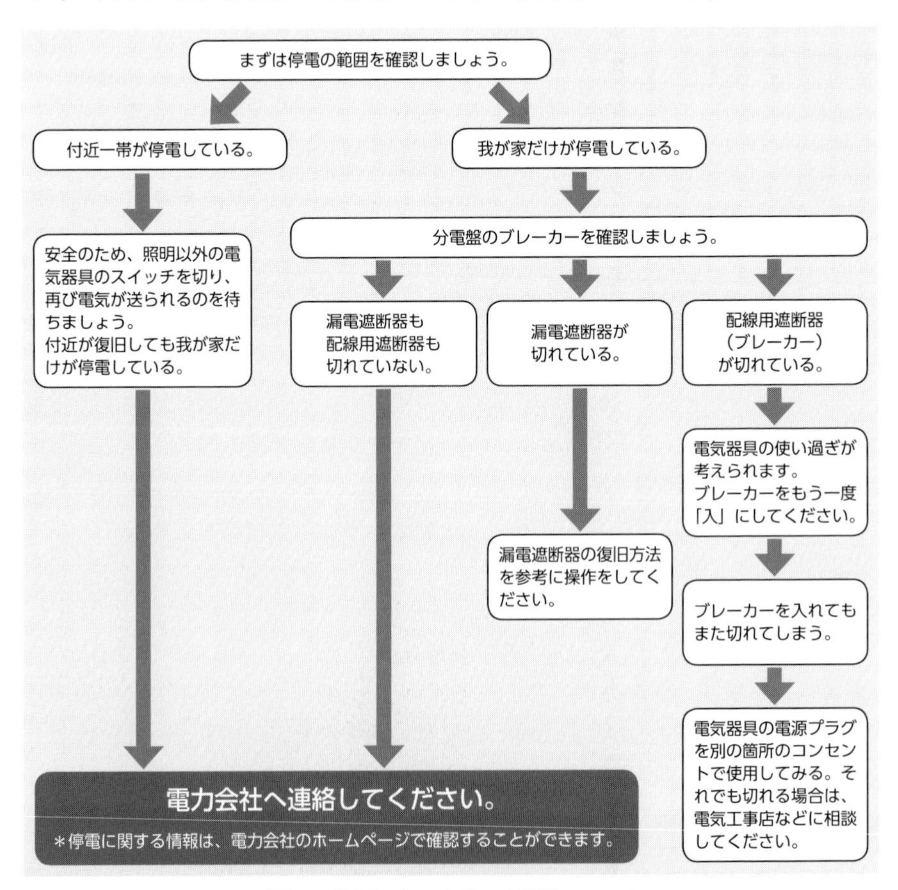

図１　停電になった時の対処について

停電した際は、まずは停電の範囲の状況を把握することが大切です。「付近一帯が停電している」のか「我が家だけが停電している」のかを、まずは街灯の灯りや、近隣宅の照明などを見て停電している範囲を確認しましょう。**図1**のフローを参考に停電の状況を確認して、それぞれの対応をとってください。知識があれば慌てずに対処できます。

停電の原因とその対処

まずはご自宅のホーム分電盤を確認してください。**図2**は、ホーム分電盤の一例を紹介しています。

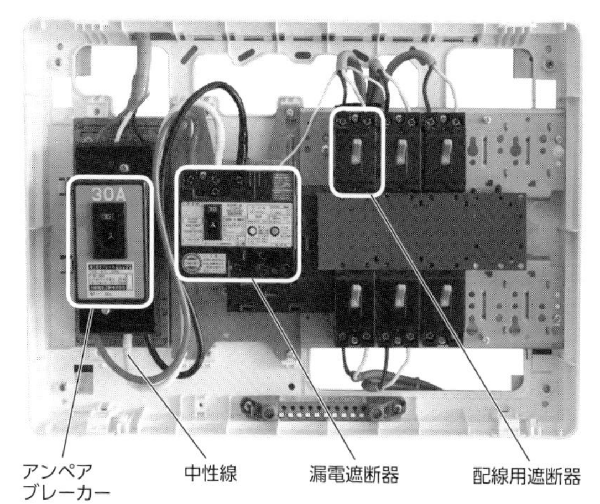

単相3線式電灯分電盤
（カバーがある状態）

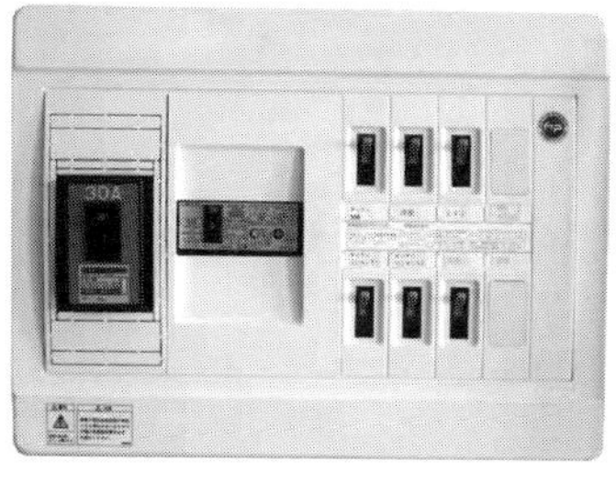

分電盤には、アンペアブレーカー、漏電遮断器、配線用遮断器などが取り付けられており、
照明や電気機器につながる配線に分けられている

図2　ホーム分電盤の一例

① アンペアブレーカーが切れた時

電力会社との契約容量(アンペア:A)を超えて電気を使うと、アンペアブレーカー(電流制限器)が切れて、家の中全体が停電します。使用している電化製品を減らし、アンペアブレーカーのレバー(つまみ)を「入」にしてください。頻繁に切れる時は、電力会社との契約容量を見直す必要があります。

※電力会社との契約で、アンペアブレーカーを設置していない場合もあります。

② 配線用遮断器(ブレーカー)が切れた時

コードのショート(短絡)や1か所で電気を使い過ぎて1つのブレーカーに20Aを超える電流が流れると屋内の配線が危険なので、電気を止めます。

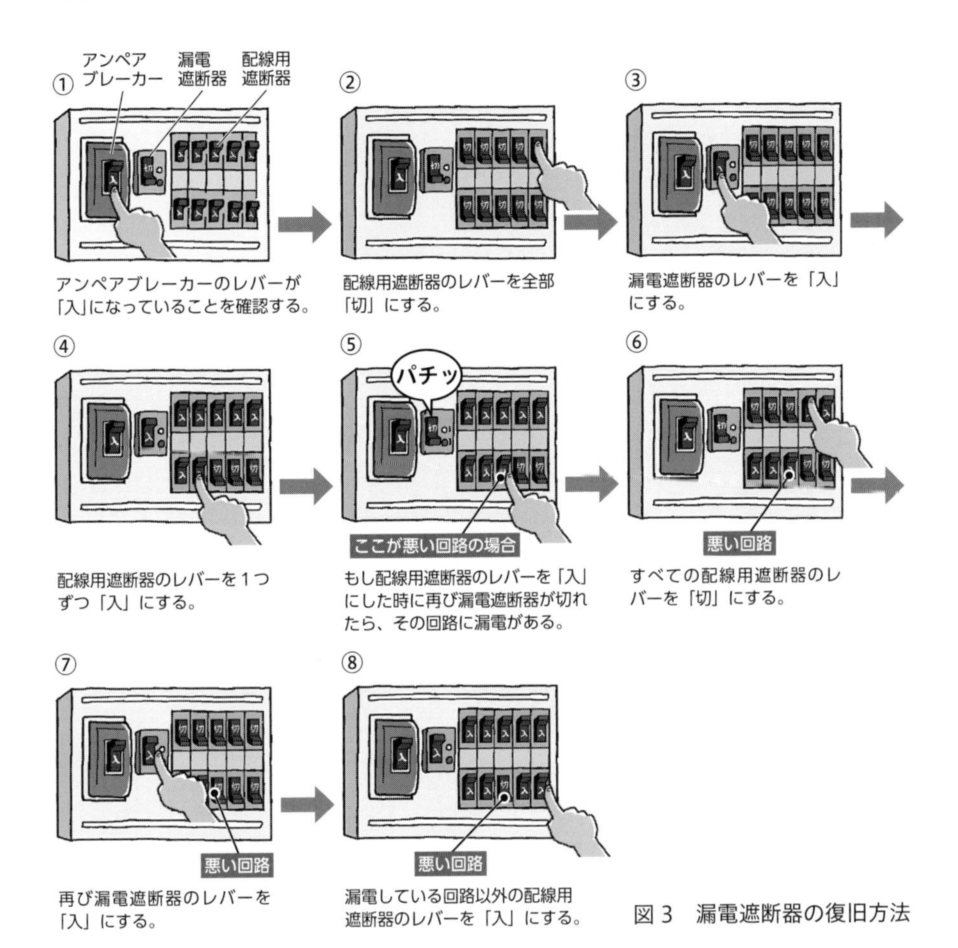

図３　漏電遮断器の復旧方法

③ 漏電遮断器が切れた時

漏電遮断器が切れた時は、まず電気器具の状態を確認してから「漏電遮断器の復旧方法」を参考に手順の通り復旧しましょう（図３）。なお、漏電している回路は使用を中止し、早めに電気工事店に点検を依頼しましょう。また、復旧方法などに不安がある場合は、契約している電力会社に相談をしましょう。

④ 各ブレーカーは投入しているが、電気がつかない場合

もう一度冷静になって、各ブレーカーのレバーを確認してみてください。漏電遮断器や配線用遮断器などのブレーカーが動作した場合、レバーが途中で止まっている場合があります。その場合は、一度レバーを下まで下げてから再度投入することでブレーカーが入る場合があります。また、ブレーカーを入れても、また切れてしまう場合は、電気器具の電源プラグを抜いてみてください。

それでも切れる場合は使用を中止し、電気工事店などに相談してください。

⑤ 付近一帯が停電している時

台風や雷などで停電した時は、安全のため照明以外の電気器具、特にアイロンなど熱の出るものや、モーターなど不意に動くと危険なものはいったんスイッチを切り、慌てずに再び電気が送られてくるのを待ちましょう。付近一帯が停電している原因としては、電力会社の送配電の事故の他に、波及事故があります。波及事故とは、1軒で起きた電気事故が他に波及し、付近一帯のビルや工場または、一般家庭までも停電させてしまう事故のことです(図4)。電力会社の配電用変電所の1つの配電線から平均1,500軒のお客さまの施設に電気が送られているため、1軒の事故が原因で同一配電線の供給範囲が停電してしまう可能性があります。配電線には銀行や病院、信号機、街路灯なども含まれることがあり、社会的影響は大きなものになります。

⑥ 災害時に発生する電気災害に備える

近年、地震や台風などの自然災害が多く発生しています。地震時に発生する火災の半数以上は電気が原因だと言われています。地震の揺れに伴う電気製品からの出火だけでなく、停電から復旧する際も落下物・転倒物によって出火することもあります。家の外に避難する時は通電火災を防ぐため、ブレーカーのレバーを下げてください。

日頃から分電盤がどこにあるのか確認し、分電盤付近には物を置かないようにしましょう。

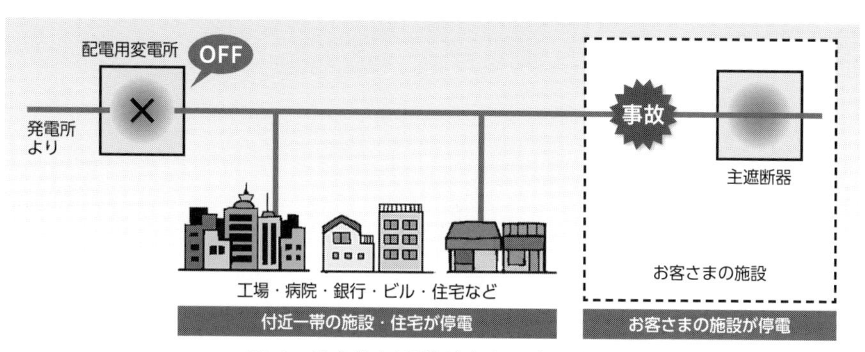

図4　社会的な影響が大きい波及事故

山川　治美

(一財)関東電気保安協会 広報部

自転車を漕ぐと ライトがつくのはなぜ？

自転車のライトの種類

自転車のライトには電池で点灯するものと、発電機で電気を起こして点灯するものがあります。自転車を漕ぐとライトがつくのは、タイヤの回転によって発電機が回転して電気が起きるためです。

自転車の発電機をダイナモと呼びます。ダイナモは前輪のタイヤに取り付けられています。**図 1** は、点灯させる時だけダイナモの頭の回転部分をタイヤにこすりつけるようにして回転させる「リムダイナモ」や「ブロックダイナモ」と呼ばれているタイプです。**図 2** は、前輪の中心部分に発電機が組み込まれた「ハブダイナモ」と呼ばれるタイプです。

図1　リムダイナモ(ブロックダイナモ)

電池で点灯するライトは、スイッチをつけると漕がなくても点灯します。明るさのセンサーや揺れのセンサーによって、スイッチを操作しなくても夜間、自転車が走行している時だけ自動的に点灯するものもあります。漕がなくても点灯するので楽ですが、電池がなくなってしまうとつかないので、予備の電池を持っておくなど気をつけなければなりません。

図2　ハブダイナモ

リムダイナモ VS ハブダイナモ

リムダイナモ(ブロックダイナモ)は、小さな発電機とライトが一体となっていて、自転車への取り付け部分にあるレバーを倒すなどの操作をすると、ダイナモの頭の回転部分がタイヤに接触し、タイヤの回転によって回るようになっています。レバーを戻すと、タイヤから離れて発電を止めます。電気のスイッチはありませんが、ダイナモをタイヤに付けたり離したりすることで、ライトをつけたり消したりします。リムダイナモを回すには、かなり大きな力が必要なので、ライトをつけると自転車を漕ぐのが重く感じられます。ライトを点けない時は、ダイナモはタイヤと離れて回転しないので、自転車の走りには全く影響がありません。

ハブダイナモは、前輪の車軸の部分に組み込まれた発電機です。前輪の中心部分そのものが発電機なので、走っている時は常に回転して発電しています。発電はしても、ライトに明るさセンサーが組み込まれていて、明るいうちは点灯せず、暗くなると自動的に電気のスイッチが入って点灯します。自動(オートマチック)で点灯、消灯するので、オートライトなどとも呼ばれます。

リムダイナモでライトをつけた時の、ペダルを回す重さを実感している人の中には、ハブダイナモはいつも発電しているので、いつもペダルが重いのではないかと心配する人もいるかもしれません。明るい中で、ライトが点灯していない状態では、ライトに電気が流れないため、ペダルを回す重さにはほとんど影響がありません。実際にハブダイナモ自転車の前輪を浮かせて、軽く回転させてみると抵抗はほとんど感じられません。ライトが点灯すると少し抵抗を感じますが、リムダイナモの点灯時のような大きな抵抗ではありません。

リムダイナモよりもハブダイナモの方が大きく、重さもハブダイナモの方が少し重いですが、ペダルを漕ぐ重さはハブダイナモが圧倒的に軽くてお勧めです。ただし、今乗っている自転車がリムダイナモの場合、ハブダイナモに交換するには前輪を丸ごと交換する必要があります。次に自転車を買い替える時、少し値段は高いですが、ハブダイナモの自転車を考えてみてはいかがでしょうか。

電気を起こすには？

電気を起こす仕組みには、電池や太陽光発電、および発電機があります。自転車のダイナモで電気を起こす仕組みは発電所の発電機と同じです。水力発電所、火力発電所、原子力発電所、風力発電所など、大きな発電機も自転車のダイナモもほとんど同じ仕組みで電気を起こします。

図3の(a)のように、電線の近くを磁石が横切ると電線の中に電気が起きます。ただし、1本の電線の近くを磁石が横切った程度では電気が弱く、ライトをつけることすらできません。磁石の動きで起こす電気を強くするために2つ

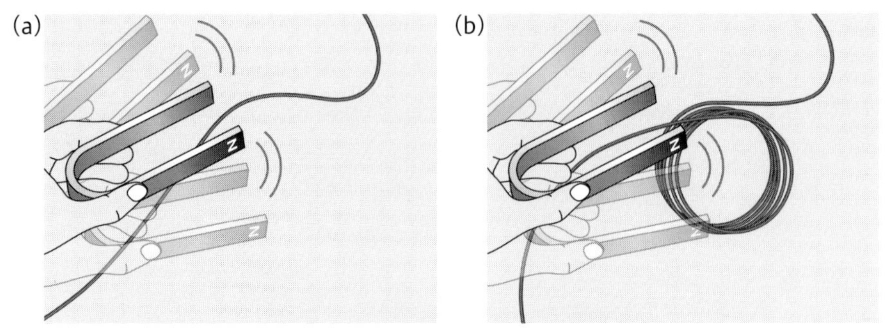

図3　電線の近くを磁石が横切ると電気が起きる(a)
コイルを巻くと、巻き数分だけ強い電気が起きる(b)

の工夫があります。

１つ目の工夫は、図３の(b)のように１本の電線をぐるぐると何度も巻くことです。そこを１個の磁石が横切ることによって、あたかもたくさんの磁石が電線を横切ったかのような効果になり、電気が強くなります。電線をぐるぐると巻いたものをコイルと呼びます。コイルの巻き数を増やすほど、より強い電気を起こすことができます。

もう１つの工夫は、コイルの中に鉄心を入れて鉄心に磁石を近づけることです。**図4**の(a)のように、磁石から離れているクリップには磁石の力はほとんど及びません。同図の(b)のように磁石の磁極に鉄の棒を付けると、鉄の棒が磁石のようになり、クリップがくっつきます。鉄は磁石の力を強めたり、遠くまで及ぼしたりすることができます。

発電機は鉄心にコイルを巻いて、鉄心の近くで磁石を速く動かすことによって電気を起こす仕組みです。発電機とモーター(電動機)は同じ構造をしていて、

図4　磁石とクリップが遠いとくっつかない(a)
鉄の効果で磁石の作用が強くなり、クリップが鉄にくっつく(b)

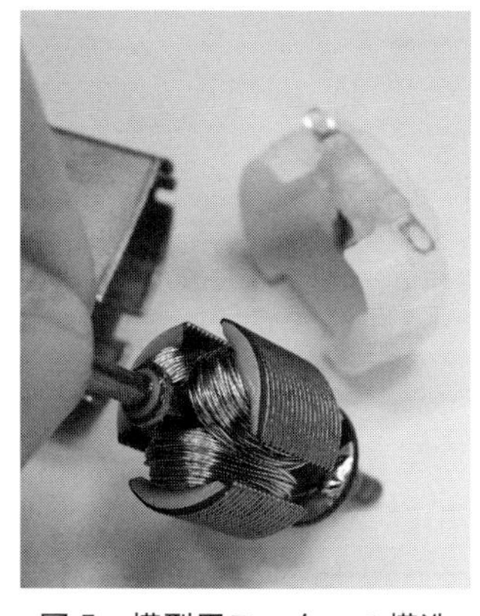
図５　模型用モーターの構造

例えば模型用のモーターを手で回転させると発電機として動作します。模型用のモーターを分解してみると、中身は**図５**のようになっていて、鉄心にコイルが巻かれているのが分かります。模型のモーターでは鉄心とコイルが回転することにより、外側に固定した磁石が鉄心の近くを横切ります。自転車のダイナモは磁石が回転し、固定したコイルの鉄心の近くを横切るようになっています。磁石をより速く動かす方が強い電気を起こすことができます。自転車の速さが速いほど発電機の回転が速くなり、磁石がコイルを横切る速さも速くなるので、強い電気を起こすことができ、ライトが明るくなります。

夜間は必ずライトをつけましょう

夜間に無灯火で走っている自転車を時々見かけますが、とても危ないので、ちゃんとライトをつけましょう。自転車は夜間の道路では、必ずライトをつけなければならないと法律で定められています。市街地では街灯や道路照明により、ライトがなくても全く前が見えないということはありませんが、自分が見えているかどうかだけでなく、自動車や他の自転車、歩行者など、他からちゃんと気づいてもらうこともライトの重要な役割です。

子供の頃や自分が自動車を運転したことがない頃は、自動車から気づいてもらうという意識がありませんでした。自分が自動車を運転すると、無灯火の自転車はとても見えにくく、危ないものだと分かりました。さらに歳を重ねるにしたがって、夜間視力が低下してきたのを感じています。若い頃は当然見えていたもの、皆が見えていると思っていたものが、必ずしもそうではなかったこと、誰もが同じように見えているわけではないことがよく分かるようになりました。

リムダイナモの自転車では、ライトをつけると漕ぐのが重くなるので、ライトをつけたくなくなるかもしれません。軽々と点灯するハブダイナモのオートライトや、電池式のライトを活かして夜の自転車を安全にしましょう。

八田　章光
高知工科大学 システム工学群

電気自動車のバッテリーは劣化しにくくなってきていて、ほぼ交換不要というのは本当？

2050年のカーボンニュートラル(CN)実現に向けて、電気自動車(EV：Electric Vehicle)が注目されています。自動車駆動方式の歴史を見ると、何度もEVが主流になりかけました。社会の要請でエンジンの欠点が課題になったからです。しかし、その時々の課題は解決され、またエンジン車が主流になりました。自動車が登場した当時はEVでした。しかし、内燃機関が登場すると、使いやすいガソリン車にとって代わられました。また、エンジン車は音がうるさいのでEVではないか、という課題はマフラーで解決されました。エンジン車は大気汚染物質を排出しているのでEVではないか、という課題は、ガソリンの電子噴射や触媒により解決されました。

このように課題が解決されると、給油時間が短く、長距離走行ができ、暑さ寒さにも対応できるというエンジン車の特長が勝り、EV利用は下火になりました。CNのためのCO_2削減という課題に対しては、例えば、水素エンジン車や合成燃料車(e-fuel：再エネ由来の水素でつくる燃料)は課題解決になるのか、歴史的な観点から見てみるのも興味深いです。

リチウムイオン電池の位置づけ

電池には乾電池のような使いきりの電池と、携帯機器に使われるような充電をして何度でも使える電池があります。使いきりの電池を一次電池、何度でも使える電池を二次電池と言います。二次電池には鉛蓄電池、ニッカド電池、ニッケル水素電池、リチウムイオン電池などがあります。EVにはもっぱらリチウムイオン電池が使われています。

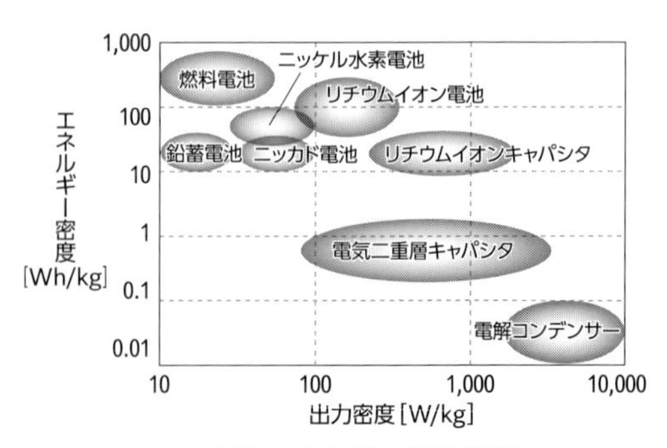

図1　各種エネルギー蓄積装置の出力／エネルギー密度

二次電池を含むエネルギー蓄

積装置が、どのくらいのエネルギーを蓄えられるかを密度で比較します(**図1**)。出力密度は大出力化/急速充放電可能という指標であり、エネルギー密度は大容量化(逆に言えば、小型でエネルギーを蓄えられる)という指標です。右上にあるほどエネルギー蓄積装置としては理想的です。

この図から電解コンデンサーのエネルギー密度は低いですが、出力密度は電池よりはるかに高いことが分かります。瞬間的に大パワーが必要な装置のエネルギー源として適するのが分かります。各種電池として、鉛蓄電池、ニッカド電池、ニッケル水素電池、リチウムイオン電池を比較すると、この順に右上に向かっており、リチウムイオン電池は優れた二次電池と言えます。EVとしては、最近は50kWh程度のエネルギーを持つリチウムイオン電池を搭載しています。図から、電池だけで500kg(=50kWh/(100Wh/kg))程度の重量になることが分かります。EVでは複数の電池が組み合わされ、バッテリーケースに収まっています。配線や冷却装置もあるので、システム全体はこれより重くなります。

リチウムイオン電池の構造

次に、リチウムイオン電池の原理を考えます。**図2**は原理を示す概念図です。電池の正極は、例えばコバルト酸リチウム($LiCoO_2$)で構成され、負極は黒鉛(グラファイト)です。$LiCoO_2$は、酸化コバルトの層にリチウムが入り込んだ構造であり、グラファイトは亀の甲状の網の層から構成されます。充電時は$LiCoO_2$に吸収されていたリチウムイオン(Li^+)が放出され、グラファイトに移動し、この層間に吸収されます。放電時は、この逆になります。Li^+が層の隙間に吸収・放出される現象をインターカレーションと言います。充電放電により、Li^+がまるでキャッチボールされるように電極の隙間を行き来します。

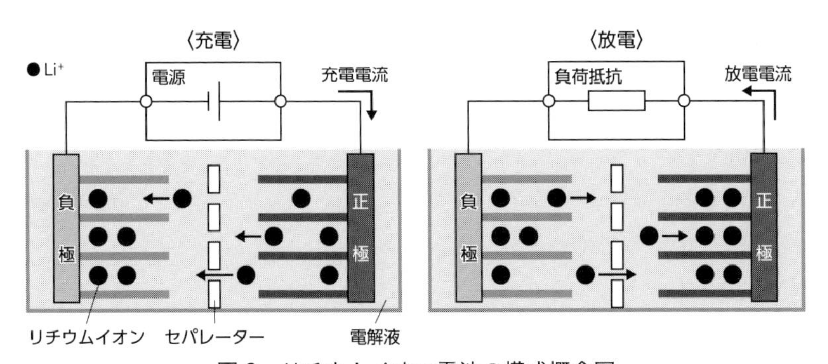

図2　リチウムイオン電池の構成概念図

イオンが電極間を行き来する電池なので、「ゆり椅子」の動きに捉え、ロッキングチェアー型電池と言います。

このようにリチウムイオン電池は、電極間をLi^+が行き来するだけの非常にシンプルな仕組みで充放電が行われます。鉛蓄電池のように電極の溶解や析出を伴わないので効率も高く、原理的に電極の傷みが伴わない劣化しにくい構造です。電解液はリチウムと反応しない非水溶液の有機溶媒で、セパレーターはLi^+を通し、陽極と陰極の接触を防ぐ役割を持ちます。

正極が$LiCoO_2$、負極がグラファイトのリチウムイオン電池は、3.7V(乾電池は1.5V)と高い電圧が得られるのも特長です。正極のコバルト(Co)は高価で、アフリカのコンゴで採掘されるなど産地も限られるので、Co以外のマンガン系、鉄系などの材料を使った電池や、負極のグラファイトに代えて、他の材料(チタン酸リチウム)を用いた構造もあります。

リチウムイオン電池は原理的に劣化しにくい構造ですが、キャッチボールを続けるとグローブが傷むように、電池として使用した時の温度変化や振動による電極の収縮／膨張、セパレーターの疲労、電極である活物質の溶融などが起こり、電池の性能が少しずつ劣化します。それでも多くのEVメーカーは、新車購入時から8年間、または、16万km走行まで、70%の電池容量を保証しているので、通常の使用では交換はしなくてもよさそうです。

電池の監視と再利用

EVの駆動モーターは最大100kW程度の出力が必要です。これを1つの単電池(セルと言う)で動かしたら、その電流はどうでしょう。前記の3.7Vの電池なら、$100 \times 10^3/3.7 = 27{,}000$A(電流＝出力 / 電圧)と、巨大な電流が流れ、電線がとてつもなく太くなり、実用化は困難です(家庭用の100Vコンセントは15Aが最大)。そこでEVではセルを直列に何段も接続し、電圧が300〜400Vになるように構成しています。400Vにすれば、電池の電流は250A(それでもかなり大きい)になり、実用の範囲に入ります。

このようにEVでは、数百個のセルで構成されるので、これらが正しく動いているか監視する装置が必要です。バッテリー・マネジメント・システム(BMS)がこの役割を担っています。BMSは、

① 電池の充電量はどのくらいあるか(SOCと言う)

リチウムイオン電池は放電状態でも充電状態でも電圧は大きく関わらないので、精度の良い測定は難しいです。電圧測定だけでは高精度なSOC把握は困

難なので、演算装置を備えて精度の良い推定をします。

② 電池の満充電は初期状態とどのくらい変わってきているか(SOH と言う)

③ 電池温度は適切か

寒い時は温めて、熱くなったら冷却する。

④ 個々のセルは正しく動いているか

⑤ セル間の充電量のバラツキはないか

バラついている場合は、等しくなるような動きをさせる装置を持っています。

BMS は①～⑤により、電池が適切に動作するよう監視制御します。BMS は EV では非常に重要な装置です。

では、廃車や電池交換などで役割が終わった電池はどうなるでしょう。電池をそのまま廃棄するのは環境にやさしいとは言えません。そこで、電池の性能を調べ、その性能に応じて色々な用途に再利用されます(図 3)。例えば、停電時の踏切のバックアップ用では、これまでの鉛蓄電池より使いやすく効果を上げています。電池のリユース、リサイクルが始まっています。

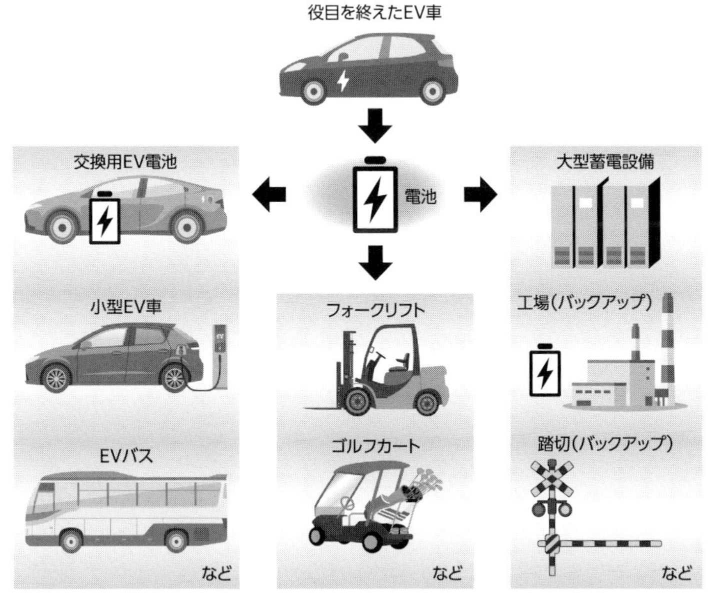

図 3　EV バッテリーの再利用

長瀬　博

元・(株)日立製作所

普通充電と急速充電、同じ電気なのに料金が違うのはなぜ？

電気自動車は環境にやさしい乗り物

世界では、2023年にハワイ・マウイ島での大規模山火事で市街地が壊滅するなど地球温暖化による大災害が相次いでいて、その対策は待ったなしです。温暖化を止めるべく、世界をあげて2050年にCO_2排出量ゼロを目指し、動いています。クルマの世界では、燃料であるガソリンの燃焼から発生するCO_2を減らすために電気自動車(EV)への転換が急速に進んでいます。EVの2023年世界販売数量は1,400万台を超えたとされています。日本は残念ながらこの潮流から大きく出遅れていますが、早晩挽回していくでしょう。

EVではガソリンは不要になるものの、動力エネルギー源としての電気をクルマに積んだバッテリーに充電して、その電気で走ります。EVを充電するにはクルマの外側から電気エネルギーを送り込む必要があります。そこにかかる料金は、色々な条件(電気料金、設置費用、運用利益など)で決まってきます。しかし、充電に要する総電力はクルマに積んでいる電池の容量(残容量)で決まるので、普通充電と急速充電は変わりません。

EVの充電では、クルマに搭載されている電池(主流はリチウムイオン電池)に電気エネルギーを送り込みます。搭載している電池の容量は、クルマの種類・車種によって異なります。一例として挙げると、

日産サクラ：20 kWh、トヨタプリウスPHV Z：51 kWh、Tesla Model3：51 kWh、EVバス(BYD K9)：324 kWhとなっており、EVバスなどの大型車には乗用車EVの5～10倍もの電池が積まれています。

普通充電と急速充電はどこが違う？

クルマに積んだ電池に外部から充電する方法は大きく分けて、①普通充電(AC)、②急速充電(DC)、③ワイヤレス充電(非接触)、④電池交換式(自動交換式も出てきています)の4つがあります。

① 普通充電は家庭用の電力(AC)で充電

家庭で電気自動車に充電する場合は、200Vでの充電が主です。100Vでの

充電も可能ですが、充電に時間がかかり過ぎてしまいます。200V も 100V も工事が必要となり、費用はあまり変わらないため、個人宅での充電は 200V 用のコンセント設置が現実的です。200V であれば、帰宅後に充電器をつなぎ、翌朝には満タンになっているという使い方ができます。**図 1** が普通充電の基本的な構成になります。**図 2** は家庭用の 200V の EV コンセントです。

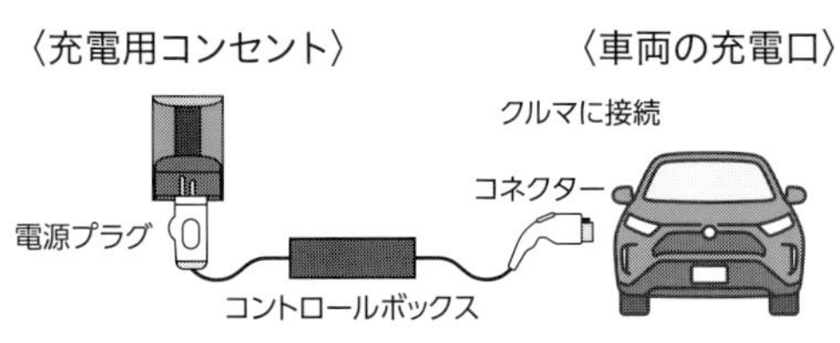

図 1　普通充電の基本的な構成

図 2　家庭用ＥＶコンセント（200V）

普通充電のメリットは、日本中どこの家庭用の電源からでも EV に充電できることです。ただし、安全上の配慮から、漏電対策などを厳重に施した専用の EV コンセントを設置して利用することが必須です。デメリットは、充電の上限電力が 3kW または 6kW クラスまでに限られているので、最近のクルマのように大容量の電池を積んでいる場合には、満充電にかかる時間が相当長いことです。EV 充電は公共充電スポットを利用するイメージがある方もいると思いますが、公共充電スポットは長距離を移動する時に「補給」目的で利用するケースが多いです。**図 3** は、郊外のアウトレットモールで駐車場に設置されている 200V、3.2kW の充電設備です。この場合の充電は、スマホで予約して料金は 176 円/1 時間です（2024 年 3 月時点）。

ただ日常的には、自宅に設置した EV コンセントから充電を行うのが基本となります。自宅で充電する方が、充電代が安く手軽だからです。バッテリーの残量にもよりますが、自宅充電なら満充電まで数百円程度で済ませられます。

図 3　アウトレットモールに設置された公共充電器

② 出力が50kWを超える急速充電器では特別な設備が必要

急速充電では、業務用の電力を特別な変電設備(キュービクル)で受電して、専用の充電器で直流(DC)に変換してから電力をクルマに供給します。**図4**は急速充電の基本的な構成と費用の内訳です。

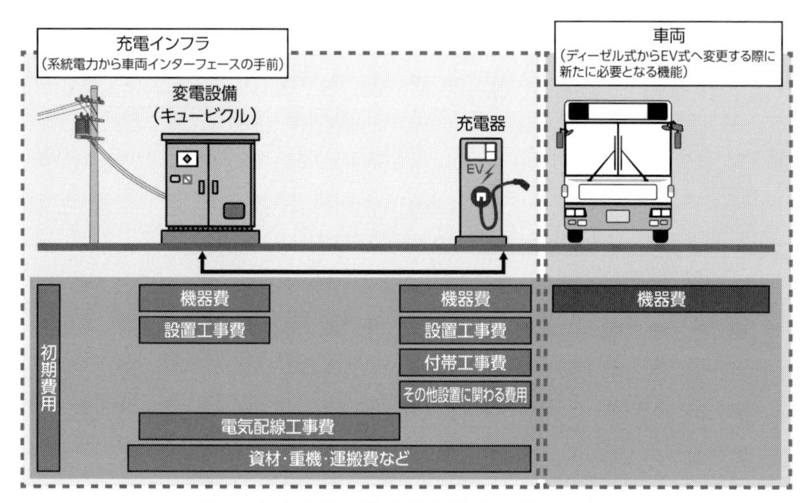

図4　急速充電の基本的な構成と費用の内訳

日本では、CHAdeMO方式が一般的に設置されています。急速充電のメリットは、充電時間の速さです。さすがにガソリンの給油速度までにはなっていませんが、電池の残量にもよりますが、10分程度で80%くらいまで充電できるものも登場しています。一方で、急速充電のデメリットは、何といっても設備費用(コスト)の高さと、設置場所が限られることです。50kWを超えるクラスの場合、地上側には高価な高圧受電のキュービクルが必要で、充電器も高圧・大電流を扱うので、どこにでも設置できるわけではありません。とは言え、多くのEVに急速に充電するためには、この急速充電器の普及は必須です。EVの普及が進んで台数が増えるにつれて、街中のコンビニや医院の敷地内に設置し、買い物をしている間、または診療を待っている間に充電するという需要を取り込むところが増え

図5　90kWクラスの設置例

表1　EV 充電料金の例（(株)e-Mobility Power）

<table>
<tr><td>プラン名</td><td>急速・普通
併用プラン</td><td>普通充電
プラン</td><td colspan="3" rowspan="2">ビジター料金
（税込）</td></tr>
<tr><td>月額料金
（税込）</td><td>¥4,180</td><td>¥1,540</td></tr>
<tr><td rowspan="3">都度利用料金
（急速）
（税込）</td><td rowspan="3">¥27.5/分</td><td rowspan="3">－</td><td>eMP 社設置の
急速充電器</td><td>利用 1～5 分まで</td><td>以降 1 分当たり</td></tr>
<tr><td>最大出力 90kW 以上</td><td>¥385</td><td>¥77/分</td></tr>
<tr><td>最大出力 50kW 以下</td><td>¥275</td><td>¥55/分</td></tr>
<tr><td>都度利用料金
（普通）
（税込）</td><td>¥3.85/分</td><td>¥3.85/分</td><td>加盟普通充電器</td><td>利用 1～15 分まで
¥132</td><td>以降 1 分当たり
¥8.8/分</td></tr>
</table>

てきています。**図 5** は医院の駐車場に設置されているものです。最大出力 90kW で充電可能で、450Vmax200A の電力を供給できます。この場合、**表 1** のようにケースによって料金が異なります。90kW クラスのビジター料金で￥2,310/30 分程度の料金がかかります(2024 年 3 月時点)。

③ ワイヤレス充電と電池交換式

ワイヤレス充電は、ケーブルを用いて地上の充電器と EV を接続するという不便さをなくし、自動で充電する技術として十数年前から開発されています。ケーブルがないという点はとても嬉しいのですが、電波法という法律を守らねばなりません。国際的な標準が決まり、韓国、中国などではこの機能を搭載したクルマが 2022 年頃から販売され始めていますが、日本ではまだ一般には販売されていません。一方で、クルマの電池を丸ごと交換する方式も考えられていて、最近日本でも EV トラックで採用する動きが出ています。中国では、乗用車で自動的に電池交換するクルマが販売され始めました。

これからの充電料金はどうなる？

EV の本格的な普及が始まり、街中での充電器の設置も進み始めました。また、ワイヤレス給電方式も早晩導入され、太陽光発電、風力発電などの再生可能エネルギーも充電に活用されていくことでしょう。これにつれて利便性の向上と充電費用の低下が期待でき、カーボンフリーの世界に向けて EV が一層貢献していくことでしょう。

横井　行雄
拓殖大学 工学部

自動運転で事故は本当に減少するの？ 逆走や正面衝突はゼロになる？

結論から言うと、答えは「イエス」です。禅問答のように聞こえるかもしれませんが、重要なポイントとして、万が一、自動運転のような新しい技術で事故が増える可能性があるとすれば自動車会社はそうした可能性(問題)を１つ１つ排除し、安全性を十分(100% とは言えない特性がありますが)検証したうえで市場導入しますので、事故は減少の方向に向かいます。加えて、市場導入の可否を判断する際に、何をもって自動運転が「人間の運転よりも運転がうまくなり、事故が少なくなった」と定義できるのか、といった議論も並行して行われており、「事故が減った」と言える正当性も規定しようとしています。

となると、話はここで終わってしまいますので、自動運転を実現するということは「人間のドライバー」の代わりに「コンピューターがドライバーになる」ということでもあり、その視点から、「これまでも情報通信技術は自動車の安全性を高めてきた」というポイントと、「今後さらなる情報通信技術の進化で、より高度な安全性を実現可能となる」というポイントについてお話しさせていただきたいと思います。

これまでも情報通信技術が自動車の安全性を高めてきた

① 1970 年代以降、半導体とソフトウェアが自動車事故を削減してきました。

図１は、10 億 km 自動車が走ると、事故で何人の方々がお亡くなりになられたかを 1990 年から 2014 年までの OECD(経済協力開発機構)の統計から各国毎に分けて作成したものです。この図から読みとれる重要な傾向は、1990 年から 2010 年頃にかけて、各国ともに高かった数値が明確に下がり、2010 年以降は概ね４人から８人程度の範囲まで収まってきたものの、３人から下がっていないという点です。

そして、現在一般的に事故の 95% 程度は人間のドライバーの「認識・判断・操作ミス」と言われています。これが今回のお話では非常に重要なポイントで、今後さらに事故を減らすには、人間のドライバーの認識・判断・操作ミスをいかに低減するか、という点が極めて重要です。そのうえで、2012 年以降のディープラーニングの急激な発展が、人間のドライバーの認識・判断・操作ミ

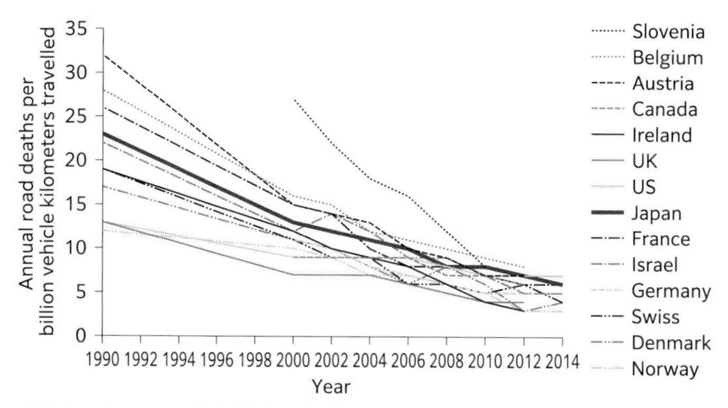

図１　クルマの安全性を評価する１つの軸：走行距離と死亡者数
出典：Annual road deaths per 100 million vehicle kilometres travelled – OECD countries and Australian states/territories、1990、2000 and 2002 to 2014 を参考に作成

スを低減するための解決策にもなっています。

1990年から2010年にかけて自動車事故での死亡者が大幅に減った背景として、自動車への半導体の導入が大きく関わっています。最初に自動車に半導体が入り始めたのは1970年代前半です。半導体が世の中に生まれ、大型コンピューターや電卓などの日常品に使われ始めたのは1960年代後半ですので、自動車にも極めて早い時期から半導体が導入されたと言えます。

半導体が自動車に使われた最初の目的は、当時すでに日本でも大問題になっていた大気汚染や、第四次中東戦争(オイルショック)による原油価格高騰への対処のためでした。端的に言えば、急激に値上がりし、二酸化炭素等を排出するガソリンなどの化石燃料を、より効率的に利用しようとする「省エネ」が目的でした。そのため、人間のドライバーの、時に性急なアクセル操作で、必要以上に化石燃料を燃焼させ、大気中に無駄に二酸化炭素などを排出しないようにすることがポイントでした。具体的には、人間の過剰なアクセル操作に対して、エンジンへの燃料の噴射を電子的に制御するために半導体が採用されました。多くの場合、EFI(Electronic Fuel Injection)といった機能がそれに該当します。その後、そうした半導体にそれぞれの機能を実現するソフトウェアが載り、ECU(Electronic Control Unit)と呼ばれる形で自動車に大量に搭載されてきました。

特に安全性を高めた重要な例として、ABS(Anti-lock Braking System)があります。自動車が雪道や路面凍結で滑り始めた際、人間のドライバーがブレーキを踏み続けると、自動車はハンドル操作が効かなくなり、事故につながる可能性が高まるわけですが、半導体による電子制御でブレーキを解除したり稼働させたりすることで人間の操作の足りない部分を補い、自動車を制動可能とし、安全性を高めました。今ではABSはほとんどの自動車に標準装備されており、車体の姿勢制御などを行う各種ECUとも連携して自動車の安全性を究極にまで高めています。

また、速度の変化によってシートベルトを締める装置や、エアバッグを展開する装置なども広義にECUであり、安全性向上に貢献しています。

さらに、そうした多様なECUはCAN（Controller Area Network）という車内ネットワークに接続され相互に連携もするようになっています。このCANが1993年にISO（International Organization for Standardization）で規格化され、自動車に広く採用されました。その結果、2010年頃には高級車で100種類、量産車でも30～60種類程度のECUが自動車に採用される状況になりました。こうした状況が、図のような死亡事故の低減に大きく貢献したとも言える状況です。

もちろん、この間の速度超過や飲酒運転など、ドライバーに対する規制強化も人身事故の低減に大きく貢献したことは論をまちません。

② 人間は自動車をどのように運転するのか

今でも「自動車は人間が乗り、運転しなければ走り出さない」というのが通常の認識かと思います。実際、自動車は人間のドライバーが操作した通り「忠実」に走るように完成度を高めてきました。その結果、人間の認識・判断・操作にミスがあれば、そのまま事故につながる可能性があります。そこで最近の技術は、人間のドライバーの操作が意図しているか否かに関わらず、事故のリスクを各種ECUのデータから予測・判断し、人間のドライバーの運転に「介入」して自動車や乗員の安全を守る方向に技術が進んできました。

しかし、この介入というのは、「忠実」に走るということに相反する技術が必要になります。そして、そのためには、その時その時の自動車の周囲環境や走行状態などに関するコンピューターシステムの判断（計算結果）がよほど正確でなければ、介入により、むしろ危険性を高める可能性があります。

例えば、「緊急自動ブレーキ」が重要な例となります。人間のドライバーが気づかない数秒後の衝突などのリスクに対して、ECUで構築したシステムが強制的に急ブレーキをかけるという非常に重要な機能です。しかし、これを実行するには、非常に正確な環境認識が必要です。例えば、通常の走行時、何ら問題がないのにシステムの誤認識により急ブレーキをかけてしまえば、後ろからの衝突といった、むしろ大事故につながる可能性も生じます。

緊急ブレーキまでいかなくても、車線逸脱や車線変更時などにシステムがドライバーの意志に反した警告や操作を行ってしまったとすると、そうした機能はOFFにされ、実際に必要な時に使われずに事故に遭うといったこともあり得ます。さらには、ある程度進化した運転支援機能でも、今後常にアップデートされ、高度化することに慣れてしまう場合、まだできていない機能に頼ってしまうなど「ドライバーの過信」という問題が発生し、事故につながることもあり得ます。

今後さらなる情報通信技術の拡大で、より高度な安全性を実現可能となる

① 情報通信技術と自動車の急速な変化と進化が進んでいる

こうした状況に対して、2015年頃から自動車にカメラやレーダーなどのセンサーが搭載され、一部の自動車では人間の安全確認と同様、道路上や周囲の環境の安全性を認識するようになりました。並行して、多くの自動車がインターネットに接続して、それらから集めた大量のデータをクラウドでディープラーニングにかけて学習する技術が急速に進みました。2020年以降は、さらに走行状態が分かるECUデータを加え、自動車が「どのような環境でどのように走行するのか」といった分析も進み、より正確に周囲の安全確認や、リスクの回避が可能になりました。そして、皆が走れば走るほど、クラウド上での学習結果が良くなり、コンピューターのドライバーは運転がうまくなります。もちろん、そうした機能を積んだ自動車では、逆走や正面衝突も回避可能となります。

特に、最近のChatGPTやLLM(Large Language Model)などの画期的な進化があり、また実際の自動運転などを開発するための画像認識や運転操作分析は言語化された情報処理ですので、今後、人間のドライバーの運転能力を超える日もそう遠くない可能性があります。

② そのうえで現実的で複雑な問題もある

すでに一部の自動車会社でこうした技術が利用されていますが、2～3年後には多くの自動車会社で新しく生産される自動車にも、こうした極めて高度な自動運転機能(あるいは運転支援機能)が備わる可能性があります。それも初期的には高級車から導入される可能性が高いと予測されますが、半導体やソフトウェアの価格低減速度は指数関数的であり、10年も経たないうちに量販車にも広く浸透する可能性があると考えられます。

しかし、ここで問題なのは、自動車は出荷後13年程度道路上を走るので、しばらくこうした技術を持たない「古い自動車」も市場を走り回るという点です。今後自らの安全性に対処できない古い自動車が減少することで、冒頭の回答通り、徐々に「事故が減る」ものと考えられます。

野辺　継男

名古屋大学 未来社会創造機構

鉄道と電気鉄道の違いは何？

鉄道総合技術研究所の『鉄道技術用語辞典』（丸善）によれば、鉄道は「レールなどの支持案内路上を、動力を有した車両が移動する設備またはシステム全体」とされています。さらに鉄道は、構造面から普通鉄道と特殊鉄道、動力面から内燃機関と電気鉄道、場所から市街鉄道・地下鉄道や高架鉄道などに分類されます。電気鉄道は、「電気エネルギーを外部から供給してこれを原動力とすることで、鉄道車両を運行する鉄道や軌道」とされています。そして、法律上の分類があります。

構造面からの分類

「鉄道営業法」
（明治 33 年法律第 65 号）

- 「普通鉄道構造規則」（昭和 62 年運輸省令第 14 号）
  - 新幹線鉄道および特殊鉄道以外の普通鉄道に対する規程
- 「新幹線鉄道構造規則」（昭和 39 年運輸省令第 70 号）
  - 新幹線鉄道（主たる区間を 200km/h 以上で走行できる幹線鉄道）に対する規程
- 「特殊鉄道構造規則」（昭和 62 年運輸省令第 19 号）
  - モノレール、新交通、浮上式鉄道などに対する規程

「鉄道事業法」
（昭和 61 年法律第 92 号）

- 鉄道施設の工事施行の許可などにおいて、技術基準との適合が必要である旨を規定

「軌道法」
（大正 10 年法律第 76 号）

- 「軌道建設規程」（大正 12 年内務、鉄道省令）
  - 路面電車など道路交通を補助する目的で敷設される軌道に対する規程

図 1　鉄道の技術基準に関わる諸規程（1987 年国鉄改革時点）

鉄道事業の運営の基本法規として、1900 年に「鉄道営業法」が制定され、その後の小規模な改訂を経て現在に至っています。

図 1 は鉄道の技術基準に関わる諸規程で、「鉄道事業法」に定める工事施工の認可、工事の完成検査、車両の確認を行うに当たっての審査の基準になっています。

① 一般に普通鉄道は、2本のレール上を車両が走行する一般的な鉄道ですが、ここでは新幹線や特殊鉄道を除く、JR在来線や公民鉄の在来鉄道を指しています。

② 新幹線は、主たる区間を200km/h以上で走行できる幹線鉄道です。

③ 特殊鉄道は、普通鉄道とは別構造の単軌鉄道(モノレール)、鋼索鉄道(ケーブルカー)、普通索道(ロープウエイ)、無軌条電車(トロリバス)、案内軌条式新交通システムなどです。磁気浮上式鉄道も含んでいます。

④「軌道法」は道路交通を補完する路面電車に適用されていますが、モノレール、新交通システムや地下鉄の一部も軌道法によっています。

動力面からの分類

動力面からは、以下のように分類されます。

① 終戦直後は蒸気機関車が約5900両で主流でしたが、幹線電化と内燃化により廃車が進み、1976年に観光用を残して本線用蒸気機関車は全廃されました。

② 内燃機関としては、ディーゼル機関車とディーゼル動車(気動車)が主ですが、1970～1980年をピークに電化の進展により減少しています。

③ 電気車は地上の変電所から電車線路を通して電力を受けて走行する車両であり、電車と電気機関車があります。

④ 最近は架線から電力を受けずに走行する、車両に蓄電池を搭載した蓄電池電車やディーゼル・蓄電池ハイブリッド車両が導入されています。

電気鉄道とは

電気鉄道は現在、電気機関車や電車のみでなく、広く電化された鉄道一般の意味で用いられています。すなわち、電化区間である普通鉄道(新幹線、特殊鉄道を除く)および新幹線はもちろん、電気を動力としている特殊鉄道、路面電車の路線は電気鉄道とされています。

図2は国鉄・JR在来線の営業キロ(鉄道の総キロ)と電気鉄道のキロの推移であり、国鉄改革で営業キロは減少していますが、電化キロはわずかに増加しており、在来線の営業キロの約55%が在来線の電化キロです。新幹線は営業キロと電化キロは同一で、電化率は100%です。

図3は公民鉄の営業キロ(鉄道と軌道の総営業キロ)と電化キロの推移で、最近の電化率は約79%です。公民鉄は普通鉄道のほか、特殊鉄道が含まれていますが、2020年度の内訳を**表1**に示します。

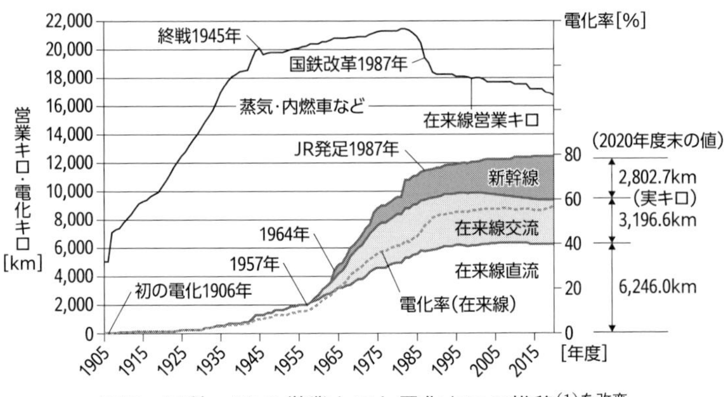

図２　国鉄・JR の営業キロと電化キロの推移(1)を改変

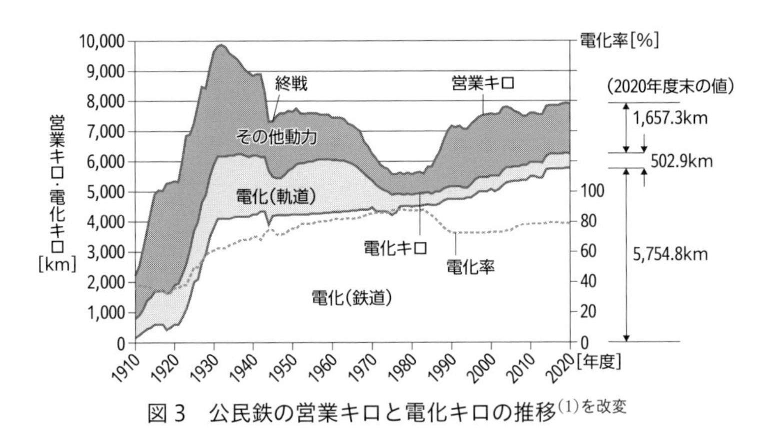

図３　公民鉄の営業キロと電化キロの推移(1)を改変

表１　公民鉄の電化キロ（2020 年度末：営業キロ 7,915.0km・電化率 79.1%）

電気方式など	電化キロ[km]							
	交流 20kV	直流				三相 AC600V	鋼索鉄道	合計
		1.5kV	750V	600V	440V			
普通鉄道	576.6	4,180.6	105.7	399.9				5,262.8
地下鉄		481.5	132.5	94.6				708.6
案内軌条式鉄道		33.7	50.4			60.3		144.4
跨座式モノレール		74.8	17.8					92.6
懸垂式モノレール		21.8		0.0	1.3			23.1
鋼索鉄道							22.5	22.5
無軌条電車				3.7				3.7
合計（204 社）	576.6	4,792.4	306.4	498.2	1.3	60.3	22.5	6,257.7

注）普通鉄道には路面電車を含む／地下鉄には西武有楽町線を含む／案内軌条式には札幌市のゴムタイヤ地下鉄を含む／関西電力の無軌条電車 6.1km は 2018 年 11 月 30 日の運行を最後に廃止され、蓄電池バスに更新／営業休止区間は含まない

営業キロが鉄道全体のキロ数で、電化キロが電化線区の全体キロ数です。

図4は電車と気動車などの車両数の推移です。2020年3月の旅客営業用車両は、JRが約25,000両、公民鉄が約27,000両の合計約52,000両で、このうち約50,000両が電車であり、電気鉄道が輸送する旅客数は全体の約95%と言われています。

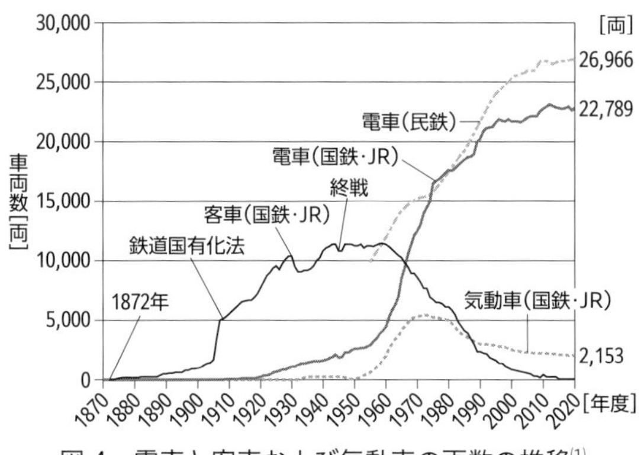

図4　電車と客車および気動車の両数の推移(1)

主な鉄道車両

図5～8に電気車、**図9**に気動車、**図10**にハイブリッド車を示します。

図5　西九州新幹線電車 N700S 8000番台

図6　直流1.5kV・E231系 山手線電車

図7　交流20kV 885系 特急電車

図8　鋼索鉄道 (高野山鉄道 N12)

図9　キハ85系気動車 特急ひだ

図10　YC1系 ディーゼル・蓄電池車

◆参考文献

(1) 持永芳文ほか：『電気鉄道技術変遷史』、pp.16-19、2014年、オーム社

持永　芳文
津田電気計器(株)

柴川　久光
元・西日本旅客鉄道(株)

周波数が違う区間を走る電車の電力供給はどうなっているの？

日本の電力会社の周波数は、富士川－軽井沢－糸魚川のラインを挟んで東側が50Hz、西側が60Hzの地域に分かれています。新幹線が周波数の異なる地域をどのような方法で電力を受け、直通運転を実現しているか、以下に述べます。

東海道新幹線の場合(1)

1964年10月に開業した東海道新幹線の電力は交流25kVを用いており、車両に変圧器を搭載して電圧を低くして整流し、直流電動機を駆動していました。東海道新幹線は富士川をわたるため、①全線を60Hzに統一する、② 50／60Hz両用車両を製作する、のいずれにするか1957年頃から議論されていました。

図1は理想変圧器の原理です。変圧器は鉄心とコイル(巻線)からなり、鉄心には電流と同様に交番磁束が流れます。変圧器の電圧は周波数と鉄心断面積などに比例します。周波数が50Hzの場合は、60Hzに比べて鉄心断面積が1.2倍必要になり、変圧器が重くなります。同様に補助機器も、50Hzの場合は60Hzに比べて重くなります。

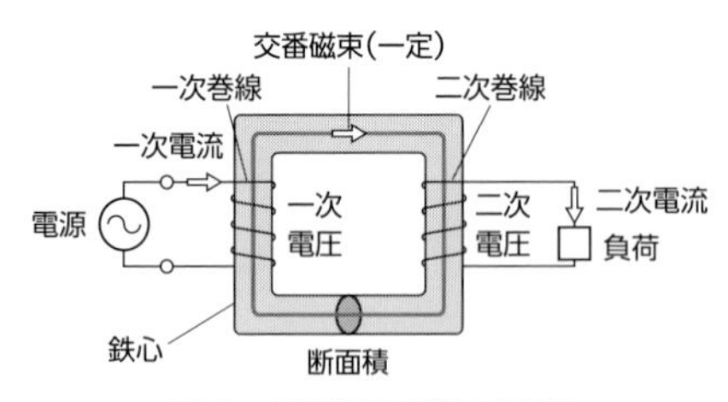

図1　理想変圧器の原理

新幹線は当時、地上から電源周波数の影響を受けない信号を車上で受信して、ATC(自動列車制御装置)で速度を制御していました。つまり、電源周波数に対応した数だけの車上信号装置が必要でした。それにより50／60Hz両用車両は重くなり、装置も複雑になります。車両としては初めての時速200kmを超える高速運転であり、少しでも軽量化を図りたいという要望がありました。一方、電源周波数統一方式は、富士川以東の東京までを地上で50Hzから

60Hz に変換する必要がありますが、回転機による周波数変換装置は十分可能であると考えられ、周波数統一方式が選択されました。東海道新幹線は、60Hz 専用車両が走行しています。

① 回転形周波数変換装置

図 2 は回転形周波数変換装置（FC：frequency changer）で、50Hz の交流電動機と回転軸を共通にした 60Hz の交流発電機から構成されています。電動機は 10 極（N・S）、発電機は 12 極で 1.2 倍の関係にあり、回転数は毎分 600 回転です。東京電力の管内に 2 か所の周波数変換変電所があり、東京電力から 50Hz・154kV を受電して、鉄道用変電所に 60Hz・77kV の電力を送電しています。

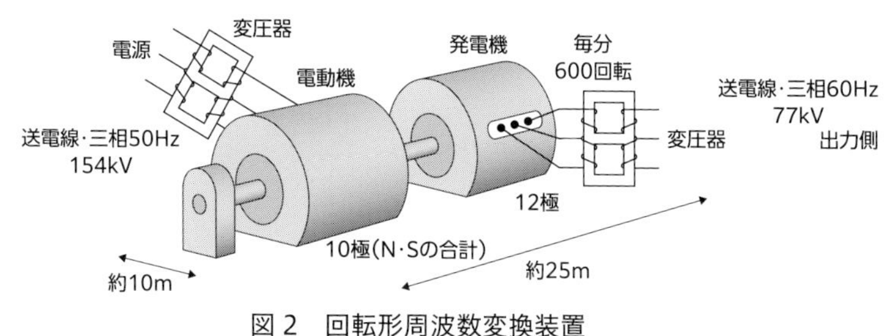

図 2　回転形周波数変換装置

② 静止形周波数変換装置[(2)]

東海道新幹線では、1990 年に 300 系電車「のぞみ」として、半導体電力変換装置を用いて交流を直流に変換し、さらにインバーターで周波数を変化させて交流の誘導電動機を駆動する高速電車が登場しました。回転形 FC は過負荷には強いのですが、装置が大きくて重く、可動部分が大きく補機も多いため電力損失が大きく、維持コストもかかります。

そこで、地上設備においても、2003 年に半導体電力変換装置を用いた静止形周波数変換装置が開発されて、従来の回転形と並列運転が行われています。

図 3 は静止形周波数変換装置の構成で、コンバーターで 50Hz の交流電力を直流に変換し、インバーターで直流電力を 60Hz の交流に変換しています。変換装置の入出力電圧や容量は回転形と同様で、両者は並列運転を行っています。

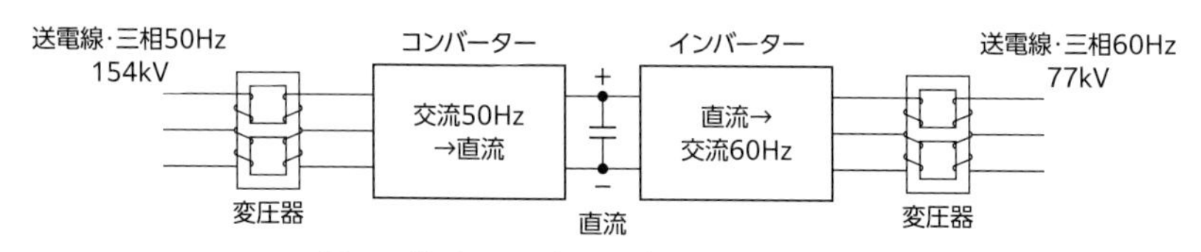

図 3　静止形周波数変換装置の基本構成

北陸新幹線の場合(2)、(3)

新幹線では20～50km毎に変電所があり、変電所および中間のき電区分所で異なる電力が突き合わせになっています。そのため電源の突き合わせ箇所では、電車線(架線)を約1km間隔で区分した切替セクションに、2台の切替スイッチで列車の走行に従い電源を切り替えてセクションに電力を送っています。

図4は北陸新幹線における異周波突き合わせ箇所の構成で、異なる周波数の電流が相手側のレール区間に流れないように、電車線に加えてレールも同一箇所で絶縁し、サイリスタスイッチでレールのセクションを切り替えています。さらに、吸上変圧器(BT：booster transformer)や交流抵抗の小さい同軸ケーブルで絶縁した区間のレール電流を吸い上げています。つまり、異なる区間の周波数の電流により、ATC信号が妨害を受けないようにしています。

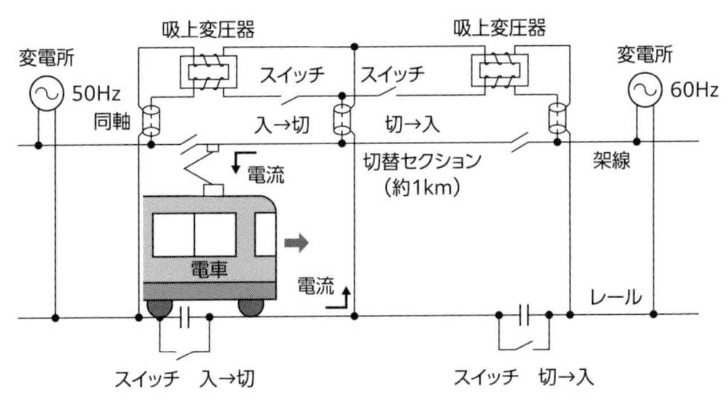

図4　異周波突き合わせ箇所の基本構成

北陸新幹線ではすべて300系電車と同様のインバーター電車であり、車体も以前より軽くなり、変圧器は50／60Hz両用で、電力変換装置や補助機器も50／60Hzのどちらの周波数にも追随できるようになりました。**図5**は電車主回路の構成図です。また、ATCはデジタル方式で、車上受信器は50／60Hz両周波数対応としており、基本信号の周波数切替を自動的に行っています。

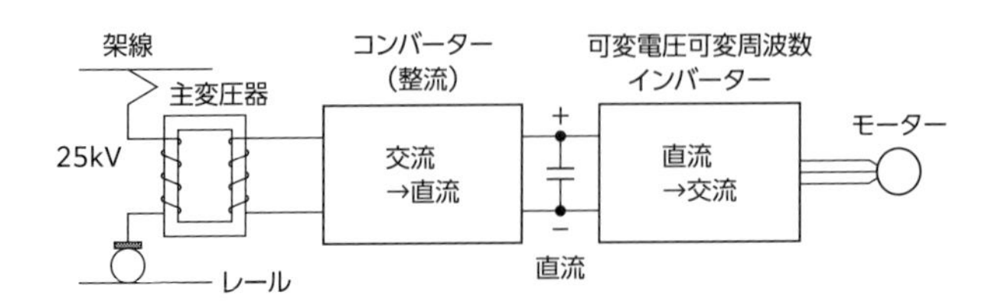

図5　北陸新幹線電車の基本構成

JR在来線の電気車の場合[3]

JR在来線では、50／60Hzの電力が直接突き合わせる区間はありません。一方、国鉄・JRでは日本海縦貫線の米原(2006年に直流化で現在は敦賀)—糸魚川が交流60Hz・20kV、糸魚川—村上が直流1,500V、村上—青森が交流50Hz・20kV電化で、大阪—青森間を485系交直流電車特急「白鳥」が2001年3月まで走行していました。

他にも交流と直流の突き合わせ箇所は多数あり、電車線の境界には、**図6**で示すようなFRPの絶縁セクションがあり、電車はスイッチ切で通過します。

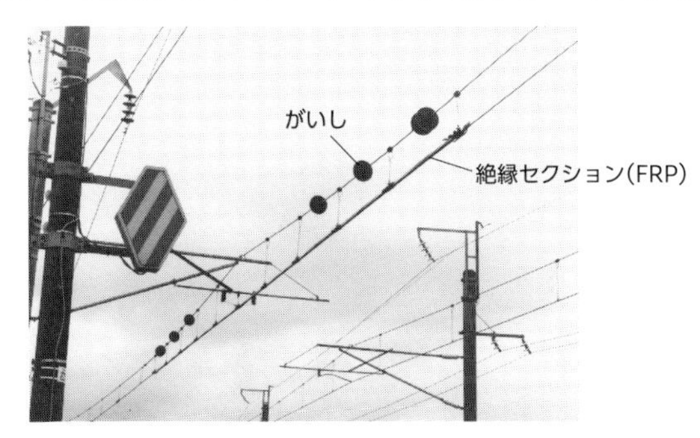

図6　交直FRPセクション

485系交直流電車の主回路は、交流区間はダイオード整流器で整流して抵抗器を通して直流電動機を駆動し、直流区間では直流電力を抵抗器の一次側に切り替えて電動機を駆動していました。現在は、図5の新幹線電車と同様に、交流電力をコンバーターで整流し、駆動回路を可変電圧可変周波数インバーターと誘導電動機とし、直流区間では直流電力を同インバーターの一次側に切り替える方式で、日本貨物鉄道のEH500形電気機関車、JR東日本のE653系電車「いなほ」、JR西日本の683系電車「しらさぎ」などが走行しています。

一方、列車を検出する信号は地上信号方式で、車両では地上信号機を運転士が目視で確認しており、電車線の周波数には無関係です。

◆参考文献

(1) 持永芳文ほか：電気鉄道技術変遷史、オーム社、2014年11月
(2) 監修／持永芳文ほか：改訂電気鉄道ハンドブック、コロナ社、2021年5月
(3) 持永芳文：電気鉄道のセクション、戎光祥出版、2016年9月

持永　芳文
津田電気計器(株)

リニアモーターカーを超えるスピードの電車はつくれる？

時速500km/hで走行する超高速鉄道として、リニアモーターによる超電導磁気浮上方式鉄道が、東海旅客鉄道により中央新幹線(東京〜名古屋間)の早期開業を目指して建設が進んでいます。一方、鉄車輪とレールによる粘着方式の新幹線の最高速度は、東北新幹線は320km/hですが、さらなる高速化の試みがなされています。ここでは、新幹線鉄道の最高速度について、車輪の粘着と集電の観点から、超電導磁気浮上方式鉄道と比較します。

超電導磁気浮上方式鉄道の原理と最高速度

図1は超電導磁気浮上方式鉄道の推進原理で、車両の台車両側に超電導磁石を取り付けてN極とS極に磁化されています。地上の側壁には推進コイルを設置しており、速度に応じて周波数を変化させるインバーターから出力された三相交流を給電して、移動磁界を発生させて、車両の超電導磁石との間で推進力を得ます。営業最高速度は500km/hです。**図2**は浮上の原理で、側壁に浮上コイルを設置しており、車両は低速では車輪走行しますが、高速になると車両の超電導磁石と浮上コイルとの間で浮上力が発生し、150km/h程度以上になると約10cm浮上して車両の重さと均衡するので、車輪を格納します。

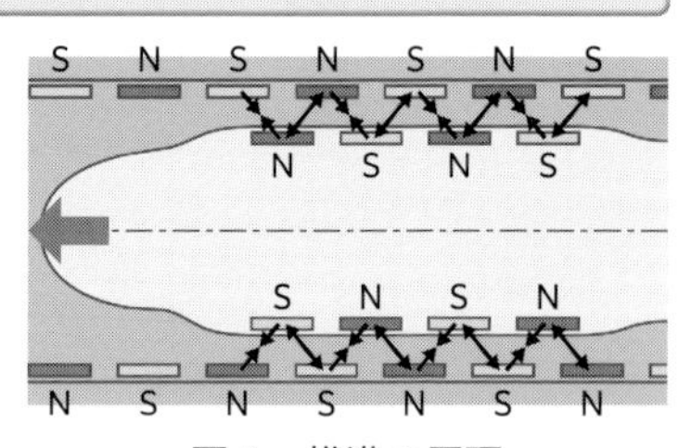

図1　推進の原理

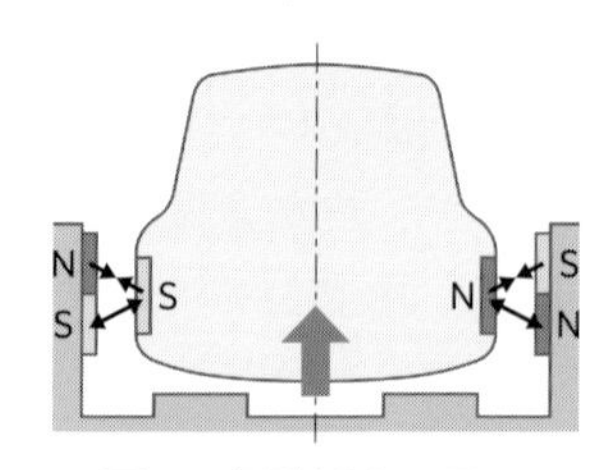

図2　側壁浮上の原理

車輪・レール方式鉄道の速度限界

① 乗り物の最高速度は何で決まるのか

電車の場合はモーターの回転力が車輪に伝えられ、車輪が回転し、レールを蹴ることで進む力(駆動力 T)が生まれます(**図3**)。

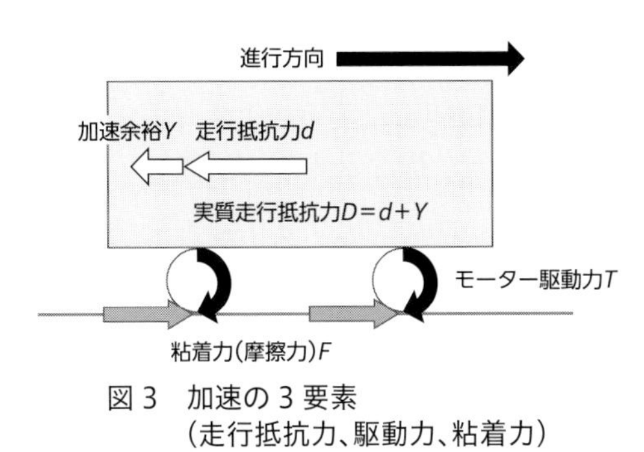

図 3　加速の 3 要素
（走行抵抗力、駆動力、粘着力）

車両には、空気抵抗など進行を妨げる力(走行抵抗力 d)が働きます。また、最高速度でどのくらい加速余裕 Y を残しているかの考慮も必要です。加速余裕が 0 だと、最高速度に近くなってくると加速度がどんどん落ちてきて、なかなか最高速度に達することができません。これでは困るので、加速余裕を加えた走行抵抗を改めて実質走行抵抗力 $D(=d+Y)$ とします。この実質走行抵抗力よりは駆動力 T が大きくなければいけないので、式(1)が得られます。

$D<T$　…(1)

車両の最高速度を増すためには、駆動力 T が非常に大きいモーターを取り付けたらよさそうですが、そう単純ではありません。人が走る場合にたとえてみましょう。100m 走のオリンピック選手が、氷の上で普通の靴をはいて走ったらどうなるでしょう。どんなに脚力が強くてもツルツルの氷がそのキック力を受け止めてくれず、思うように走れないでしょう。

車輪とレール間の前後方向の摩擦力のことを鉄道では粘着力 F と呼んでいますが、車輪でもモーター駆動力 T を受け止めてくれる粘着力の大きさが重要なのです。つまり、式(2)のように、粘着力はモーター駆動力より少しでも大きくないと空転して進めません。

$T \leqq F$　…(2)

式(1)と(2)から最高速度を決めるには T と F の速度特性が重要になります。高速車両の走行抵抗力は空気抵抗力の割合が大きいので、実質走行抵抗は、ほぼ速度の 2 乗で増大します(**図 4**)。

② 長い中間部の走行抵抗

新幹線の営業最高速度がどこまで可能かは、高速での走行抵抗がど

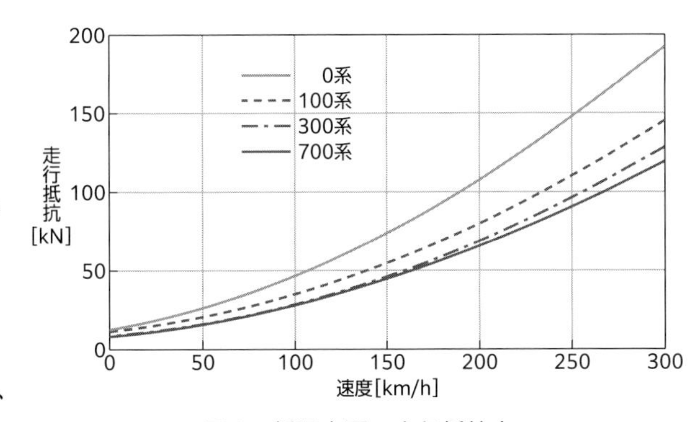

図 4　新旧車両の走行抵抗力

こまで低減できるかにも大きく依存しています。走行抵抗には車輪などの転がり抵抗(機械抵抗)に加え、高速走行では、空気抵抗の割合が増えてきます。

走行抵抗に関し、電車の特徴として、先頭と後尾の間にかなり長い中間部があります。中間部の摩擦抵抗の割合は大きく、長さ400mの新幹線の走行抵抗の割合は、先頭・後尾の圧力抵抗が各5%程度に対し、中間部の摩擦抵抗が90%程度を占め、車体表面の凹凸が少ないほど小さくなります。新幹線の時速200kmでの全走行抵抗は、700系では0系の約62%まで減少しました(図4)。

③ 粘着力

粘着力については実測データで見ていきましょう[(1)]。粘着力は速度の増加とともに減少しています。その理由は、雨天時には速度が増すと車輪とレール間に水がくさびのように差し込まれて車輪とレールの真の接触面積が減るからです。**図5**が、実際に新幹線の走行実験で得られた貴重な走行実験結果です。

(ア)条件の悪い水介在時粘着係数データを得ます、(イ)真に滑走が始まる限界の粘着力を正確に導き出します、(ウ)そのため車両に水タンクを積み試験時に散水し、ブレーキ力を徐々に増しながら滑走の限界を捉えます。

真実をあぶり出したいという研究者たちの強い想いが結集した語り草になっている走行実験で、速度の増加とともに粘着係数が減少していくこと、1両目のデータ(●)より、3両目のデータ(○)の方が、粘着係数が増加していることが分かります。これはレールの汚れが先行の車輪で清掃されるためと考えられます。

駆動、制動時の粘着力制御システムの設計時に用いられる計画粘着係数として、最も滑りやすい先頭車輪の値が用いられてきました。このことは、先頭車輪より粘着係数の高い後続の車輪は持てる力を十分に発揮していなかったと言えます。そこで、先頭車輪には少なめの粘着力を、後続車輪は多めの粘着力を負担させる制御を行うことで、列車としての総粘着力を増す制御が広く行われるようになってきています。

これで走行抵抗力、粘着力の走行特性が明らかになったので、鉄道車両の限界速度を、**図6**を基に求めてみましょう。将来の予測なので車両の編成両数等の種々車両条件、粘

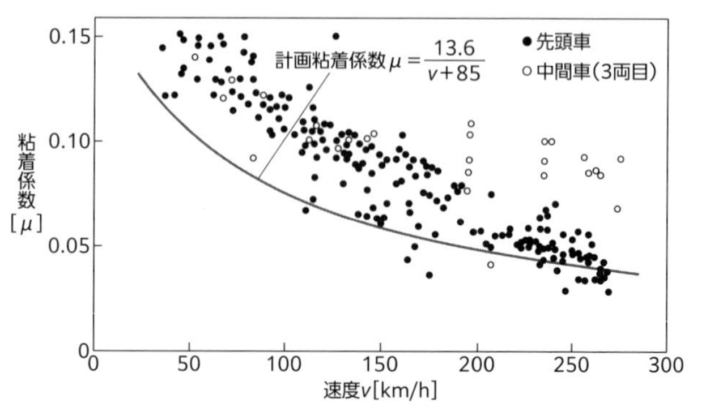

図5 新幹線の水介在時粘着係数

着力の向上策など多くの値が必要になります[1]。

図6の交点から求まる粘着駆動鉄道車両の最高速度は444km/hとなりました。この速度より大きい速度では粘着力が抵抗力より小さくなるので、空転して速度を増せません。余裕を見ると、400km/hあたりが現在の技術レベルでの営業運転の限界速度でしょうか。リニアを超えることはできませんでした。しかし、粘着力の増加には手段があると筆者は考えているので、環境問題のクリアが必要ですが、将来500km/hを超えることもあり得ると思っています。「モーター駆動力は大丈夫か」については、現状のモーター技術レベルから式(1)を充たすと予測します。

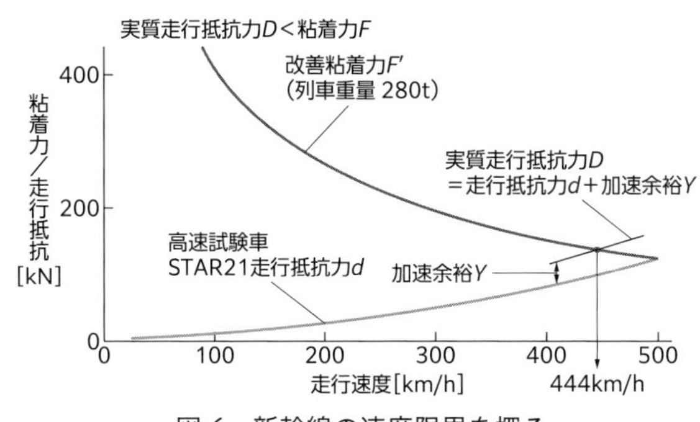

図6　新幹線の速度限界を探る

トロリ線とパンタグラフによる集電方式の最高速度

新幹線では、25kVの交流電力を用いています。**図7**は最高速度320km/hで走行する東北新幹線E5系電車のパンタグラフとトロリ線です。すり板は10分割して、小さな振動を吸収しています。

図7　E5系電車の集電装置と遮音板

電車が高速になると、パンタグラフがトロリ線に追随できなくなり、離線が発生します。そこで130mm^{2}のPHC(合金)トロリ線を24.5kN(2.5tf)の高張力で張って、トロリ線の振動が伝わる波動伝搬速度を約500km/hに高めています。波動伝搬速度の7割以下が離線が少なく安定走行できる速度の目安とされており、現在、最高速度360km/hの架線を目指して技術開発が進められています。海外では、最高速度400km/hを目指している高速鉄道があり、現在の集電の最高速度と考えられます。

◆参考文献

(1) 宮本昌幸：「図解・鉄道の科学」、pp.126-136、2006年、講談社

宮本　昌幸
元・(公財)鉄道総合技術研究所

持永　芳文
津田電気計器(株)

飛行機やフェリーが停電することはある？

電気はどうやってつくっている？

飛行機やフェリーは空や海の上を運行するので、飛行(航行)中は普通の家庭のように陸上の電力網から電気を受け取ることができません。空港に駐機中、あるいは港に接岸中ならば、陸上の電源とつないで電力を受け取ることができます。しかし、飛行機やフェリーの飛行(航行)中は、自力で電気をつくり出し、あるいは電池にためた電気で色々なものを動かすことになります。

① 飛行機の場合

飛行機の電力はAC(交流、Alternating Current)とDC(直流、Direct Current)の両方が利用されています。多くの場合、何かを作動させるためにAC電源、それらをコントロールするためにDC電力が使用されます。旅客機の電源系統は、主電源がACのものとDCのものがあり、ざっくり言うとジェット機は主電源がAC電力、小型のターボプロップ機などはDC電力を使用しています。この電源はエンジン駆動の発電機、補助動力装置(APU)駆動の発電機、外部電源の3つのソースから供給可能です。

主電源としては、ACは115V、400Hzで、DCの方は28Vが供給されています。ただし最新のボーイングB787は、さらに高い電圧のAC電力が使用されています。B787では、各エンジンに装着されている発電機が計4台、APUに装着されている発電機が2台ありますが、それに加えて、緊急用にRAT(ラムエア・タービン)と呼ばれる風力発電機が備わっています(**図1**)。これは風力発電機と油圧作動油加圧ポンプを備えたもので、飛行中の風圧を受けて回転するタービンにより電力、油圧圧力を得ることができます。

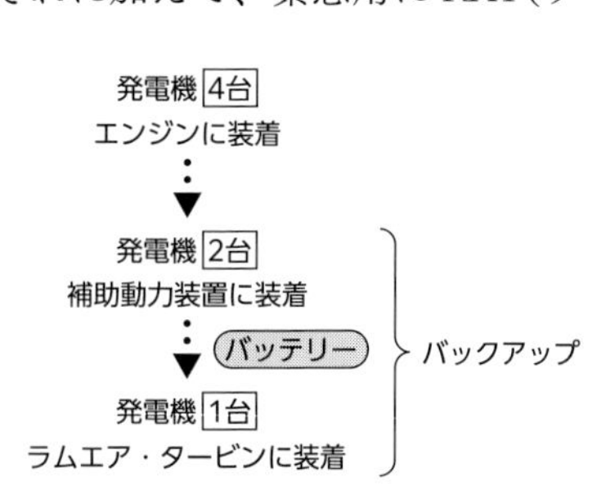

図1　B787の発電機システム

バッテリーはもちろん装備されており、装備されている箇所は機種によって様々です。B787では、**図2**のように二系統のバッテリーが搭載されています。

APU始動用に別のバッテリーを持っている機体もあります。非常時にはそのままDCを供給したり、インバーターを使ってACに変換して、必要最小限のシステムに供給したりもできます。

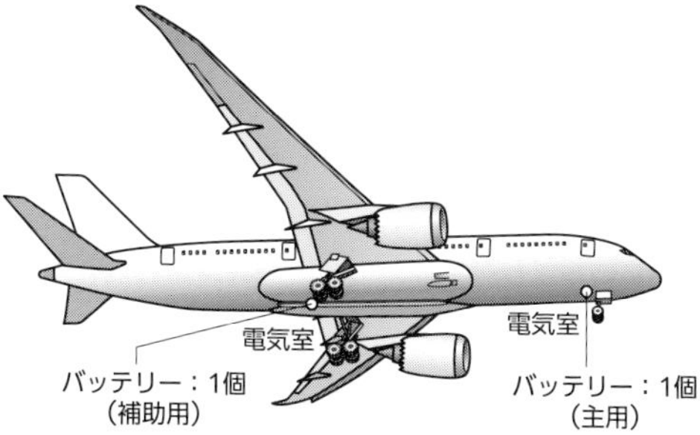

電気室
電気室
バッテリー：1個
（補助用）
バッテリー：1個
（主用）

図2　バッテリーの搭載位置の関係

② フェリーの場合

船の中に発電装置があり、船内で電気をつくっています。船の周囲を監視するレーダーや自船の位置を表示する電子海図(チャート)に代表されるように、現代では、船の運航に必要なほとんどの機器が電気で稼働する仕組みになっています。フェリーのような旅客船の乗客が、船内で陸上と同じように快適に過ごせるのも、すべては十分な電力が供給されているからなのです。その電気は、「さんふらわあ さっぽろ／ふらの」の場合は、電気をつくり出すディーゼル発電機3台、補助ディーゼル発電機1台、軸発電機2台、非常用発電機1台の合計7台を装備し、そのうち非常用発電機を除く6台をエンジンルームに搭載しています。これらディーゼル発電機1～2台と軸発電機を駆動させて、通常航行中に使用する電力(1,000～1,500kWh)を賄っています(図3)。

図3 「さんふらわあ」の重油を燃料にして発電するディーゼル発電機　出典：(株)商船三井

ディーゼル発電機は、ディーゼルエンジンを使って発電機を動かして電気を発生させる装置で、重油を燃料にして稼働しています。2台で十分な電力供給が可能ですが、万が一、トラブルにより停止した場合でも、ブラックアウト(停電)状態から速やかに復旧できるよう、3台目の発電機が瞬時に自動で動く仕組みになっています。

船は、船尾にあるプロペラが回転することによって進みます。主機(メインエンジン)でプロペラ軸を回転させ、その先についたプロペラを回しているのですが、プロペラ軸には軸発電機が取り付けられており、軸の回転エネルギーを発電に活かすことができるようになっています(**図 4**)。軸発電機でつくられた電気は、ディーゼル発電機によってつくられた電気と同様に、船内電力の一部として利用されています。また、軸発電機はプロペラ軸の回転を補助する加勢モーターとしての役割も果たします。ディーゼル発電機からの電力供給を受けてモーターを動かすことで、メインエンジンの負荷を軽減させ、排気ガス削減に寄与します。

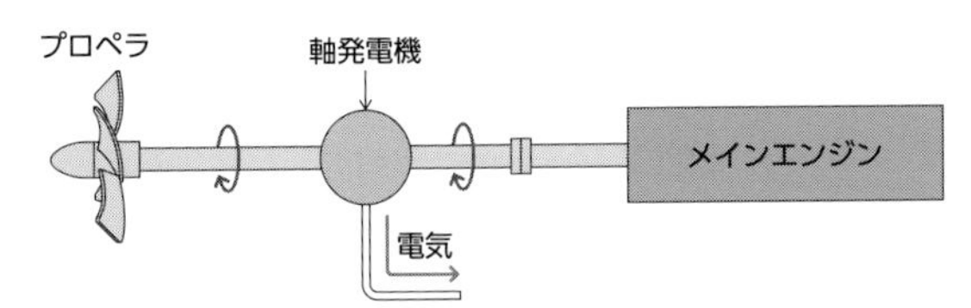

図 4 「さんふらわあ」の軸発電機の発電モード
出典：(株)商船三井

停電することはある?

航空機もフェリーも複数の発電機と複数のバッテリーを備えていて、仮に 1 つの発電機が故障しても他の発電機に切り替わり、深刻な停電が起きないように設計されています(「フェールセーフ機能」と言います)。そうは言っても、2011 年の東日本大震災時に原子力発電所で起きた「全電源喪失」と同じような事態が、ごく低い確率だとしても起きないとは言えません。そのような時に備えてバッテリーはもちろん装備されています。装備されている箇所や容量は機種によって様々ですが、すべての電源を喪失した時に必要最小限の航空計器や無線電話装置を 30 分程度作動できるくらいの容量があります。それに加えてフェリーでは、陸地に非常通報を自動で行う通信機器の搭載が義務づけられています。

① 航空機ボーイング B787 の場合

飛行中に必要な電力は、すべてエンジンに取り付けた発電機から供給されています。発電機は、主翼にある左右のエンジンにそれぞれ 2 台ずつ、計 4 台が装備されており、これらエンジンの発電機が故障した際のバックアップ用として、補助動力装置にも 2 台の発電機が装備されており、さらにこれら 6 台すべての発電機が故障するという万一の事態に備えた緊急用として、風力発電機 RAT が 1 台装備されています(普段は胴体に内蔵されており、緊急時に機外に展開します）（図5）。7台の発電機とは別に、B787は2台のバッテリーが装備されています。2台とも同じものですが、1台はメインバッテリー用として、もう1台は補助動力装置用バッテリーとして使用されます。

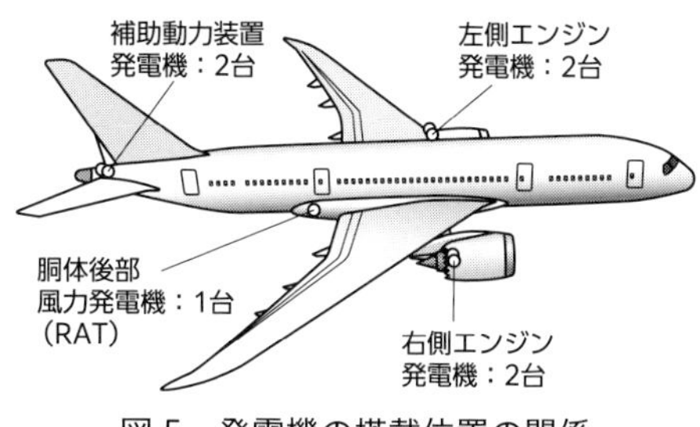

図5　発電機の搭載位置の関係

メインバッテリーは地上駐機中、エンジンや補助動力装置が停止していて発電機が作動しておらず、空港の地上電源装置（空港に備え付けの電源装置）も接続されていない時に航空機に電源を供給します。さらに万一、7台すべての発電機が故障するなどして、発電機から電力が供給できなくなった場合のバックアップ用電源として、航空機に電源を供給します。補助動力装置用バッテリーは地上駐機中、補助動力装置を始動する際に、始動モーターの電源として使用するほか、補助動力装置使用中の制御装置の電源となります。

② フェリーの場合

非常用発電機は、ディーゼル発電機がすべて使えなくなった場合に使用し、運航に最低限必要な電力を供給する役割を果たします。船の安全を確保するため、決して電力供給を止めることのないよう、二重三重のバックアップ体制が整えられています。

飛行機もフェリーも停電することはほとんどの場合ありません。とは言え、非常事態に航空機あるいはフェリーに乗船中に停電に遭遇したら、まず客室乗務員からのアナウンスを注意深く聞き、停電がすぐ復旧するものか、深刻な事態が進んでいるかを知ることが大事です。深刻な事態と思われる時でも、乗客としてできることはとても限られているので、冷静に乗務員の指示に従って行動するようにしましょう。

◆参考文献

カジュアルクルーズさんふらわあ web ページ、あなたはいくつ知っている？
プロが解説する船の不思議！～船内編～

横井　行雄
拓殖大学 工学部

乾電池と充電池の構造の違いは？ どっちがお得？

電池の分類

電池は私たちの生活に欠かせないものとなっており、性能や形状など様々な種類があります。大きく分類すると化学電池と物理電池の２種類があり(**図 1**)、化学電池は内部の化学反応によって電気を起こし、そのエネルギーを取り出す電池です。物理電池は、主に熱や光を利用して電気エネルギーに変換する電池です。化学電池は、乾電池やボタン電池などの使い切りの一次電池と、ニッケル水素電池・リチウムイオン電池・鉛蓄電池など充電することにより繰り返し使用可能な二次電池、および気体燃料を供給することで電気エネルギーを得る燃料電池に分類されます。この中で、アルカリ乾電池(一次電池)と乾電池互換のニッケル水素電池(二次電池)に焦点を当て、それぞれの構造と主な特性、最後にそれらの放電特性に関する比較を紹介します。

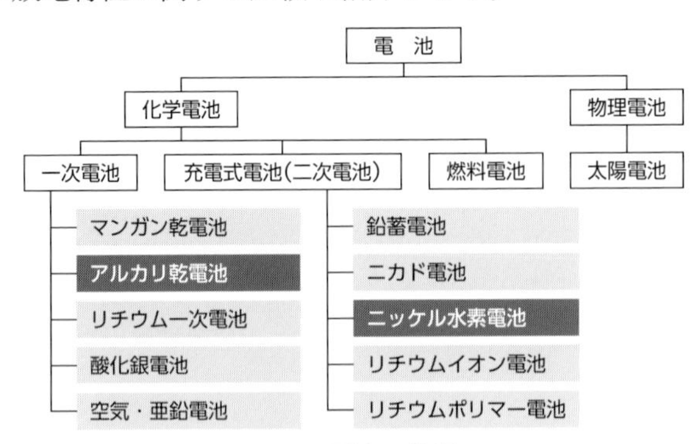

図１　電池の分類

アルカリ乾電池の構造と主な特性

アルカリ乾電池の構造は、二酸化マンガンとカーボン(黒鉛)を混合した正極材、セパレーターを介して、亜鉛粉をゲル状に分散させた負極材を注入したボビン(糸巻き)構造になっています(**図 2**)。この構造は、正極と負極の活物質(電気を起こす反応に関与する物質)が円筒状に詰め込まれているため、活物質の量を最大にできる利点があります。一方で、正負極の対向する面積は径方向断面で1周に限られ、後述するスパイラル構造と比較すると約1/4と反応する面積が小さいため大電流放電に劣ります。

封口部のガスケットは、過放電や充電などが原因で電池内圧が上昇した時にガスを外部に逃がす機能を設けています。その際、液漏れを起こす場合があります。

アルカリ乾電池に電池容量の表示がないことをご存じでしょうか。これは、使用する機器により取り出せる電池(放電)容量が異なるためです。JIS規格では、機器を想定した放電試験条件が定められています。**図3**はFDK製単3アルカリ乾電池(LR6PS Premium S)の結果となります。想定機器により放電電流が異なるため、放電容量(放電電流×放電時間)に換算すると、放電電流が大きいと放電容量が低下しています。このようにアルカリ乾電池では、放電電流により放電容量が大きく異なるため、容量表記がありません。

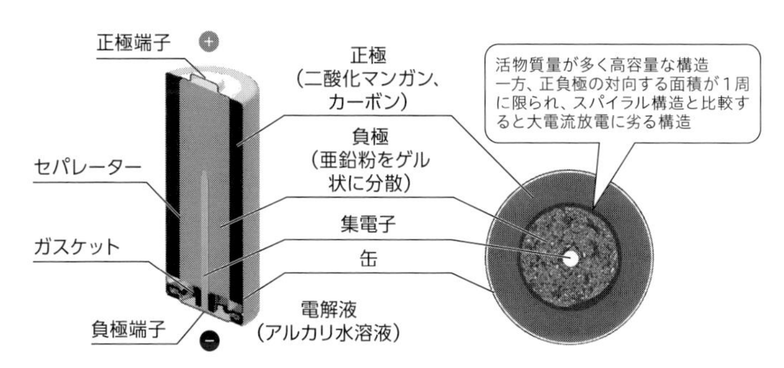

図2　アルカリ乾電池の構造(ボビン構造)と径方向断面CT像の例

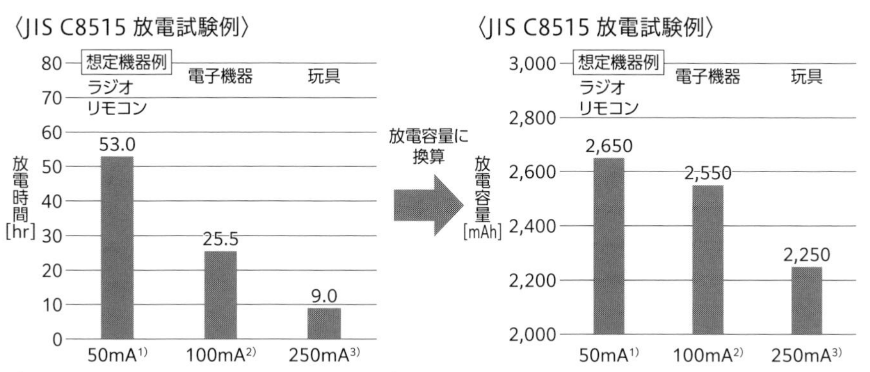

1) 50mAで1h放電・7h休止の周期を繰り返す　2) 100mAで1h放電・23h休止の周期を繰り返す　3) 250mAで1h放電・23h休止の周期を繰り返す
・放電試験条件は温度20±2℃、相対湿度50+20、−40%の環境で行う
・ここに記載するデータは標準値であり、保証値ではありません

図3　単3アルカリ乾電池の放電特性(JIS C8515:2022)

ニッケル水素電池の構造と主な特性

ニッケル水素電池の構造は、オキシ水酸化ニッケルを活物質とする正極と水素吸蔵合金を活物質とする負極を、セパレーターを介して渦巻き状に巻き取ったスパイラル構造になっています(**図4**)。この構造は、正極と負極の対向する面積を大きくすることができ、つまり電流密度(mA/cm^2：電極面積当たりの電流)を小さくすることで大電流充放電が可能になります。封口部は、何度も動作可能な圧力開放弁(ガス弁)を設けています。

乾電池互換のニッケル水素電池であるFDK製HR-3UTCスタンダードタイプ(Min.1,900mAh)の主な特性として、充放電サイクル特性と保存特性を示します(**図5、6**)。JIS C8708：2013に準じたサイクル試験条件において、2,100

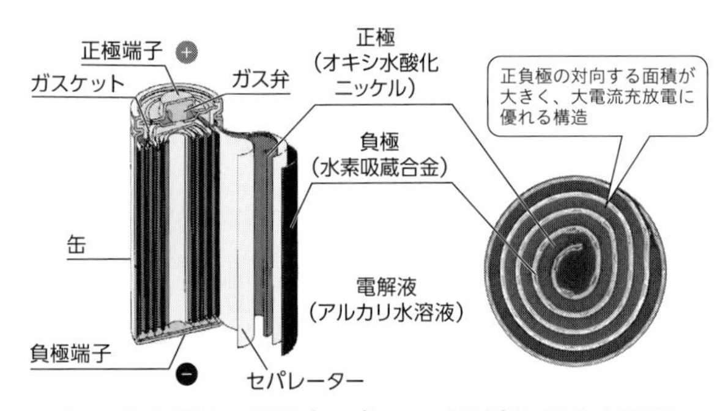

図4　ニッケル水素電池の構造(スパイラル構造)と径方向断面CT像の例

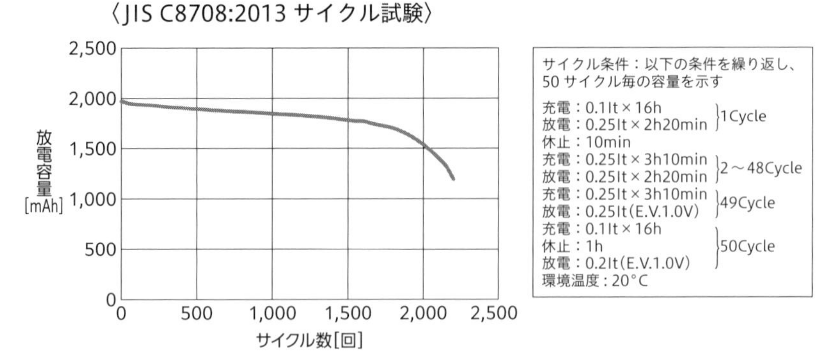

図5　サイクル特性(JIS C8708:2013)

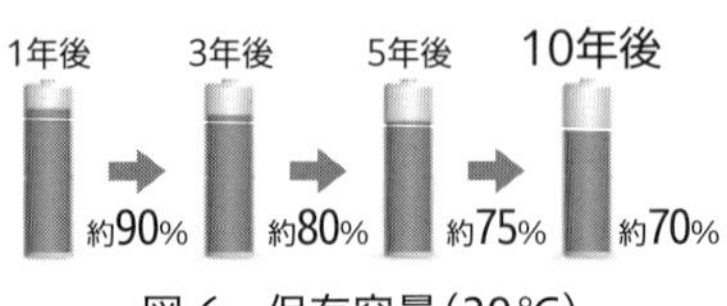

図6　保存容量(20℃)

サイクル以上の繰り返し充放電が可能です。また、フル充電してから放置後の放電可能な容量(保存容量)は、10 年後でも約 70% あり、10 年後でもすぐ使うことが可能です。

アルカリ乾電池とニッケル水素電池の放電特性の比較

各電流値で連続放電した際の放電容量を**図 7** に示します。ニッケル水素電池は、小電流から大電流まで安定した放電容量が得られます。アルカリ乾電池は、時計・リモコン・マウスなどの小電流が必要な機器において、ニッケル水素電池より高容量です。一方、放電電流に大きく依存しており、大電流が必要な機器では容量が低下しています。また、マンガン乾電池と比較すると高容量なことが分かります。

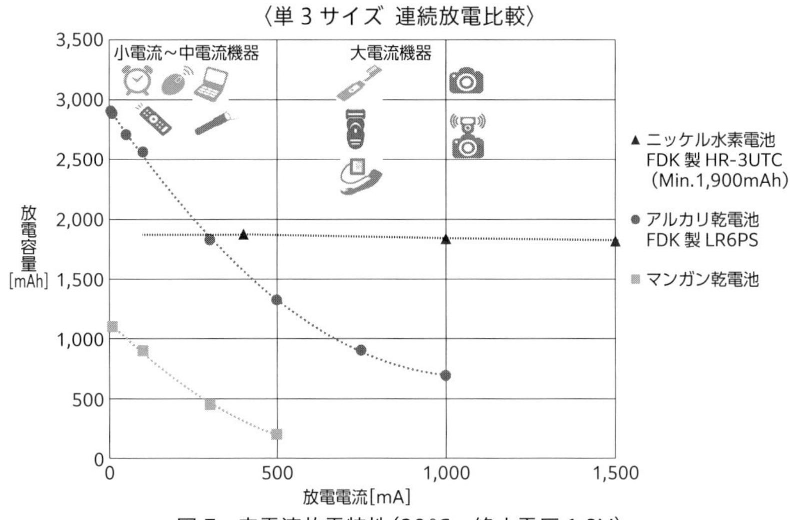

図 7　定電流放電特性(20℃、終止電圧 1.0V)

アルカリ乾電池とニッケル水素電池はそれぞれ異なる構造と特性を持ち、使用目的によって適している場面が異なります。アルカリ乾電池は小～中電流な機器において高容量で安定した性能を発揮します。一方で、頻繁な使用や大電流が必要な場合は、ニッケル水素電池が経済的で環境にもやさしい選択となります。選択の際には、使用状況に応じて最適な電池を選ぶことをお勧めします。

遠藤　賢大
FDK(株) 新事業開発本部

リチウムイオン電池が爆発する原因を教えて

リチウムイオン電池は、充電できる電池としてとても強力です。電気をたくさん使う携帯機器(スマホ)、電気自動車(EV)やドローンには欠かせません。この電池がなかったら、このような電気製品はなかったでしょう。

リチウムイオン電池は他の電池と比較して、

・エネルギー密度が高い：同じ大きさなら他の電池より、多くのエネルギーが詰まっている

・高電圧である：電圧は4V近くあり、電池の中では高電圧(乾電池は1.5V)

・寿命が長い：サイクル寿命が長く、充放電を繰り返してもメモリ効果など電池容量が低下する現象が起きにくい

・自己放電が少ない：充電したままにしておいても自然に放電しにくい

・低温でも動作できる：0℃以下でも電解液が凍結しない

・重金属を使用していない：コバルト(Co)などレアメタルは使っているが、鉛やカドミウムのような環境に有害な金属を使用していない

という特長があります。

リチウムイオン電池の原理

ここで、リチウムイオン電池の原理を考えます。**図1**は原理を示す概念図です。例えば、電池の正極は活物質(電池の容量を担う電極材料)としてコバルト酸リチウム($LiCoO_2$)で構成され、負極の活物質は黒鉛(グラファイト)です。充電時は$LiCoO_2$の隙間に吸収されていたリチウムイオン(Li^+)が放出され、グラファイトに移動し、この層間に吸収されます。放電時は、これとは逆にグラファイトの層間に吸収されていたLi^+が$LiCoO_2$の隙間に吸収されます。充電放電により、Li^+がまるでキャッチボールされるように電極の隙間を行き来します。このようにリチウムイオン電池は、電極間をLi^+が行き来するだけの非常にシンプルな仕組みで充放電が行われます。電解液(有機電解液)は、リチウムと反応しない非水溶液の有機溶媒で、セパレーターはLi^+を通し、陽極と陰極の接触を防ぐ役割を持ちます。

充放電を式で書くと、

$$C + LiCoO_2 \rightleftarrows C^{-}Li^{+} + Li_{1-X}CoO_2$$

のように表されます。

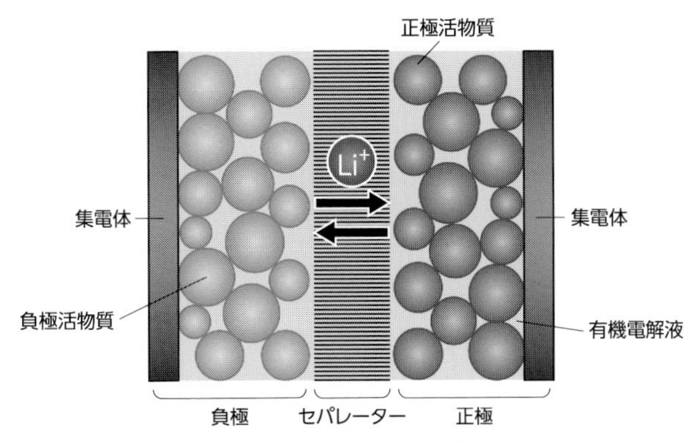

図1　リチウムイオン電池の構造概念図

リチウムイオン電池は、リチウムのイオン化傾向(水溶液中で陽イオンになろうとする性質)が最も高い金属元素であることを積極的に利用することにより、高性能な電池を実現しています。電池の正極と負極の材料によっては、電池内部で働くイオンにより金属リチウムが電極に析出し、針状に成長する(「デンドライト」と言います)と極間を隔離しているセパレーターを突き破り、内部短絡を起こし、発火事故が起きることがあります。ノーベル化学賞を受賞した吉野彰博士は、この課題を解決するために1985年、正極活物質にコバルト酸リチウムを、負極活物質に炭素材料を使って現在のリチウムイオン電池の原型を発明しました。この電池は、セパレーターを突き破る課題を解決し、Li^{+}が正極と負極の間を単に往復するだけで充放電ができる理想的な二次電池として実現しました。そして1991年、SONYが世界に先駆けて製品化に成功しました。

発火の要因

それでも、ごく稀に発火することがあります。ここで、リチウムイオン電池の発火原因を考えてみます。「爆発」というと聞こえが悪いです。「発火することがある」というのが正しいでしょう。

リチウムイオン電池の有機電解液は、例えば、エチレンカーボネートのような危険物(引火性液体)に該当することが課題の1つです。電解液を水溶液にす

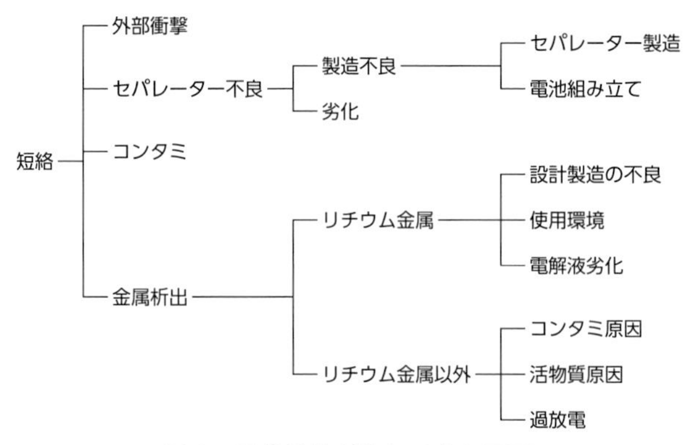

図２　異常発熱が生じる主な要因

るとよいのですが、リチウムイオン電池が高電圧であることが理由で、この電圧だと水の電気分解が生じて、気体が発生してしまいます。高電圧でもガス化しない電解液として有機電解液が使われます。このため、電池が何らかの原因で高温になると発火する可能性があります。内部で短絡が起きると、ここで大きな電流が流れて高温になります。**図２**は、これを説明する図です。

「外部衝撃」は代表的な短絡の要因です。電池を落とす、何かが突き刺さる、押しつぶすなど、電池を破壊するような衝撃が加わると、正極と負極が接触して短絡します。セパレーターの製造不良や長期使用に伴う劣化などにより、「セパレーター不良」になると短絡が起こりえます。また、「コンタミ（製造時の異物混入）」で、異物がセパレーターを突き破り、短絡を起こす可能性もあります。

「金属析出」の「リチウム金属」析出における最大の要因は、「負極中のリチウムイオン濃度分布の不均一化」で、何らかの要因によって局所的にリチウムイオンが集まってしまうことで、そこから金属として析出しやすくなります。

リチウム金属以外が析出する場合は、コンタミした金属片が非常に小さくても、電池を使用しているうちに、その不純物由来の析出物が大きく成長してしまうことがあります。また、活物質に使われている金属成分が原因となって析出してくる場合もあります。過放電の状態では負極から銅が溶け出すため、それがやがて析出物となることがあります。

これらの析出物は正極と負極を接触させ、短絡の要因になります。これらの現象を起きにくくするため、電池の形態や構造、電極やセパレーターの材料、製造方法を工夫した電池が市場に出されています。

全固体電池

　このような電解液とセパレーターという構造の持つ課題を本質的になくしてしまうリチウムイオン電池が全固体電池（全固体リチウムイオン電池）です。電解液とセパレーターに代わって、固体電解質を使います。**図3**はその構造です。

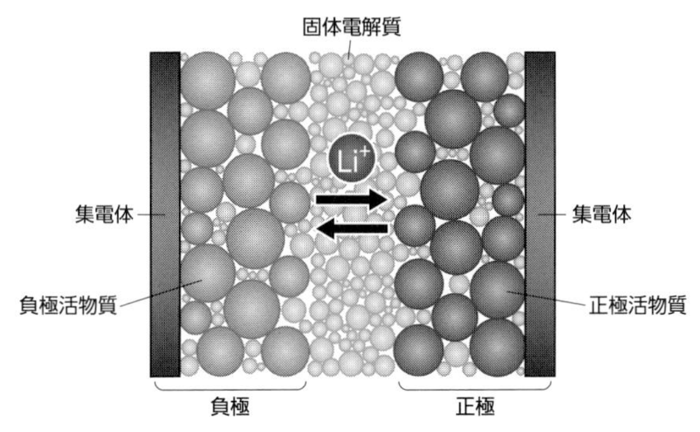

図3　全固体電池の構造概念図

　固体電解質を使う全固体電池は、リチウムイオン電池と比べ、

・安全性が高い：液漏れ、発火が起きにくい
・動作温度が広い：より高温、低温でも動作する
・劣化しにくい：固体電解質なので、Li^+以外の移動がなく、劣化が生じにくい

です。これらのことから、より高出力密度化できます。

　一方、電解質が固体であるため、電極と電解質の界面抵抗が大きくなる、電解質内のLi^+の移動抵抗が大きくなる、といった課題があります。

　全固体電池は、次世代電池として固体電解質材料などの研究が進められています。固体電解質材料は、構造による分類と成分による分類に分けて考えられています。構造による分類では結晶性材料とガラス材料があります。結晶性材料はセラミック材料があり、ガラス材料は高温の溶融状態から急冷して得られます。成分による分類では、硫化物系と酸化物系がありますが、硫化物系ではガラス材料を、酸化物系では結晶性材料を中心に開発が進められています。

　小型電池として一部は製品化されており、2020年代の後半にはEVにも使われようとしています。

長瀬　博
元・(株)日立製作所

半導体がない時代にも計算や自動化はできていた？

この質問は、捉え方が様々あると思います。「計算」は半導体がなくてもできていました。紙や筆を使う筆算、道具を使わない暗算、そろばんを用いた珠算、どれも現在も使用されている計算です。「自動化」と問われると、どこまでを自動とするか悩みます。そろばんは、使い方が分かれば幅広い桁数の計算にも対応できます。珠を弾けば結果が分かるため、自動と言ってよいのかもしれません。自動という言葉を英語に訳すと「automatic」となります。ここで私はピンと閃きました。そうです、オートマチック(自動巻き)と言えば、時計です。

半導体がない時代の時計

半導体がない時代にも計算や自動化ができていたもの、それは時計だと思います。世界最古の時計は日時計とされています(図1)。

図1　日時計

紀元前5000年頃のエジプトでは、地上に真っすぐにグノモンと呼ばれる投影棒(図2)を立てて、棒の影の位置や長さでおおよその時刻を確認していたそうです。

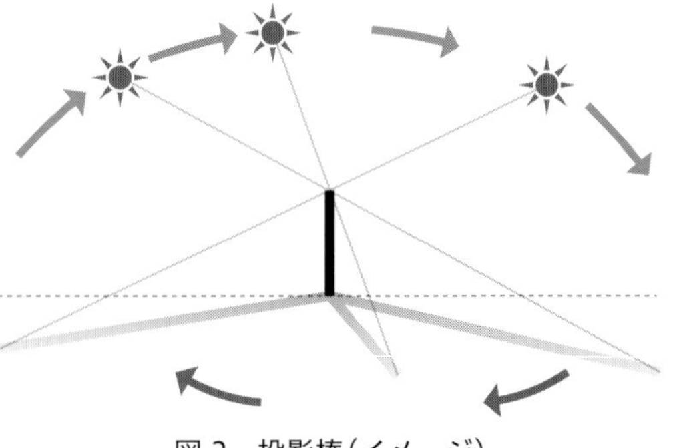

図2　投影棒(イメージ)

時計を調べていくと古くは水時計、燃焼時計、砂時計など自然の物の特性を利用した時計が使われていたようです。砂時計は14世紀頃使われたようですが、機械式の時計は13世紀頃から登場するようです。動力として使用されたのは錘でした。紐の先に付いた錘を巻き上げ、重力で錘が下がることを利用して時計の針を動かしたそうです。時計台のように高い建物に時計が設置された理由は、錘を長時間降下させられるためです。

15 世紀の後半にはゼンマイが登場し、携帯型の時計が開発されました。同時にゼンマイを使った自動で動くおもちゃも登場していたようです。17 世紀後半にはクリスティアーン・ホイヘンスやロバート・フックが進化させた振り子式の時計が登場します。振り子式の時計により誤差が少なくなったと言われています。1904 年に真空管、1948 年に世界最初のトランジスタ（半導体）が生まれる 400～500 年前に自動的に動く時計が誕生していたことを考えると、すごいことだと思います。ちなみに、クオーツ式時計は 1927 年に誕生しています。真空管より後年に誕生していますが、トランジスタよりは先に生まれています。時計は半導体よりも前に進化したものの代表例と言えます。

古代ギリシャの発明家ヘロン

半導体がない時代に時計よりすごいものが存在していたかもしれないと思い、インターネットで検索していると面白いものを見つけました。斎藤製作所という企業が「ヘロンの蒸気機関（正式名称：ヘロンの反動式蒸気タービン）」（図 3）というものを再現したミニチュアをつくっていました。（残念ながら現在は販売終了）。買っておけばよかったと思うほど素敵なデザインで、蒸気機関の面白さを感じさせられました。古代ギリシャ、アレクサンドリアのヘロンが開発したこの蒸気機関は紀元前 1 世紀に開発されたものです。紀元前 5000 年頃に

図 3　ヘロンの蒸気機関模型
出典：（株）斎藤製作所

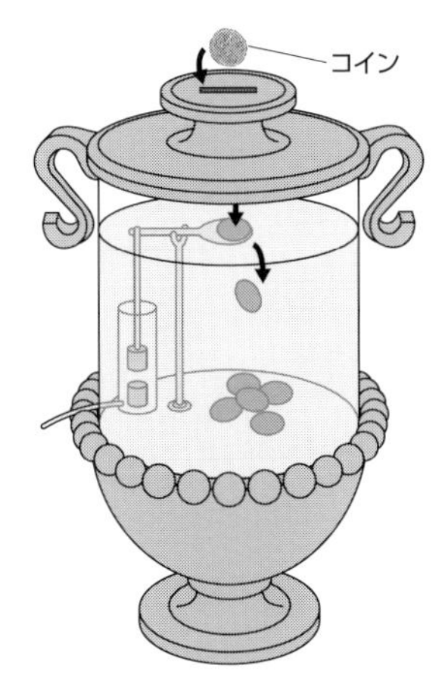

図 4　聖水自動販売機の原理

登場した日時計にも驚かされましたが、蒸気機関もすばらしい「自動化されたもの」と言えるのではないでしょうか。ヘロンが開発したものには自動販売機もありました。「聖水自動販売機」と呼ばれるものです。てこの原理からコインを投入すると、その重み(おそらく落下距離も工夫していたと思います)で内部の受け皿が傾き、蛇口から水が出てくる仕組みになっています(**図 4**)。現在の自動販売機も主にコイン(硬貨)を入れて購入という形式ですから、自動販売機の原型なのだと思います。

日本で自動化されていたもの

機械的な仕組みで自動的に動くものは日本にも存在していました。「からくり」と呼ばれる紐や歯車を利用した機構です。

日本最古のからくりは「指南車(しなんしゃ)」と呼ばれるもので、日本書紀の巻第二十六の齊明天皇(さいめいてんのう)の時代、658(齊明 4)年に「沙門智踰(ほうしちゆ)、造指南車」と記述されているそうです。ただし、これは中国発祥のもののようです。中国では紀元前 770～220 年の間に登場していました(**図 5**)。

日本では戦国時代や江戸時代に「からくり人形」が発達し、茶運(ちゃくみ)人形や弓曳(ゆみひ)き童子(どうじ)、文字書き人形などが誕生しました。

茶運人形は、1796(寛政 8)年に土佐の

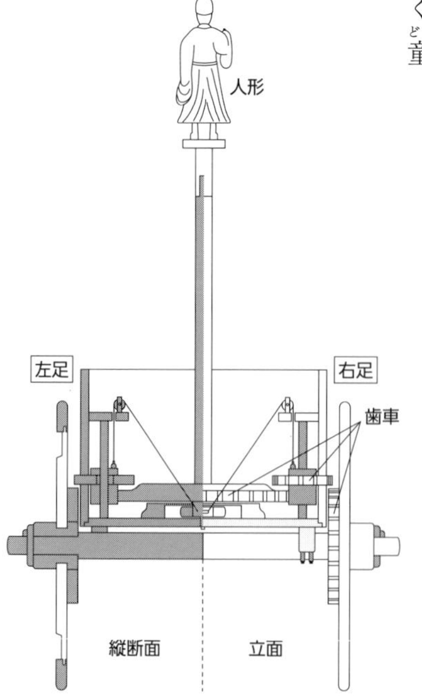

図 5　王振鐸が復元した指南車の図(イメージ)

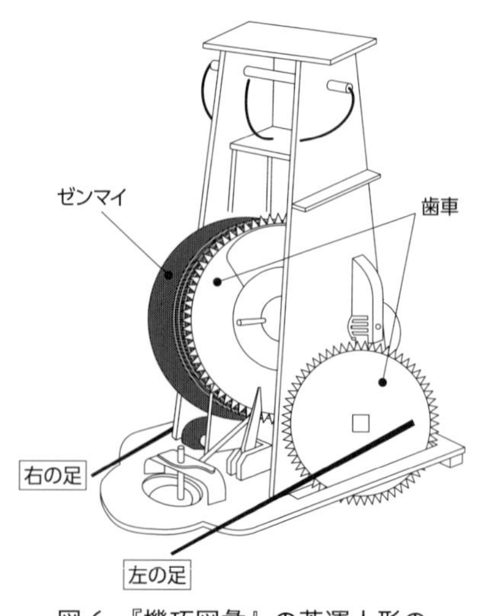

図 6　『機巧図彙』の茶運人形の設計図(イメージ)

技術者、細川半蔵が出版した『機巧図彙』に仕組みが記載されているそうです(**図 6**)。歯車、紐とゼンマイだけで自動的に動くものができていたようです。

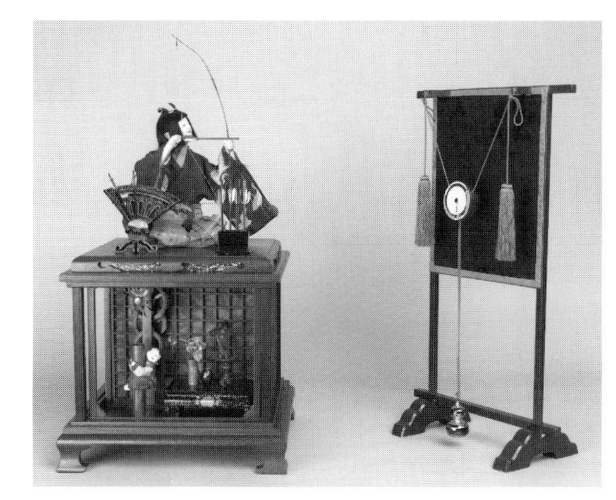

図 7　弓曳き童子
久留米市教育委員会蔵

弓曳き童子は、田中久重(江戸時代後期から明治にかけての発明家。“東洋のエジソン”、“からくり儀右衛門”と呼ばれた芝浦製作所の創業者)がつくったものが有名で、稼働部分がゼンマイ動力により、カムと紐引きで動く、からくり人形です。(一社)日本機械学会の「機械遺産」(機械遺産第 61 号)に登録されています(**図 7**)。

半導体がない時代に自動化されたものを調べると非常に工夫されたものが多く、先人の知識に驚かされます。私の実家は古いものが多くあり、小さい頃、祖母が足踏み式のミシンを使っていたのを思い出しました。すべてが自動ではありませんが、省エネで地球環境にやさしいものと言えます。この足踏み式ミシンよりも前のもの、しかも紀元前から自動で動くものが多くあることに感心させられました。重力、ゼンマイ(弾性力)や火力(蒸気)を動力源としており、力学的な工夫で自動化されていることに驚きました。

近代は電気や半導体により、様々なものが自動的に動くようになってきました。かつての力学的な工夫と、電気や半導体による工夫が融合することで環境にやさしい技術が発展していくと良いと思います。近年の人工知能のように、自動的かつ自律的に動くロボットが誕生するのも間近なように思います。体の不自由な人や障害を持つ人々をサポートし、社会で活躍するために使われると良い未来になるのではないかと思っています。半導体のさらなる発展には、人類の精神の発展が不可欠なように感じています。

三栖　貴行
神奈川工科大学 工学部

火の光、電熱線の光、プラズマの光、LEDの光、何がどう違う？

まずは太陽の光を考えてみる

プリズムを通して太陽光線を七色の光に分解したのは、かの有名なニュートンで17世紀のことです（**図1**）。太陽の光は様々な色が混ざって白色になっていることが実験で示されたのです。虹が七色に見えるのも同じ原理です。その後、光はレントゲン検査に使うX線やテレビ放送に使う電波と同じように、電磁波の一種であることが分かりました。プリズム実験の図で、赤色の上と紫色の下にも目に見えない電磁波が含まれており、それらは各々赤外線、紫外線と呼ばれます。これらの電磁波の違いは波長によって説明され、人間の目で見える光の波長は概ね0.4 ～0.8μmの範囲です（1μmは1,000分の1mm）。ここでは、紫色から青～緑～赤色に進むに従って波長は長くなっていることと、波長の短い光の方が高いエネルギーを持っていることを覚えていてください。

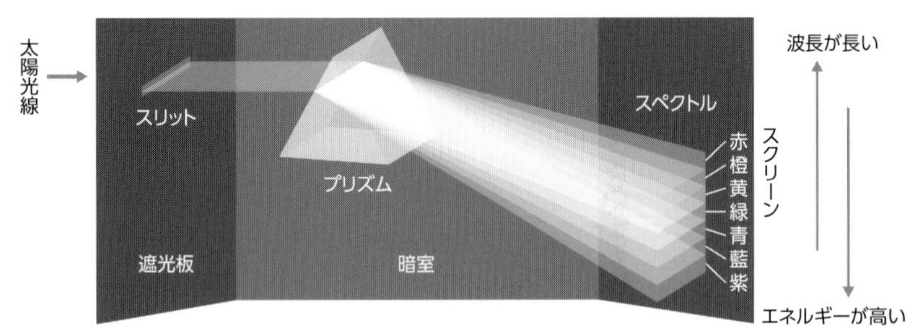

図1　ニュートンによるプリズムの実験

発光の原理は大きく分けて2種類

太陽光線は七色の光を含むと書きましたが、紫色から赤色までの範囲の波長の光を連続的に含んでいます。太陽は主に水素とヘリウムで構成され、核融合という反応によって発生したエネルギーで、中心部は1,500万℃にもなりますが、表面温度は約6,000℃だそうです。物質は高温になると、その温度に対応した分布を持った電磁波を放出します。基本的には、温度が同じであれば物質の種類によらず同じ分布となり、これを熱放射と呼びます。太陽光は約6,000℃の物質からの熱放射で、紫外線〜目に見える光〜赤外線を含んでいます。

では次に、火の光について考えてみましょう。私たちがよく見るのは薪(たきぎ)などを燃やす焚火、ロウソクの火、あとはガスコンロの火でしょう。焚火やロウソクの火は、オレンジ色に見えると思いますが、これは燃焼のエネルギーによって1,000℃くらいに加熱された火の中にある煤(すす)の光を見ています。薪もロウソク材料のパラフィンも完全燃焼すると最後は二酸化炭素と水(水蒸気)になりますが、その燃焼過程でできる炭素成分の煤が高温となり、熱放射を行っているのです。太陽光と比べると温度が低いため、エネルギーの低い赤色成分の光が多くなってオレンジ色に見えています。バーベキューなどをする時に使う木炭は、温度が低い時は赤く、うちわなどで風を送り、よく燃えると明るいオレンジ色の光になるのも熱放射の特性から理解できます。ロウソクの火をよく観察すると、根元のあたりは青色に光っています。また、ガスコンロの火も青色です。これらは燃焼材料の炭化水素がばらばらとなっている状態の(すなわち気体)分子から放たれる固有の色の光なのです。炎色反応という現象をごぞんじかもしれませんが、分子や原子はエネルギーを与えられると、その構造によって固有の光を出すことが知られています。花火が様々な色に光るのもこの炎色反応を利用しています。このような物質固有の光はルミネセンスと呼ばれており、物質の温度とは直接関係がありません。ガスコンロの場合は、燃焼のエネルギーによって発生した光でしたが、ルミネセンスは電気エネルギーや光エネルギーによっても発生します。前者をエレクトロルミネセンス、後者をフォトルミネセンスと呼びます。フォトルミネセンスは、光を光に変換していることになりますが、一般的にはエネルギーの高い電磁波を受けた物質がエネルギーの低い光を放出すると言い換えられます。具体的には紫外線を受けて青、緑、赤などの光を放ったり、青色の光を受けて黄色の光を放ったりします。このような物質を蛍光体と呼びます。

人工光源の特性比較

これまでの話を基に、お題の4種類の光とそれらの代表的な照明用の人工光源の特性(**表1**)について解説します。表の最下段に発光効率という欄がありますが、単位はlm(ルーメン)÷W(ワット)で構成されます。これは入力されたエネルギーに対してどのくらいの明るさの光があるかという指標となり、もちろん値が大きいほど省エネ効果が大きくなります。数字の範囲が広いのは、発光の原理自体が同じでも、光源の寸法、消費電力、用途、あるいは開発時期によっても様々なバリエーションの製品があるためです。

それでは電気をエネルギー源とした3種類の光源について順に説明します。白熱電球は、発明王のエジソンが1879年に開発した人類最初の本格的な電気光源です。電熱線と白熱電球の発光メカニズムはほぼ同じであり、電熱線ではニクロム線などに、白熱電球ではガラス球内のタングステン線に、それぞれ電流を流して抵抗加熱で高温となって熱放射で光ります。概ね700℃以下の電熱線と比べて白熱電球のタングステン線は約2,600℃に加熱され、発光効率が高くなりますが、それでも熱放射の大半は目に見えない赤外線となるので非効率的です。太陽のように約6,000℃に加熱できればよいのですが、金属と言えども、そのような高温では溶けてしまうので、実現できないのです。

プラズマの光の代表は比較的身近な蛍光ランプにしましたが、正確に言うとこれはちょっと違って補足説明が必要です。プラズマとは、気体分子がプラスとマイナスの電気を帯びたイオンと電子に分離して電気が流れる状態になったものです。自然現象では雷がその代表です。

表1　代表的な照明用の人工光源の特性

光の種類	火の光	電熱線の光	プラズマの光	LEDの光
代表的な人工光源	ガスランタン	白熱電球	蛍光ランプ	白色LED
エネルギー源	燃焼	電気	電気	電気
発光原理	熱放射	熱放射	ルミネセンス	ルミネセンス
発光効率	1～2	10～20	50～100	100～200

蛍光ランプは、ガラス管内に封入した水銀の蒸気とアルゴンなどの気体のごく一部がイオン化して放電を行い、そのエネルギーを得た水銀原子がルミネセンスによって紫外線を放ちます(エレクトロルミネセンス)。紫外線は目に見えませんが、ガラス管内壁に混ぜ合わせて塗られた赤、緑、青色の蛍光体に衝突してフォトルミネセンスを起こします(**図2**)。このように蛍光ランプは二段階のステップを経て発光しています。プラズマの光には、その他に高輝度放電ランプと呼ばれる種類のものもあり、屋外照明用のランプや車のヘッドライト(ディスチャージランプ)などで利用されてきました。

LEDはライト・エミッティング・ダイオードの略語で光を放つ半導体です。LEDは固体であり、気体原子や気体分子のように物質の種類によって決まっ

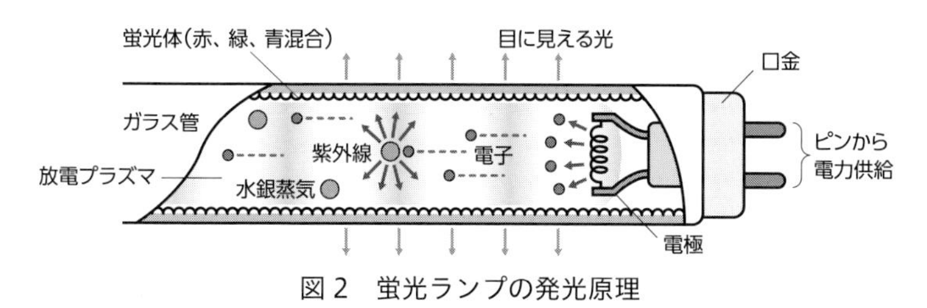

図2　蛍光ランプの発光原理

たエネルギーの受け渡しによって発光しているのではなく、一般的にはお菓子のミルフィーユのように何層もの薄い結晶を積み重ねて作成されます(**図3**)。この結晶を構成する物質の種類や結晶の純度、構造によって光の色も発光効率も変わってきます。電気を流しても必ずしもすべてが光になるわけではなく、できが悪ければ熱になってしまいます。歴史的には1962年にアメリカで赤色のLEDが開発され、その後、明るい青色のLED開発競争が世界中の研究者の間で行われました。1993年に窒化インジウムガリウム材料による青色LEDが日本で開発され、開発者には2014年にノーベル物理学賞が授与されました。青色LEDの発光は固体のエレクトロルミネセンスとなりますが、この青色LED半導体素子の上に黄色を主体とした蛍光体を被(かぶ)せたものが白色LEDとして開発されました。これはLEDの青色光の一部を使って蛍光体を光らせるフォトルミネセンスを利用した複合光で白色を実現しています。白色LEDの発光効率は従来光源の白熱電球や蛍光ランプなどを大幅に上回り、製品の価格も十分に手頃となったので、今、電気店に行くと従来照明器具の付け替え用の光源を除くと、売り場のほとんどが省エネ効果の大きいLED製品となっています。

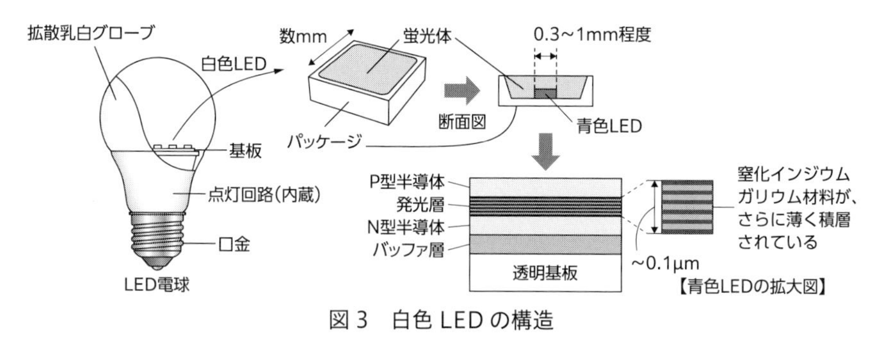

図3　白色LEDの構造

安田　丈夫
東芝ライテック(株) 技術本部

野球場のライトはどうしてあんなに明るいの？

野球場に必要な明るさは？

とても明るく見えるプロ野球のナイター照明ですが、昼間と比べるとどの程度の明るさかご存知でしょうか。

実はナイター照明のグラウンドの明るさは、昼間の太陽の下での明るさ(10万 lx(ルクス)[※1])と比べると、わずか 1/50 程度(約 2,000 lx)しかありません。

理想的には夜の野球場も昼間と同じ明るさがあれば良いですが、ナイター照明で昼間と同じ明るさを実現しようとした場合、少なくとも 50 倍のエネルギー(照明の台数と電力)が必要になるため現実的ではありません。そこで野球場の照明は、「夜間」でも次のポイントに配慮した「明るさ」に設定されています。

① 選手と審判員のための明るさ
② 観客のための明るさ
③ テレビ視聴者のための明るさ

このような要件を満たすために、野球のナイター照明は昼間の太陽ほどではないですが、家の中などの照明と比較してとても明るく設定されています。

野球を含む多くのスポーツでは、選手はボールなどを目で追いながら次の動作を素早く正確に判断する必要があります。そのためスポーツ施設は、ボールなどが見えやすく、さらに周囲の状況が把握できるように、十分な明るさで照明される必要があります。

野球では、とても速いスピードで動く小さなボール(大谷翔平選手の打球速度は時折 180km/h を超えるほどです)を正確に目で追いかけるための明るさが必要になります。ただし、プロやアマチュア、一般の試合では、ボールや選手の動くスピードが異なるため、競技の安全性や快適性とエネルギー効率のバランスを考慮して、必要な明るさ[※2]が変わります。アマチュアの練習で使われ

※1 ルクスとは、机や地面など実際に作業をする場所の明るさを示す単位のこと。

るような野球場で必要な明るさは、家の居間の明るさ(約100 lx)の5倍ほど(約500 lx)です。一方、プロ野球の試合では、非常に速い動きや正確さが求められるため、プロ野球の球場は居間の明るさの20倍ほど(約2,000 lx)もの明るさが必要となります。これは選手だけでなく、観客やテレビ中継の視聴者にもボールや選手をクリアに見せるためのものでもあります。さらに野球場では、グラウンドの明るさをできるだけ「均一」にすることが望ましいとされています。プレーの途中で明るさが大きく変化すると、地面が平らに見えなかったり、距離感が分からなくなってしまったりするためです。このため野球場の照明は、グラウンドに明るさのムラが生じないように、照明器具を様々な方向に向けています(**図1**)。

〈明治神宮野球場の照明〉

〈バンテリンドーム ナゴヤの照明〉※写真は2018年当時のもの

図1　プロ野球場の照明の例

野球場では投光器と呼ばれる照明器具を使用

様々な照明の中でも、野球場で使われている照明器具は最も大きな部類に入ります。**図2**は、プロ野球場の照明設備の一例を示したものです。野球場では、実際に試合をするフィールドの外側から球場内に向かって光を照射していることが分かります。

このように、野球場では光を遠くに照射するため投光器(とうこうき)と呼ばれる照明器具

※2　日本産業規格 JIS Z 9127:2020[スポーツ照明基準]には、試合のレベルに応じた照明要件が記載されている。野球場のナイター照明は、これらの照明要件を参照して設置されている。

が使われています。**図 3** は、最近主流になっている LED を用いた投光器の一例です。これは実際に横浜スタジアムやバンテリンドーム ナゴヤ、明治神宮野球場で使われている投光器となります。実際の野球場では、これらの投光器が何台くらい使われているのでしょうか。

図 2　明治神宮野球場の照明の例

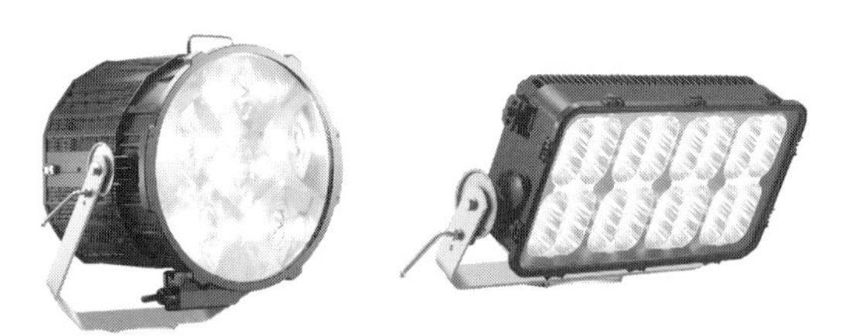

図 3　LED を用いた投光器の例

プロ野球場では 600 台もの投光器を使用

図 4 は、市営の野球場のナイター照明とプロ野球場のナイター照明を比較したもので、プロ野球場ではとても多くの投光器が取り付けられていることが分かります。

〈市営球場の照明塔の例〉
(横浜市 潮田公園野球場)

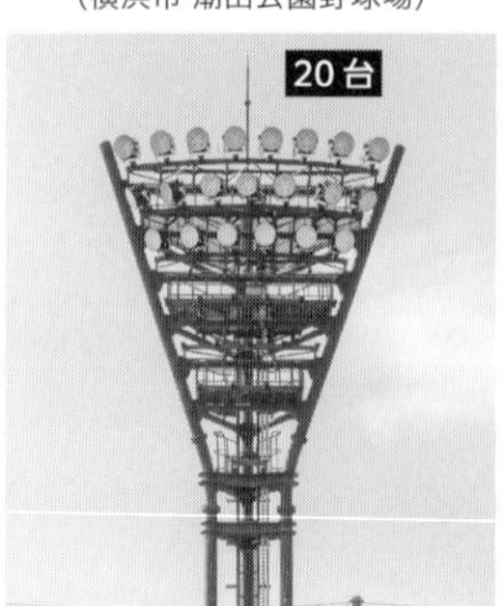

〈プロ野球球場の照明塔の例〉
(横浜スタジアム)

図 4　照明塔の比較

このように投光器がたくさん取り付けられた柱を照明塔と呼びます。プロ野球の試合がない市営の野球場などであれば、照明塔1基に取り付けられる投光器は通常20～30台程度になります。これがプロ野球になると、照明塔1基に100台程度の投光器が取り付けられます。野球場では、一般的に照明塔が6基設置されているので、全部で600台程度の投光器が使われることになります。プロ野球のナイター照明に必要な明るさを確保するためには、これだけたくさんの投光器が必要になります。野球場で使われている投光器の消費電力を仮に1台当たり800Wとした場合、球場全体での消費電力は、480kW(800W × 600台)にもなります。一般家庭(1世帯)での年間の電気使用量は4,258kWh(出典：環境省「令和2年度家庭部門のCO_2排出実態統計調査資料編(確報値)」)と言われているので、わずか9時間程度の点灯で1世帯の1年分の電力を消費してしまいます。そのため野球場の照明は、球場を使用する選手のプレーレベルや試合終了後などシチュエーションによって、こまめに明るさを変えて消費電力量を削減しています。

最新の野球場の照明

野球場の照明にもLEDが使われるようになり、単純なON・OFFだけではなく、試合を盛り上げるための演出などにも使われるようになってきています(図5)。

このように野球のナイター照明は、選手や審判員、観客、テレビ視聴者にとって快適に楽しく試合ができ、観戦できるように様々な工夫がされています。野球のナイター観戦や街中で野球場の照明塔を見ることがあれば、ぜひ注目してみてください。

図5　演出照明の例(バンテリンドーム ナゴヤ)
※写真は2018年当時のもの

山田 哲司
岩崎電気(株) 営業技術部

欧米でLED照明の普及が遅い理由は何？

白色LEDの現状と課題

日本では2010年以降、一般照明の光源にLEDが広く普及してきました。照明用として用いられる白色LEDのエネルギー効率は50%程度で、蛍光灯の2倍、白熱電球の10倍くらいあるので、省エネルギーに大きな効果があります。現在では、蛍光灯に近いリーズナブルな価格が実現されたので、販売される照明用光源の大部分はLEDであり、既存の蛍光灯などの照明もLED照明に置き換わっていくと考えられます。しかしこの状況は、日本国内での話であり、ご質問の通り、欧米ではLED照明の普及はそれほど進んでいません。

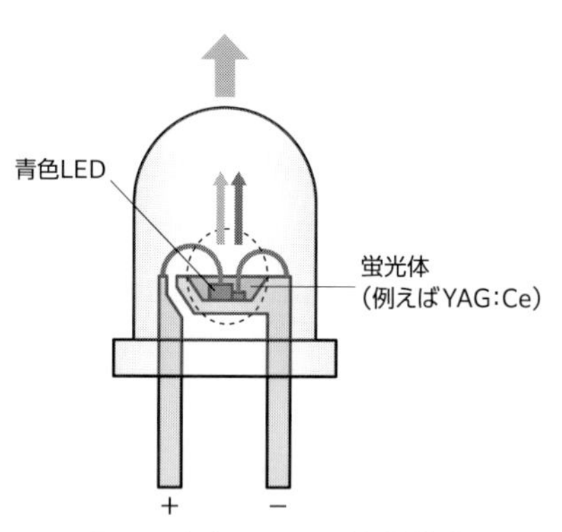

図1　白色LEDの基本構造

この理由として挙げられるのは、欧米におけるLED照明の人体に対する危惧があるためです。白色LEDの基本構造を**図1**に示しますが、青色LEDとその上にYAG：Ceなどの蛍光体が分散された樹脂で覆(おお)った構造を持っています。青色LEDから放出される青色光は、一部が蛍光体によって黄色に変換され、主に青色と黄色によって白色光がつくられています。青色

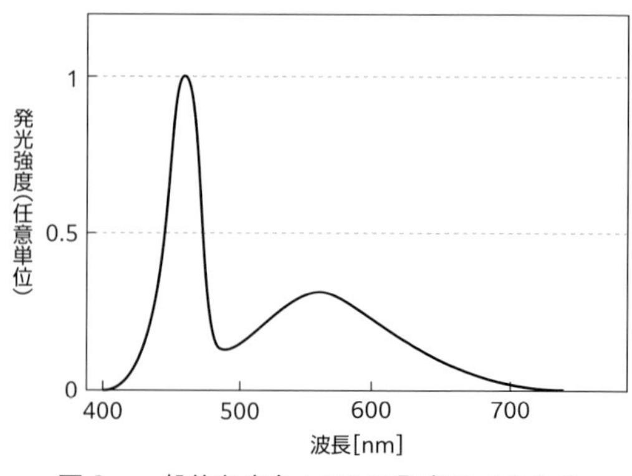

図2　一般的な白色LEDの発光スペクトル

と黄色は補色と呼ばれる関係にあり、両者が混じると白色になります。この白色LEDの発光スペクトル(波長毎の光の強度)を**図2**に示します。450nm付近に強いピークがありますが、これは青色LEDの発光スペクトルに起因します。570nm付近にピークを持つ幅の広いスペクトルが蛍光体からの黄色光です。強い青色の光は、可視光の中で最もエネルギーの高い成分であり、物質を構成する分子などを分解することがあります。人間に対しては、特に網膜に対するダメージが懸念されています。東洋人の瞳は茶色から黒色なので、青色も緑色や赤色などの他の可視光と同様に水晶体など眼球内で吸収されており、網膜に青色光は届きにくいのですが、欧米人のうち瞳の青い人は、青色光のみ眼球内で吸収されないため網膜にも青色光が到達し、網膜にダメージを与えます。これが欧米で白色LEDが照明用光源として普及しにくい原因と考えられます。ヨーロッパの国を中心につくられた国際規格IEC62471/CIE S009では、**図3**に示すような青色光傷害作用関数という、網膜への傷害の危険性を示す関数が定められています。ちょうど青色LEDの波長である450～460nm付近が最も網膜への危険度が高いことが分かります。ただし、これは先に述べたように、青色光に弱いヨーロッパの人々に対するもので、人種が異なれば違いがあることは言うまでもありません。眼鏡や光学フィルターなどで「ブルーライトプロテクト」という言葉を聞いたことがあるかと思いますが、これは青色光を吸収して人の目に強い青色光が届かないようにした製品であることを示しています。白色LEDの強い青色光を危惧して、このような製品が登場したというわけです。青色光は白色光のベースとなる光で、白色光の生成には不可欠なのですが、強過ぎると問題を生じてしまうということです。ブルーライトプロテクト製品は日本国内でも販売されていますが、茶色または黒色の瞳を持つ日本人や東洋人にとっては、あまり重要なものではありません。

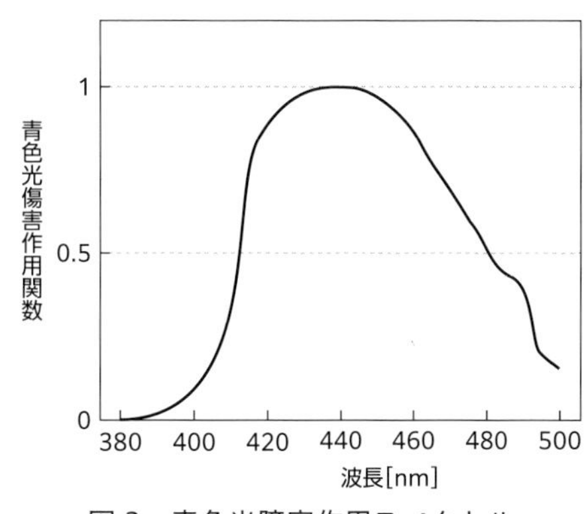

図3　青色光障害作用スペクトル
(IEC62471/CIE S009)

新しい白色LED

近年のLED照明において、演色性と呼ばれる性能が重視されるようになってきました。演色性とは、対象光源を色彩のある物体に照射した際に、どれだけ自然な色合いを再現できるかの指標です。私たち人類は、長い歴史の中で常に太陽光の下で生きてきました。したがって、照明用光源の基準も太陽光なのです。太陽は可視光域のみならず、可視光より波長の短い紫外線や、可視光より波長の長い赤外線も含み、ほぼフラットなスペクトルを持っています。すべての色を同じだけ含んでいるということです。太陽光が色彩のある物体に照射されると、その物体の表面で特定の色(つまり特定の波長)の光が強く反射され、私たちの目に入射します。例えば、赤いリンゴに太陽光が当たると、波長630～660nmの赤色の光がリンゴ表面で強く反射し、赤色の光が私たちの目に入射します。これを認知して、リンゴが赤く見えるわけです。ところが、照明用光源に赤色の光が含まれていなかったらどうなるでしょう。強い赤色の反射は当然なくなります。低い反射率を持つ他の色が反射することになり、私たちには白っぽく見えてしまいます。リンゴは赤いはず、と知っている私たちには違和感が生じてしまうことになります。

現在、太陽光と比べてどれだけ近い色を再現できるかを演色性と表現しています。最近の研究で、演色性が低い光源は私たちに強いストレスを与えることが分かってきました。太陽光に対して、照明光源が色ずれを起こしているかを数値化したのが平均演色評価数と呼ばれる指数で、この数値が高いと演色性に優れていることを意味します。平均演色評価数の最大値を100としていて、この場合には太陽光と比べて全く色ずれを生じないことを意味します。図2に示した白色LEDの平均演色評価数は70くらいです。このような光源を用いると、人は疲れやすくなったり、健康を害することもあるようです。

最近では、演色性を高めるため図1に示した蛍光体に黄色のみではなく、緑色や赤色を含む複数種類の蛍光体を混ぜることで、太陽光スペクトルに近い白色LEDが製造されています。これは高演色型白色LEDと呼ばれるもので、その発光スペクトルを**図4**に示します。このLEDでは、波

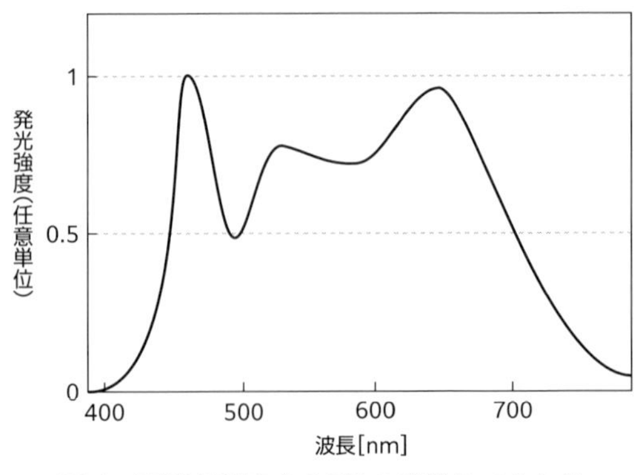

図4　高演色型白色LEDの発光スペクトル

長450nm付近の青色光の強度が相対的に低下し、緑色(波長530nm付近)や、赤色(波長630～660nm)の強度が高くなっています。平均演色評価数は95くらいと高い値を持ちます。このくらいの青色光なら人の目に対して深刻な危険はないと思われます。

このような多くの色を含む高演色型白色LEDは、液晶テレビのバックライトユニットでも多く使われるようになっています。液晶は、カラーフィルターが配置された画素へ光を通す/通さないのスイッチの役割を持ちますが、バックライトユニットから供給される白色光も光の3原色(赤、緑、青)、またはこれに黄色を加えた4原色を均等に含んでいる方が、きれいなカラー画像を表現できるからです。

それ以外に、電球色LEDと呼ばれる製品も実用化されています。電球色は、ちょうど低輝度の白熱電球のような赤みがかった暖かい色の白色光を放出します。この色の照明は、人々をリラックスさせる効果があることが知られていて、例えばリビングルームの照明などには好まれています。ちなみにヨーロッパの典型的な家庭では、キッチンだけが昼光色(冷たい白色)で、それ以外の場所の照明は、すべて電球色となっています。なお、電球色LEDは赤色の蛍光体を多く含む構成が用いられていて、青色光の強度は非常に低く抑えられています。

以上のような高演色型白色LED、あるいは電球色LEDは、従来型の白色LEDに対して青色光の割合が相当に低く抑えられているため、青色光による網膜への障害を心配する必要はほとんどないと言えます。すなわち、このような白色LEDは、安全な光源と見做すことができます。まだ価格が従来品と比べると少し高いことや、エネルギー効率がやや低下するという課題もありますが、次第に解決されると思われます。エネルギー効率がやや低下すると言っても、従来の蛍光灯や白熱電球と比べれば圧倒的に高効率です。昨今はカーボンニュートラルを実現するための技術が注目されていて、その中でも省エネルギー化は重要との認識は世界中で高まっています。照明は世界の総電力消費の約20%を占めています。白色LED照明が世界中に普及すれば、世界の電力消費の約10%を削減できると見積もられます。したがって、欧米をはじめとする多くの国においても、徐々にエネルギー効率の高い高演色型白色LEDや電球色LEDが一般照明用光源として広く普及するのは間違いないと思われます。

上山 智
名城大学 理工学部

明るさを測る照度計って仕組みはどうなっているの？

照度とは、単位面積当たりに照射される光の量を表し、単位はlx(ルクス)です。人間の目が感じることができる光の波長、つまり可視光のみを扱います。照度を測定する計測器が照度計です。測定したい場所に照度計を置くだけで簡単に照度を得ることができます。例えば、机の上の照度を知りたい時、その場所に照度計を置けば照度を測定できます。

照度を測定するセンサーは、照度計の乳白色のドーム状の部分です。この部分に入射した光を測定しています(**図1**)。

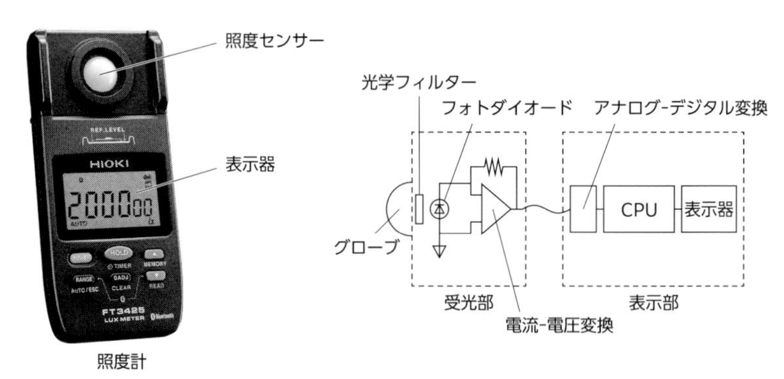

図1　照度計の外観とセンサーの構造

照度センサーの構造

照度センサーは大きく分けて「グローブ」、「光学フィルター」、「フォトダイオード」の3つの部分から構成されます。

まず照度センサーを照らす光は、グローブを通過します。グローブは斜めから入射した光を正しく測定できるように、光を拡散(減衰)させる役割があります。センサーの鉛直方向の入射光と斜めからの入射光とを比較すれば、後者の方が単位面積当たりの光の量が少なくなります。この特性(「斜入射光特性」と言います)を再現するため、斜めから入る光を拡散(減衰)させて通過させます。

その次に入射光は、光学フィルターを通過します。照度の定義として、人間の目が感じることができる光のみを測定する必要があります。光学フィルターは、入射光の周波数を制限することが役割です。つまり、人間の目が感じることができる光のみ通過できる特性(「可視域相対分光応答度特性」と言います)を持っています。

グローブと光学フィルターを通過できた光のみがフォトダイオードに入射します。フォトダイオードは、受けた光に応じて微小な電気信号が発生します。そのアナログ電気信号をデジタル変換して、照度測定値として表示します。

JIS C1609-1:2006

JIS C1609-1で照度計(自然光や一般照明測定用)の特性、階級などが規定されています。照度計は、要求される性能、構造、機能に応じて、一般型精密級照度計、一般型AA級照度計、一般型A級照度計の階級に分類されます。建築現場や照明工事で使用される照度計は、一般型AA級です。

明るさを表す物理量

照度は照らされる明るさを表すことに対して、光源の明るさの物理量として、光束(lm：ルーメン)と光度(cd：カンデラ)があります。光束と光度は照らす側の明るさを表すことに対し、照度は受ける側の明るさを表す物理量です。光束はLED電球などのパッケージに書かれているので、ご存知の方もいらっしゃるでしょう。

では、光束、光度と照度はどのような関係なのでしょうか。LED電球を例にとって説明します(**図2**)。

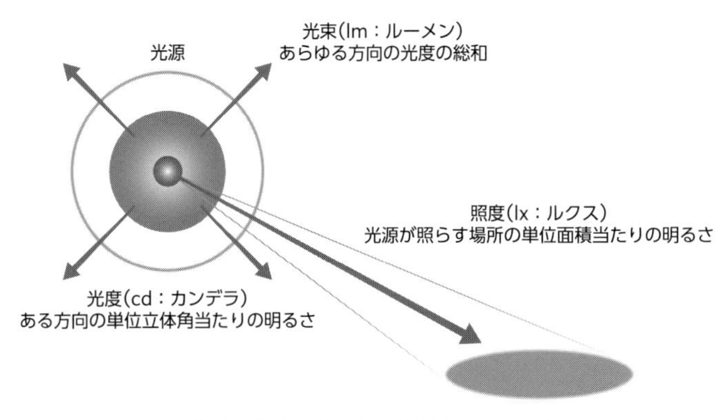

図2　光束、光度、照度のイメージ

光源そのものの明るさ

光源から様々な方向に光を放射しますが、あらゆる方向で同じ明るさとは限りません。LED 電球の場合、真下に明るく、上部は暗くなっていることが想像できると思います。ある方向に単位面積(正確には単位立体角)当たりの明るさを示す物理量が光度です。LED 電球のパッケージに配光曲線図と呼ばれるグラフが書かれていることがあります(図 3)。

あらゆる方向の光度を足し合わせると光束になります。光束は LED 電球の明るさを客観的に比較できます。

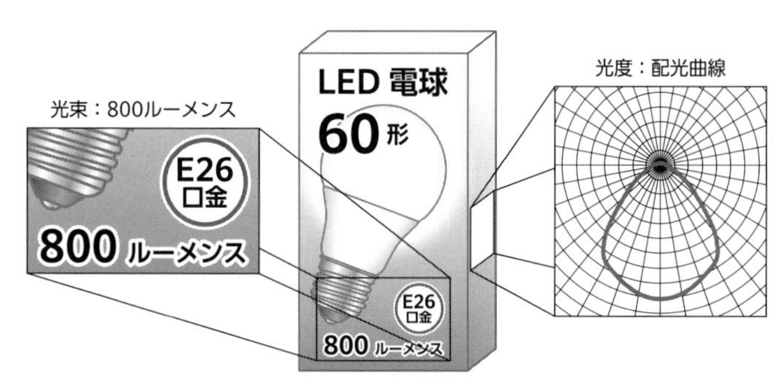

図 3　LED 電球のパッケージのイメージ

光源が照らす場所の明るさ

光束や光度は光源、つまり放射側の明るさを表すのに対し、照度は受ける側の明るさを表します。単位は lx(ルクス)です。

LED 電球に近づけば照度が大きく(明るく)なり、遠ざかれば小さく(暗く)なります。これは遠ざかることにより単位面積当たりを照らす光度が少なくなることで説明できます。LED 電球からの距離の 2 乗に反比例して照度は小さくなります。

次に LED 電球直下から水平に移動した場合を考えます。LED 電球の配光曲線より、直下からずれると光度が小さくなることが分かります。また、水平移動することにより LED 電球から遠ざかります。よって、直下から水平移動すると照度が小さくなります。

実際の机の上の照度を考えると、そこには様々な光源からの光が照らされています。例えば、複数台の照明器具、太陽光、そして直接光もあれば間接光もあります。机の上の照度は、それらの光度がすべて組み合わさった光の量ということになります。夜になれば照度は小さくなり、デスクライトをつければ大きくなります。

照度測定の実務

事務所の照度は、厚生労働省の省令「労働衛生基準」に照度の基準が定められています。照度不足により労働者の健康を損なわないという観点で基準が決められています。一般的な事務作業で300lx以上、付随的な事務作業(文字を読んだり資料を細かく識別したりする必要がない作業)で150lx以上となっています。机などの什器が設置されていない場合、机の高さを想定して、床面から50～70cmの高さで照度を測定します。

照度は光源からの距離により変化するので、建物の種類や目的により測定条件が異なります(**図4**)。学校の教室の照度となると、机上のほか、黒板の照度を測定します。幼稚園なら、机の高さが大人の机に比べて低くなりますので、低い高さで照度を測定します。

停電や火災の時に、点灯する非常灯の場合は床面で照度を測定します。火災の時に、煙を吸わないように四つんばいになって避難することを想定し、床面でも十分な照度が得られることが求められるからです。

図4　建物や目的による照度測定の違い

宮田　雄作
日置電機(株)

スマホやATMの液晶画面が指で操作できるのはなぜ？

スマホやATMの画面が指で操作できるのは、液晶画面の前面にタッチパネルが組み込まれ、指で触った位置を検出しているからです。タッチパネルは他にも駅の券売機、飲食店の注文タブレットなどあらゆる場面で使われており、今では当たり前の画面操作手段として浸透していますが、一口にタッチパネルと言っても用途に応じて様々な方式が使われています。読者の中にもスマホとATMでは操作感が全く違うのに気づいている方もいると思いますが、それはスマホとATMでは異なる方式のタッチパネルが使われることが多いためです。

抵抗膜式タッチパネル

ATMで主に使われているのが抵抗膜式タッチパネルで、透明ですが金属のように電気を流すことのできる透明導電膜2枚でスペーサーを挟んで重ねた構造をしています(**図1**)。下側の導電膜はガラスの表側に、上側の導電膜は柔らかいフィルムの裏側に形成していて、フィルムを指やペンで押すと上下の導電膜同士が接触するようになっています。下側の導電膜の上下端に電池をつなぐと、導電膜部では金属部よりも電気が流れにくいため、下側の電極から上側の電極の方にかけて電圧が一定の割合で下がっていきます。上側の導電膜には電池をつながず、代わりに電圧計をつないでおきます。指で上側導電膜を押して下側導電膜の1Vの場所と接触した場合、電池がつながっていない上側導電膜全体が1Vになります。これを電圧計で読み取ることにより、縦方向のどの場所の導電膜が接触したのかを検出することができます(**図2**)。同様に、上側導電膜の左右端に電池をつなぎ、下側導電膜に電圧計をつないだ場合は、横方向の接触位置を検出することができます。これらの2種類の検出方法を組み合

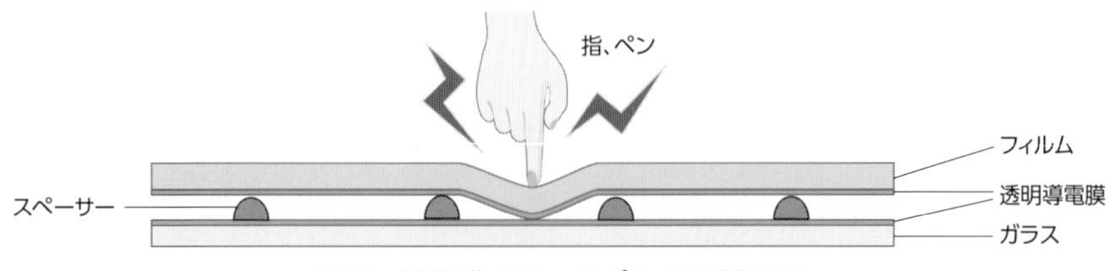

図1　抵抗膜式タッチパネルの断面図

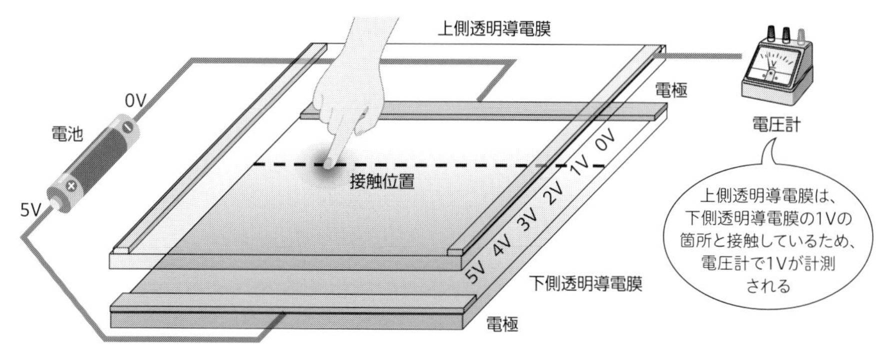

図２　抵抗膜式タッチパネルの動作原理

わせることで、透明導電膜の接触位置を検出しています。

抵抗膜式タッチパネルはパネルの押し込みを利用しており、比較的しっかりとタッチする必要があるため、スマホのフリック操作や連打のような速い操作は苦手です。また、2 か所以上を同時に押すと、押した箇所すべての電圧が混ざって計測されてしまうため、マルチタッチもできません。その反面、軽く触れただけでは反応しないことや、電磁ノイズや水滴の付着による誤動作にも強いため、確実な操作が必要とされる ATM や券売機に使われることが多いです。また、入力手段は指に限らずプラスチックのペンなど何でも使えます。

静電容量式タッチパネル

スマホで主に使われているのが静電容量式タッチパネルです。「静電容量」とは、コンデンサという電荷(プラスやマイナスの電気を帯びた粒子)を蓄える回路素子の能力を意味する言葉です。コンデンサの最も簡単な例が平行に並んだ 2 枚の金属板ですが、これに電池をつなぐと電荷が蓄えられ、金属板を近づけるほど、さらに多くの電荷を蓄えることができます(**図 3**)。人体も金属のように電気を流すことができるので、片方の金属板を指に置き換えても同じ現象が起こります(直接人体に電池をつながなくても、人体と金属板に電圧の差があれば電池をつないでいるのと変わりません)。この現象を利用すると、金属板に指がど

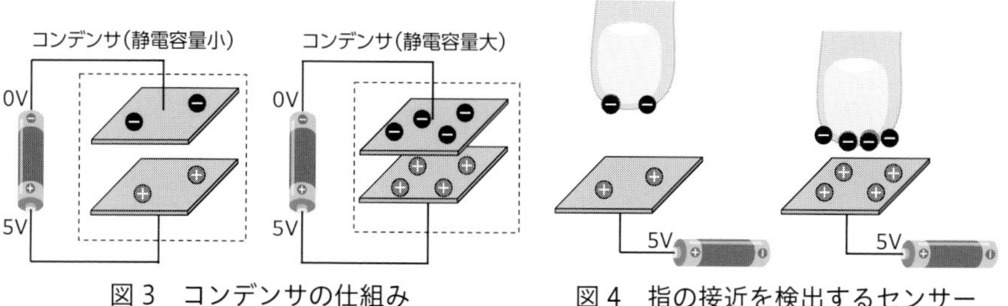

図３　コンデンサの仕組み　　図４　指の接近を検出するセンサー

れだけ近づいたかを検出する非接触のセンサーとして使うことができます(**図4**)。

静電容量式タッチパネルでは、このセンサーを複数用い、さらに電極形状や検出方法を工夫することにより、単なる「指の接近を検出するセンサー」を「指で触った位置を検出できるデバイス」へ進化させています。

ここでは電極形状の一例として、最近のスマホ用LCD(液晶ディスプレイ)で主流の方式を紹介しましょう。LCDのガラス基板上に透明導電膜で1辺4〜5mmの正方形電極を格子状に形成し、それぞれの電極とタッチパネルICを個別に配線でつなぎます(**図5**)。これらの電極全てに電圧をかけておきます。人体は電圧がかかっておらず、0Vに近い電圧になるため、指を電極に近づけると、指との距離や重なっている面積に応じて電極に電荷がたまります(人体に電流が流れることを心配される方もいますが、この時流れる電流は、静電気帯電で例えると、人がほとんど感じない帯電量のさらに1万分の1程度と、日常生活で常に発生しているレベルのものなので、安心してお使いください)。この電荷量分布のピークの位置を算出することで、触っている位置を検出しています(**図6**)。電極の大きさが4〜5mmなので検出できる座標も4〜5mmおきに飛び飛びの値になってしまうのではないか、と思うかもしれませんが、複数の電極の電荷分布から重心計算することで、連続的に精度良く指の位置を検出可能です。抵抗膜式と異なり、押し込みを必要としないため軽いタッチで反応し、複数箇所を同時に触った場合も電荷量分布はそれぞれ個別に検出できるので、マルチタッチが可能です。スマホでフリックやピンチなどの多彩なジェスチャ操作や、音楽ゲームのように非常に複雑で素早い操作が実現できるのは、これらのマルチタッチや機敏で軽い操作性があってこそのもので、静電容量式タッチパネルがなくてはスマホは成り立たないといっても過言ではないでしょう。

その反面、静電容量式タッチパ

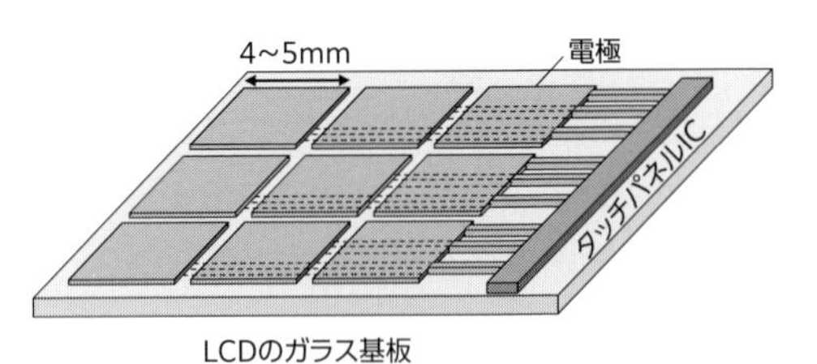

図5　スマホ用タッチパネルの構造

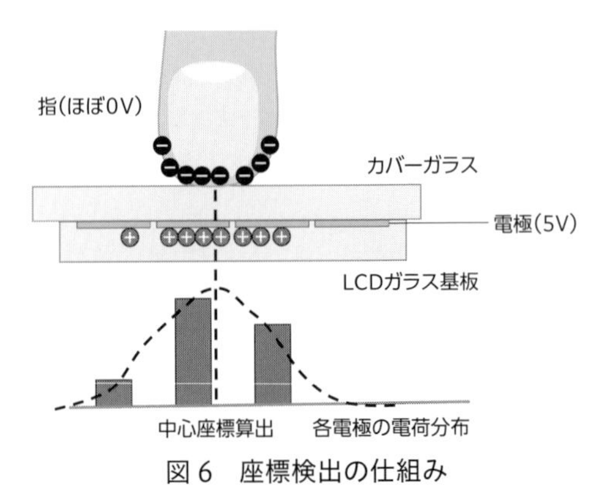

図6　座標検出の仕組み

ネルは電気を流さない物体には反応しない、電磁ノイズや水滴の付着による誤動作に弱いという弱点があります。皆さんもスマホのタッチパネルがうまく反応しないと感じる時があるかもしれませんが、静電容量式タッチパネルの特性を踏まえて、どのような対処方法があるのかご紹介していきます。

スマホのタッチパネルがうまく反応しない時は？

画面を OFF・ON する、表面をキレイに拭く、保護シートを剥がす、指を湿らせるなど、すでに基本的なところは多くのサイトで取り上げられているようなので、ここでは、あまり紹介されていない対処法を取り上げます。実は静電容量式タッチパネルは、スマホが置かれている状況や触り方によって電極と指の間の電圧の差が小さくなり、感度が低下するという特性があります。その原理を説明するには紙面が足りませんので、どのような状況で感度が低下するかのみ表にまとめました(**表 1**)。

表 1　静電容量式タッチパネルの感度低下の例

触り方（上：感度高 ↔ 下：感度低）	スマホの状態（左：感度高 ↔ 右：感度低） AC アダプタで充電中	手持ち	木製机の上に置く	布団やソファの上に置く
人差し指で 1 点タッチ	ほぼ低下しない	20% 低下	45% 低下	60% 低下
人差し指と親指で 2 点タッチ	5% 低下	40% 低下	60% 低下	70% 低下
親指の腹でベッタリと 1 点タッチ	5% 低下	45% 低下	70% 低下	75% 低下

※上記の感度低下の度合いはスマホ筐体（きょうたい）の構造、タッチパネル電極形状や電荷検出方式によって異なる

AC アダプタで充電中はスマホの状態や触り方によらず感度はほとんど低下しませんが、それ以外の場合は、スマホが周りの金属や人体から遠ざかるほど、タッチパネル表面と指の接触面積が広くなるほど、感度は低下していきます。特に「親指の腹」で感度が大きく低下するのは意外に感じると思います。タッチパネルの反応が悪い時に、しっかりとタッチしようとして接触面積が広くなってしまうと、余計に感度が低下してしまいます。このような状況でタッチパネルの反応が悪い場合は、スマホを手持ちで使う、人差し指の先でタッチする、などを試してみてください。

高橋　慶一郎

京セラ（株）通信機器事業本部 通信技術部

スマホを振ると電波が入りやすくなるのは本当？

スマホは通信することが前提の機器ですから、電波が悪いところ(＝通信環境が悪い場所)での使用はストレスがたまりますね。「電波が悪い時に機器を振ると電波の受信状態が改善する」という話は20年以上前の携帯電話勃興の時代からまことしやかに伝承されてきています。

結論から言ってしまうと、残念ながらスマホを振っても電波は入りやすくなりません。スマホの電波性能(「無線性能」と呼びます)は、スマホ内と空中との間での電波受け渡しの役割を担っているアンテナと、スマホ内の基板上にある無線回路の性能によって決まってきます。電波の出入り口であるアンテナ性能と電波を処理する無線回路性能は、スマホを振って良くなることがないからです。

① スマホはアンテナを介して回路⇔空間で電波のやり取りをしている

データを送る際、データは無線回路で電波に乗せられ、アンテナを介して空間に放射されます。逆にデータを受け取る際はアンテナで電波を受け、無線回路でデータを取り出します(**図1**)。無線回路が乗っている基板はスマホ内部にあることもあり、外部影響を受けることが少なく、持ち方や置き場所などによる外部からの影響を受けるのは主にアンテナの性能となります。

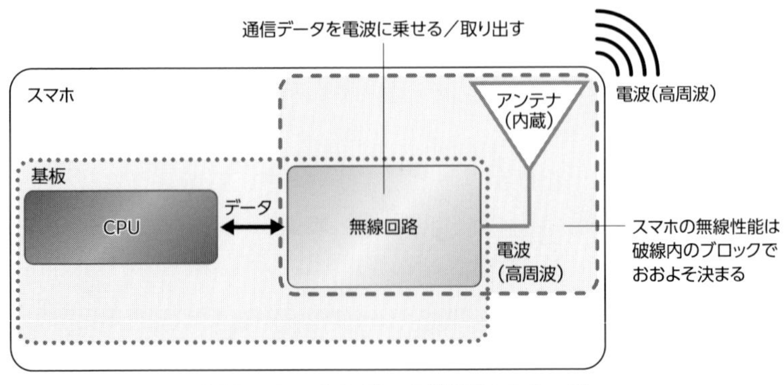

図1　スマホのデータ送受信イメージ

② 端末を振る動作(物理振動)はアンテナ性能に影響しない

アンテナは特定の電波の周波数で電気的に共振するように設計することで性能を確保しています(**図2**)。スマホのような小型の通信機器のアンテナはスペースを大きく取れないため、多くはその周波数の1/4波長(波長＝光速/周波数)の長さとなった時に発生する共振現象を利用しており、その長さはアンテナの実際の長さと周辺の素材影響などにより決められるため、物理振動は影響しません。

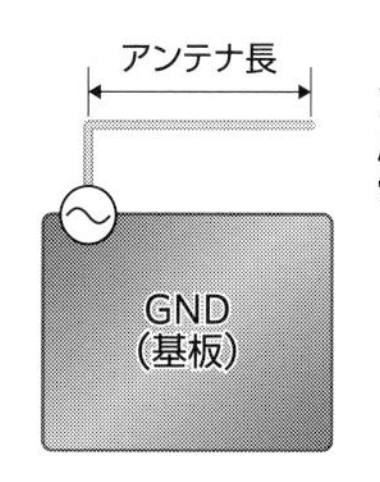

※実際のスマホのアンテナは、多くの周波数に対応するため、もっと複雑な構成になっている

図2　小型の通信機器で使われるアンテナのイメージ

③ 電波の速度 >> スマホを振る速度

また、電波は光と同じ速度(300,000km/秒：1秒間に地球7周半)で進みます。対して、スマホを手で振るような10cm幅・3往復/秒程度の振動影響は微々たるものなので、**図3**のように空間的な観点で受けやすくなることもないと考えてよいでしょう。

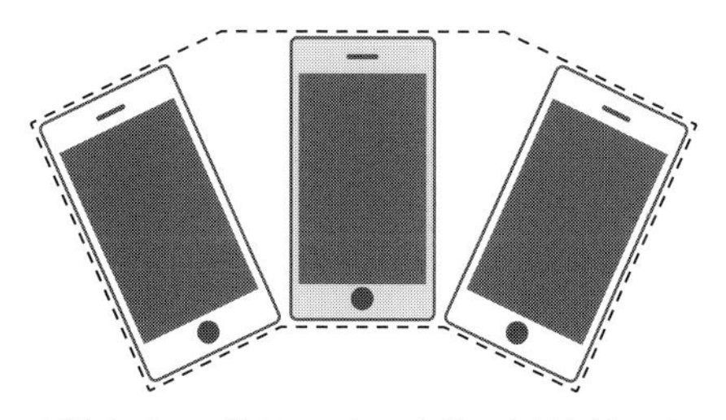

電波を受ける範囲は、振った範囲(破線内)に広がったりしない

図3　スマホを振った時のイメージ

上記理由から、冒頭で述べた通り、スマホを振っても無線性能が改善することは期待できません。ちなみに、スマホなどの通信で使う電波と我々が目にしている光は、周波数とエネルギー量が異なるものの同じ電磁波の仲間です(**図4**)。目は光を受信するアンテナに近い働きをしていますが、暗い場所で頭を振っても明るく見えてきたりはしないですね。

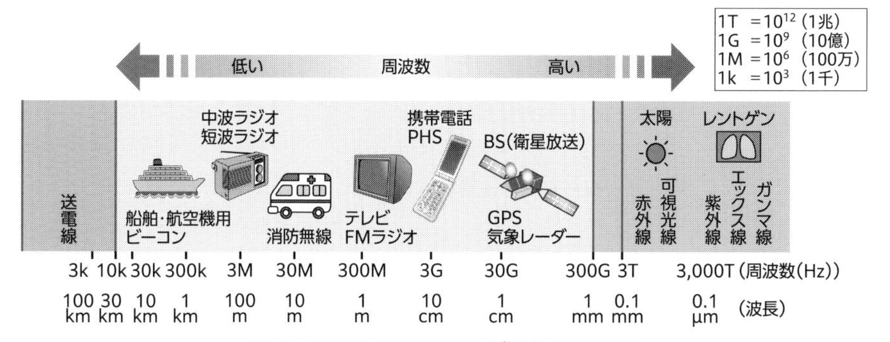

図4　電波と光は周波数が異なる電磁波

考察：どうして機器を振ると電波が良くなる話が生まれたのか

では、どうして機器を振ると電波が良くなるという話が出てきたのでしょうか。推論にはなりますが、考察してみます。まず前提として、人体は電波を吸収します。したがって通話の際にスマホを耳に当てるなどすると、卓上や手持ちのみの場合に比べて無線性能は悪くなります。今のスマホは多くの周波数に対応し、それぞれの周波数に対して複数のアンテナで受信していますが、昔の機器は対応の周波数も少なく、送受信アンテナは1つだったりしました。そのような機器では、電波環境が悪いところで耳当て通話を行うなどするとより無線性能が悪くなりやすく、音が途切れるなどの影響も出やすくなります。使用者は電波が悪いと認識することにより、振ってみるなどの動作に入りますが、振る際は機器を耳から外し、身体から離すことになるので、人体からアンテナが離れます。電波の吸収体である人体とアンテナが離れることにより電波の入りが改善するため、振った際や振った直後に画面を見るとタイミングによっては改善した受信レベルを時差で反映したアンテナピクトが増えていくのを見ることもあったと思われます。この時は通話音声も改善します(耳に当てれば、また元の悪い電波状態に戻りますが…)。

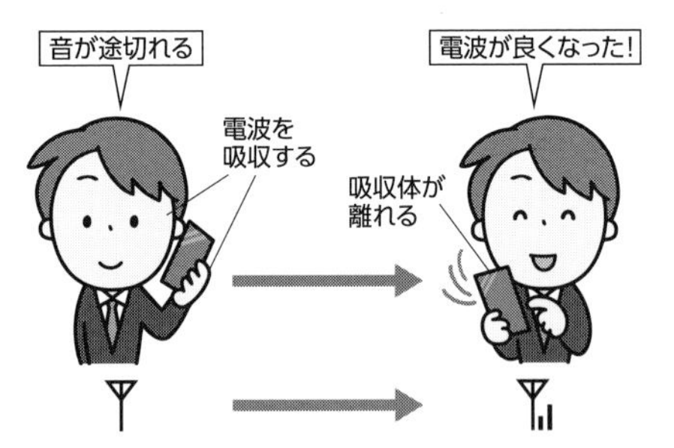

図5　人体からの影響とアンテナピクトのイメージ

こうしてアンテナピクトが回復したり、音声が回復したのを目の当たりにした人が、振ったことで電波の入りが良くなったと思って他人に話し、そのあと面白半分もあって脈々と伝承されてきたのではないかと推測します。電波は目に見えないので、否定に値する確証を得にくいこともこの伝承が生き残った一因かと思います。

電波が悪い場所で少しでもマシに通信するには

スマホを振るという手段は効果がないと否定してしまいましたので、代替として、電波の入りが悪い時にどうすれば少しでも改善するか(「劇的に」ではないので、ご注意ください)をお話ししておきたいと思います。先ほど説明した通り、人体自体が電波を吸収してしまうので、通話であれば耳当てよりもスピーカーやイヤホンでの運用をお勧めします。持ち方ですが、2024年現在のスマホはほぼ例外なく、筐体下部にLTE／5G通信用の主力アンテナが置かれており、上部にも補助するアンテナを搭載していますので、この辺りを避けて持つとよいでしょう。また、筐体が金属でできているスマホには金属部にスリット(隙間)が入っていたりしますが、ここはかなりアンテナ性能へ影響することが多いので、直接触らない方がよいです。実線の丸囲み辺りを指で持つ感じをお勧めします(**図6**)。手との距離を保つため、スマホを握りしめないで指でそっと持つのがよいかと思います。それでもダメであれば、速やかに電波環境の良いところに移動していただけると幸いです。

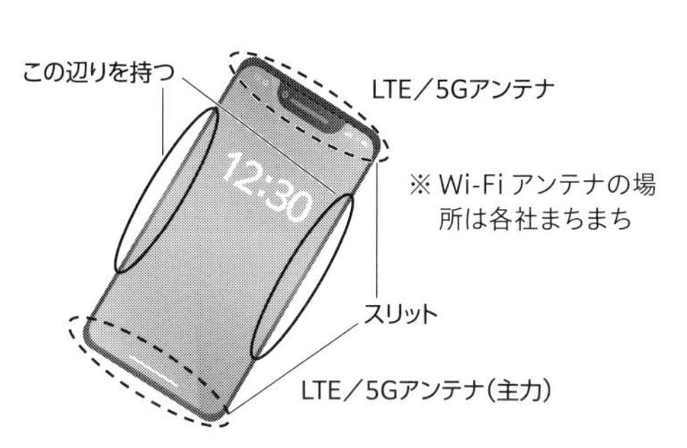

図6　アンテナへ影響を与えにくい箇所

また、読者の皆さんの中にはスマホにケースや手帳を装着している方も多いと思いますが、一般的にスマホのアンテナはケースなどのアクセサリーを未装着の状態を基準に調整が行われますので、ケースなしの状態がベストとなる場合が多いです。ただし、ケースを装着することでケースの厚み分だけスマホ本体から手までの距離が離れ、手から受ける影響を緩和できるので、アンテナ性能へ影響を与えにくいプラスチックなどのケースであれば使っていただくとよいかもしれません。なお、金属のケースのご使用はアンテナへの影響が大きく、無線性能がかなり悪くなりますので、スマホ設計者の立場からは極力ご遠慮いただきたいと思います。

最後に…　近年、通信事業者による通信エリア拡大により、日本国内ではつながるのが当たり前のような電波環境ができてきていますが、それでも郊外や屋内ではつながりにくい場所はどうしても存在します。その際は、スマホを振るのではなく、本稿の話を思い出していただければ幸いです。

西坂　直樹
京セラ(株) 通信機器事業本部 通信技術部

スマホはペースメーカーに影響はない？

ペースメーカーとは？

正式には植込み型心臓ペースメーカー(Implantable Cardiac Pacemaker)の略で、心臓の不整脈を治療するために体内に植え込まれる小型の医療機器です。また、ICD(Implantable Cardioverter Defibrillator)という別のタイプの植込み型機器もあります。ICDは、心臓の危険な不整脈、特に心室細動と呼ばれる状態に対処するために設計されています。不整脈が生じると、心臓は正常なリズムを失い、効率的に血液を全身に送ることができなくなります。この問題を解決するために、ペースメーカーやICDは心臓の筋肉(心筋)を刺激するための電気パルスを送り、適切な心拍数を維持することで心臓のリズムを正常化します。ペースメーカーとICDの主な違いは、ペースメーカーが主に心拍が遅過ぎる(徐脈)場合に使用されるのに対し、ICDは心臓のリズムが危険なほど速くなる(頻脈)場合、特に心室細動や心室頻拍(しんしつひんぱく)を治療するために使用される点です。一部のデバイスは、ペースメーカーとICDの機能を両方備えており、多様な心臓の問題に対処できるようになっています。以降、これら植込み型心臓ペースメーカーとICDを合わせてペースメーカーと呼ぶことにします。

不整脈を検知するために、ペースメーカーは常に心臓の活動、つまり心電位をモニターし、必要に応じて心筋に電気刺激を与えます。ペースメーカー本体は、成人では一般に前胸部の鎖骨下に、小児では腹部に植え込まれます。ペースメーカー本体から心臓までは血管中を通るリード(電極線)で接続され、リードの先端は心臓の適切な部位に配置されます。また近年、本体を心臓の中に直接植え込む植込み型リードレス心臓ペースメーカーも利用されるようになっています(**図1**)。いずれも、ペースメーカーは、患者の状態に応じて医師によって個別に設定され、適切な心電位の検知感度(センシング感度：0.5mV(ミリボルト)程度から数mV程度)および刺激信号出力で動作するようになっています。ペースメーカーは、このように微弱な信号を検知し動作する機器であるため、電波を発する機器からの電磁的干渉によって誤動作する可能性があります。具体的には、ペースメーカーに不要な信号を送り、本来の心電位の検知を妨げる、あるいは、誤ったタイミングで刺激を与えるなど誤動作の原因となることがあります。この問題に対処するため、ペースメーカーは国際安全規格[(1)]に従って設計されており、特定の条件下での電磁干渉に対する耐性を有しています。

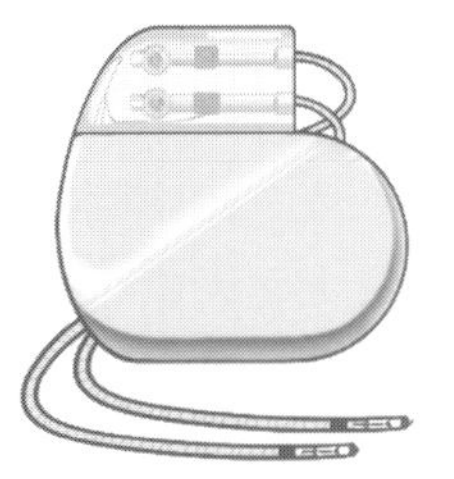

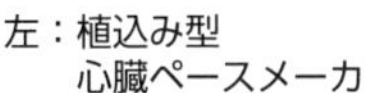

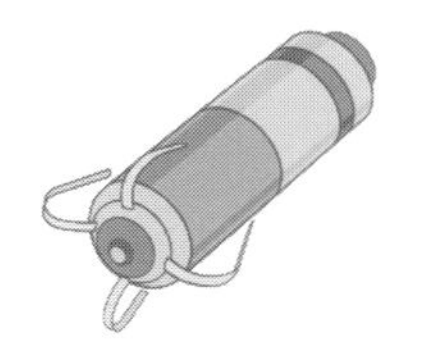

左：植込み型
心臓ペースメーカ

右：植込み型リードレス
心臓ペースメーカ

図１　植込み型心臓ペースメーカーのイメージ
出典：総務省、携帯電話端末の電波の植込み型医療機器への影響に関する調査レポート、2023 年 3 月

ペースメーカー装着者の安全を守るための取り組みは？

上で述べたように、ペースメーカーは高度な電子機器であり、国際安全規格（例えば、特定の周波数範囲内で特定の距離からの電波にさらされた場合でも、ペースメーカーが干渉を受けないことを確認しなければならないなど）に従って設計されているため、特定の電磁環境下での使用に耐えうるようになっています。しかし、電磁干渉対策には限界があり、条件によっては誤動作の可能性が未だあります。加えて、アナログ携帯電話の登場から第５世代移動通信システム（5G）、Wi-Fi6/7 の利用へ、スマートフォンや無線 LAN の進歩、また、無線電力伝送（Wireless Power Transfer、WPT）や IoT（Internet of Things（モノのインターネット））の普及など、生活環境における電波利用の進歩、電波環境の変化が継続する中にあって、ペースメーカー装着者の安全を確保する取り組みがますます重要になっています。

各種電波利用機器に対する安全性確保のためには、ペースメーカーへの電磁干渉リスクを評価し、管理することが必要です。これを実現するためには、ペースメーカーがヒトの体内に植え込まれて

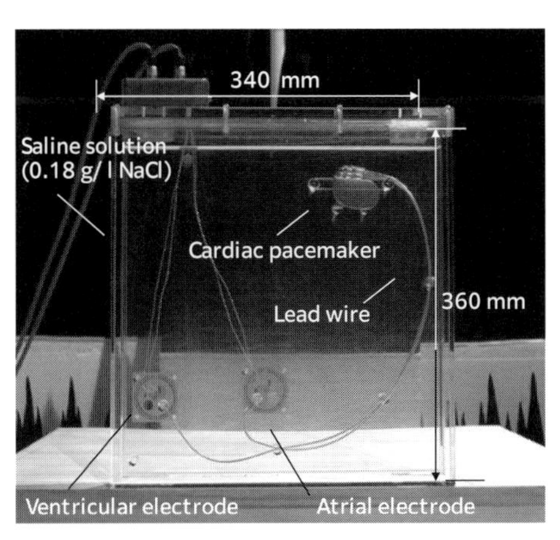

図２　ペースメーカーの電磁干渉評価試験用装置（ファントム）
出典：EN 45502-2-1:2004 Active implantable medical devices - Part 2-1: Particular requirements for active implantable medical devices intended to treat bradyarrhythmia (cardiac pacemakers)

いる状態を模擬した条件下での試験が必要になります。この目的のために、人体を模倣した「ファントム」と呼ばれる試験装置が使用されます(**図 2**)。これを用いることで、ペースメーカーが心電位を適切にセンシングし、電磁干渉による動作不良が生じないことを確認するための試験が実現されています。ここでは、ペースメーカーが様々な感度設定や動作モードで安全に動作するかを評価し、干渉による影響が生じない条件を特定します。現在のところ、実機を用いて行う電磁干渉試験は、ペースメーカーが様々な電磁環境においても安全に機能することを確認するために不可欠です。これには様々なメーカーやモデルのペースメーカーに対して、異なる電磁波の強度や周波数での試験が含まれます。試験は、ペースメーカーが実際の使用環境で遭遇する可能性のある電磁波に対して耐性を持つことを確認するために行われます。ペースメーカーの電磁干渉評価や干渉対策に関する研究・技術開発は、世界各国で実施されています。

日本国内では、1995 年より携帯電話端末からの電波がペースメーカーに影響を与える可能性について官民の協力体制によって調査[2]が開始されました。2000 年より、総務省が「電波利用機器が植込み型医療機器に与える影響に関する調査」を開始し、継続的に調査[3]を実施しています。さらに、それら調査結果に基づき各種電波利用機器とペースメーカーとの間で電磁干渉を防ぐための指針を提供しています(**図 3**)。これには、電波利用機器の使用者、ペースメーカー装着者、および機器の製造者が互いに情報を共有し、干渉を防ぐための措置を講じることが含まれています。例えば、スマートフォン(携帯電話端末)に関しては、以下のように示されています。

(ア) 植込み型医療機器の装着者は、携帯電話端末の使用及び携行に当たっては、植込み型医療機器の電磁耐性(EMC)に関する国際規格(ISO14117 等)を踏まえ、携帯電話端末を植込み型医療機器の装着部位から 15cm 程度以上離すこと。また、混雑した場所では、付近で携帯電話端末が使用されている可能性があるため、注意を払うこと。

(イ) 携帯電話端末の所持者は、植込み型医療機器の装着者と近接した状態となる可能性がある場所では、携帯電話端末と植込み型医療機器の装着部位との距離が 15cm 程度以下になることがないよう注意を払うこと。なお、身動きが自由に取れない状況下等、15cm 程度の離隔距離が確保できないおそれがある場合には、事前に携帯電話端末が電波を発射しない状態に切り替えるなどの対処をすることが望ましい。

電磁干渉によるペースメーカーの誤動作は、装着者の健康に悪影響を及ぼす可能性があるため、これらの指針の遵守は非常に重要です。

ここまで述べたように、現状のペースメーカーの安全性を確保する取り組みには、実際の使用環境を再現するための課題が伴います。現在、シミュレーション技術でペースメーカーの電磁干渉特性を推定し、安全性を向上させるための研究[4]が進んでいます。AI(Artificial Intelligence)技術と組み合わせることで、実際の使用環境でのペースメーカーの動作をより正確に予測し、ペースメーカー装着者のさらなる安全の確保を実現することが期待されています。

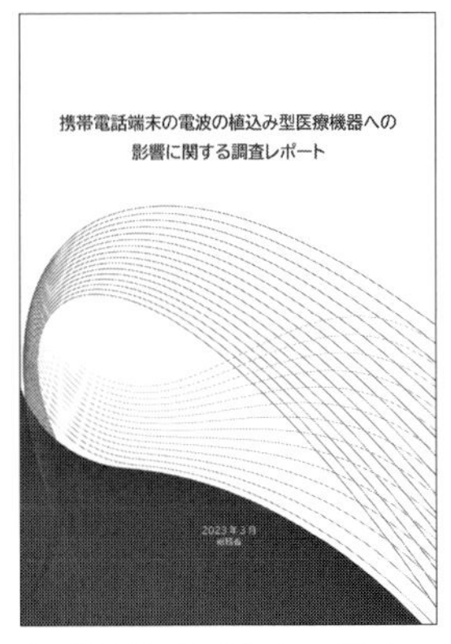

図3　総務省「携帯電話端末の電波の植込み型医療機器への影響に関する調査レポート」および「各種電波利用機器の電波が植込み型医療機器等へ及ぼす影響を防止するための指針」

出典：総務省、携帯電話端末の電波の植込み型医療機器への影響に関する調査レポート、2023年3月／総務省、各種電波利用機器の電波が植込み型医療機器等へ及ぼす影響を防止するための指針、平成30年7月

◆参考文献

(1) ISO 14117: 2019 Active implantable medical devices — Electromagnetic compatibility — EMC test protocols for implantable cardiac pacemakers, implantable cardioverter defibrillators and cardiac resynchronization devices

(2) 不要電波問題対策協議会、～医用電気機器への電波の影響を防止するために～携帯電話端末等の使用に関する調査報告書、1997

(3) 総務省、電波の医用機器等への影響に関する調査研究報告書、2001-2006、電波の医療機器等への影響に関する調査研究報告書、2007-2017、電波の植込み型医療機器及び在宅医療機器等への影響に関する調査等、2018-2020、電波の医療機器への影響等に関する調査、2021、2022

(4) T. Hikage・S. Ito・A. Ohtsuka：URSI RADIO SCIENCE LETTERS、VOL. 2、pp.1-3、Nov. 2020

日景　隆

北海道大学 大学院情報科学研究院

4G、5G、6Gは何が違う？何ができるの？

現在の携帯電話は主に4G(Generation：世代)で、最近では5Gサービスも開始され、今後は6Gへと進化します。携帯電話の「G」はITU※1の各国政府間協議で決められ、世界共通の仕様となります。**表1**に、各世代の携帯電話の最大通信速度を示します。デジタル通信になった2Gから5Gまでで、約200万倍もの速度になっていることが分かります。

表1　各世代の携帯電話の通信速度

世代	時期	最大通信速度	概　要
1	1980年頃		アナログなのでデータ通信しない
2	1990年頃	約10kbit/s	最初のデジタル通信で、TDMAが主流
3	2000年頃	約400kbit/s	高速デジタル通信で、CDMAが主流
4	2010年頃	約1Gbit/s	現在のデジタル通信で、OFDMAが主流
5	2020年頃	約20Gbit/s	次のデジタル通信で、OFDMAが進化

携帯電話とは

携帯電話のような電波を利用するサービスは、テレビなどの「放送」(**図1**)と携帯電話などの「通信」(**図2**)に大別されます。双方ともニュースなどの映像コンテンツを受信できますが、この2つには決定的な違いがあります。

それは、放送は皆が「同時に受信するもの」であるのに対して、通信は「個々人が好きな時に、好きな情報を受信(独占)するもの」であるということです。この違いを、テレビを例に説明します。東京スカイツリーの受信世帯数は約1,400万世帯で、平均世帯人数は約2.5人ですので、仮に視聴率が5%の番組の視聴者数は約175万人になります。放送が175万人に同じ情報を伝達しているのに対して、通信は1人だけのために情報を伝達しなければなりません。つまり、同じサービスを携帯電話で伝達しようすると、放送に比べて約175

※1　ITU：International Telecommunication Union(国際電気通信連合)、世界最古の国際機関で、通信、放送などの世界のルールを制定している。

万倍の技術的な努力が必要になるということになります。これが、携帯電話の世代向上の「宿命」であり、同時に「原動力」になるわけです。

図１　地上テレビ放送の送信タワー

図２　携帯電話の基地局

次に、電波を利用するシステムの長所と短所を説明します。

【長所】

① 導線や光ファイバーがなくても遠くまで飛ぶので、移動する人、自動車、船、飛行機、離島、宇宙(人工衛星など)などへ情報伝達ができる。

② 電波の曲がる特性から、山の裏側などの見通し外へも情報伝達できる。

【短所】

① 同じ無線周波数だと受信電波が干渉して通信ができなくなる(混信)。

② 周波数帯が高いほど多く伝達できるが、装置の価格が高くなる。

③ 周波数帯が高くなると伝搬減衰が大きくなり、遠くに飛びにくくなる。

前述の長所のおかげで、ラジオ・テレビ放送、衛星通信、携帯電話、ETCなどの様々な無線サービスが普及してきました。特に放送は、送信アンテナから同じ情報を同時に受けるだけなので、短所の心配がなく、無線通信より早い段階から普及しました。一方、携帯電話で放送と同じコンテンツを伝達しようとすると、短所を克服する新たな技術開発が必要になりました。

携帯電話の歴史

携帯電話でどのような技術開発が進められてきたか説明します。1Gはアナログの音声信号そのもので、800MHz帯の電波を変調する通信で、「送受信を同時にできるトランシーバー」のようなものでした。多くの端末が同時に通信できるように、端末から基地局へのリンク(上り回線)と逆向きの下り回線で周波数帯を分け、さらに通信する周波数チャネルを細かく分けたFDD※2/FDMA方式が開発されました(図3)。

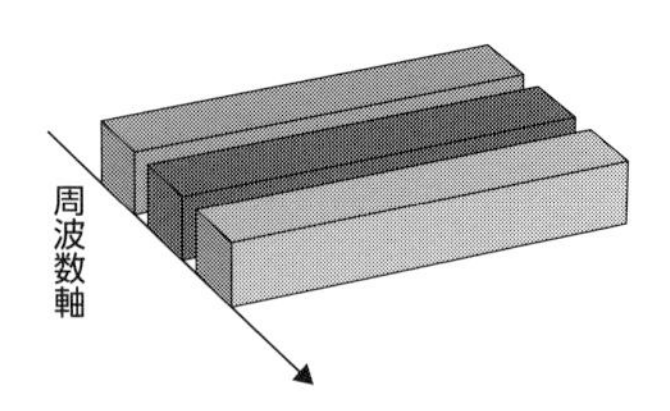

図 3　FDMA：Frequency-Division Multiple Access（周波数分割多元接続）方式

FDMA 方式は、「周波数の異なる電波は分けられる」という、電波の原理を利用したものですが、基地局エリア内にいる端末の数だけ周波数チャネルが必要となるため、普及とともにユーザーの増加に対応できなくなりました。

そこで登場したのが 2G です。FDD/FDMA 方式に加えて TDMA 方式が追加されました。1G の場合は、音声信号をそのまま電波に乗せるため、話す時間と同じ時間で通信する必要がありましたが、デジタル化によって音声信号を 1/3 の時間に圧縮でき、3 台の端末の音声を見かけ上同時に送ることで周波数チャネルの効率を 3 倍にすることができました（**図 4**）。2G では新たに 1.5GHz 帯が追加され、利用者数の拡大に貢献しました。また、2G で大きな技術革新がありました。デジタル化でデータ通信ができるようになり、文書や写真を送受信できるようになりました。

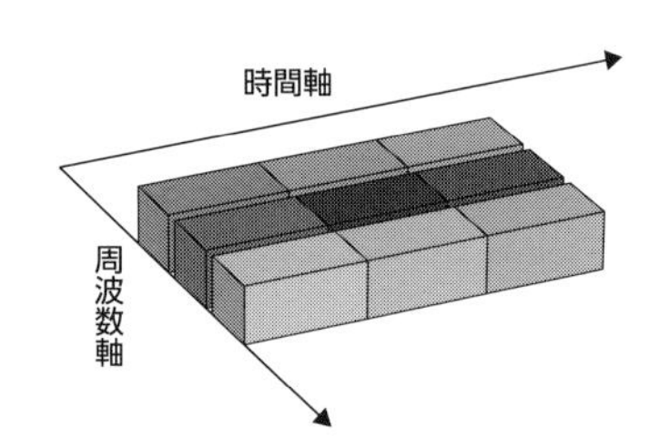

図 4　TDMA：Time-Division Multiple Access（時分割多元接続）＋FDMA 方式

2G 以降インターネットが普及し、携帯電話にさらなる高速化が求められ、3G が登場しました。3G の新技術は CDMA 方式（**図 5**）で、これは電波を符号で変調するもので、さらなる高速化と端末台数の増加をもたらしました。CDMA 方式を簡易に説明すると、「同じ部屋で複数の言語を話す人々の話を同時に聞き分ける」ようなものです。3G では新たに 2GHz 帯が追加されました。3G の出現によって、携帯電話はパソコンと同レベルのインターネット端末に進化しました。そして、遂に 4G が登場します。4G は、3G では困難だった動画映像などの配信を可能にする ITU が規定したシステムです。

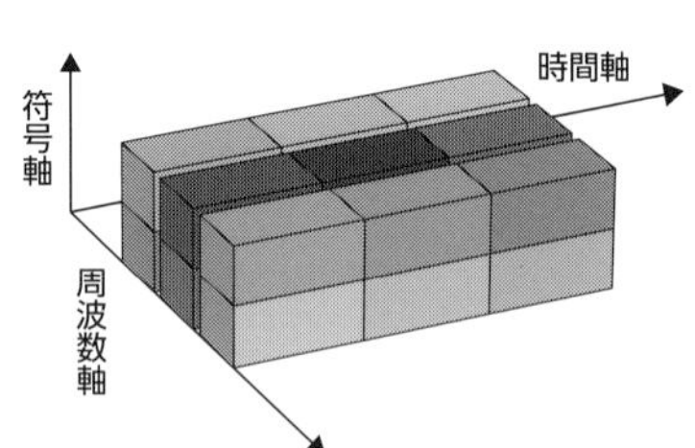

図 5　CDMA：Code-Division Multiple Access（符号分割多元接続）＋FDMA＋TDMA 方式

※2　FDD：Frequency Division Duplex（周波数分割多重）方式

4G、5G、6Gとは

表2に、4Gと5Gに関してITUで規定された仕様を書きます。2Gに比べ、通信速度は4Gが10万倍、5Gが200万倍になっています。このように、4G、5Gと進化した結果、冒頭に述べた「175万倍の宿命」に対して十分に回答ができる状況になってきていると思います。なお、これらの規定は同時に達成する必要がないことも定義されており、通信速度をとるか接続端末台数をとるかは、オペレーターの判断に委ねられています。

表2　4Gと5Gの基本仕様

主な仕様	4G	5G
最大通信速度	約1Gbit/s	約20Gbit/s
周波数帯	3.6GHz以下	3.6～6GHz、28GHz
最多接続端末数	10万台/km^2	100万台/km^2
最長遅延時間	10ミリ秒	1ミリ秒

では、6Gはどうなるのでしょうか。6Gの要求仕様は、5Gをさらに1桁近く上回るものになっています。したがって、8Kなどの高精細な映像を送れるのですが、携帯電話のディスプレイサイズは限定的なので、通信速度は現状のままで十分です。では、何が変わるのでしょうか。

答えはズバリ、接続端末数です。これまでの携帯電話は、「人と人との通信」または「人の意思に基づく機械との通信」でした。しかし、最近のAI技術の進展によって、通信の要求を機械が独自に判断する、人が介在しない通信が増加する可能性があります。そうなると、必要な通信端末数は無限になり、ネットワーク遮断、誤送信、ハッキングなどのトラブルをどう防ぐといった課題が増えます。誰も知らないところで送受信する「携帯電話」、いや「携帯しない無線電話」が無限に存在する時代の到来にどう対処するのか、これは大きな問題です。

筆者の経験では、情報通信の歴史は想定外の連続でした。将来の携帯電話で「何ができるようになるか」を問うのでなく、「何をしたいのか」を問うてはいかがでしょうか。「ペットと話したい」、「声を出さないで話したい」、「外国の自分だけの場所の映像が見たい」、「地球の裏側でドローンを飛ばしたい」など、荒唐無稽(こうとうむけい)に思える希望が新しい技術革新につながるかもしれません。

佐々木　邦彦
名古屋工業大学 未来通信研究センター

通信（情報のやり取り）は、どこから無線で、どこから有線なの？

線（ひも）があれば有線、なければ無線

どこかに線（何かを伝えるひも）でつながっていれば有線、線がなければ無線です。線の中を何が通っているかというと、電気だったり光だったり、無線の場合も電波だったり光だったり様々です。さらに現代の通信は、無線だけ、有線だけ、といった簡単なものではなくなっています。無線にしなければならないところと、有線の方が都合の良いところを使い分けながらつないでいます。では、どこが有線で、どこが無線なのでしょうか。

改めて説明をすると、「線を伝わっていく通信」が「有線」で、「線や物体のないところを伝わっていく通信」が「無線」です。**図 1** を見てください。電話が伝わってくる最後の部分を示しています。図の左は、電話口（受話器）に電話機コード、つまり電線がつながっているので、「線がある」つまり「有線」であることが分かります。右は、受話器は携帯電話です。何の電線もついていないので、「線がない」つまり「無線」であることが分かります。

図 1　電話の場合の「有線」と「無線」の違い

線には電線だけではなく、ガラス繊維やプラスチック繊維も含まれます。それを光ファイバーといいます。線のないものには、空気中、真空中に加え、水中も含みます。骨（骨伝導）もどちらかと言えば無線、ガラス窓を通り抜ける通信も無線です。情報を伝えるもの（「媒体」と言います）には、電波や光や音波などが用いられます。

図 2 に、家庭で使われている有線通信の例を示します。電話機はモジュラーケーブルで、パソコンはLAN ケーブルで、テレビはTV ケーブルで部屋の壁に設けられたコンセントにつながれます。線と線の間に通信機能と信号変換を行うターミナルをつなぐこともあります。

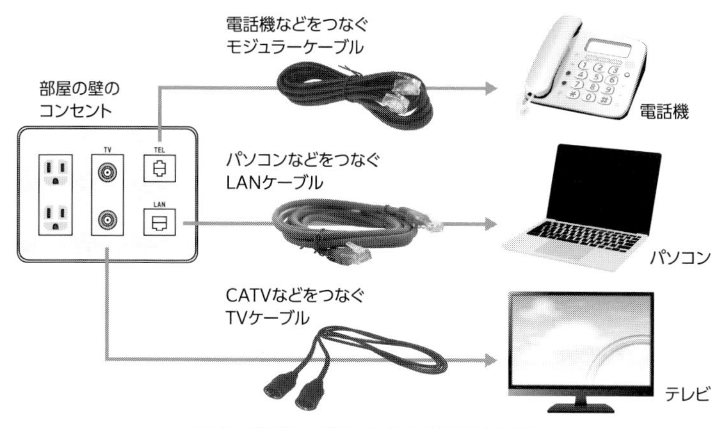

図 2　家庭で使われる有線通信の例

有線通信と無線通信は助け合う

多くのご家庭で、電話機をコードレス電話機に替えて使っていると思います。これは「有線通信」を「無線通信」に変換することになります。コードレス電話機はもちろん無線機、つまり無線通信となります。無線は使う場所を変えることができ、持ち歩きが可能です。こうした通信を「移動通信」と言います。家の中でもケーブルのない通信や放送受信が多くなりました。

図 3 に、家の中の無線化の例を示します。インターネットの普及により、電話回線もメタル(金属)回線から光ファイバーの回線に替わっています。これは大量のデータを必要とする高画質テレビやパソコンの利用が進んだためです。長さ 1,000m の電線で運べるデータは、1 秒間に 100Mbit(メガビット)（1 億 bit)ですが、1,000m の光ファイバーでは 10Gbit(ギガビット)（100 億 bit)以上になります。

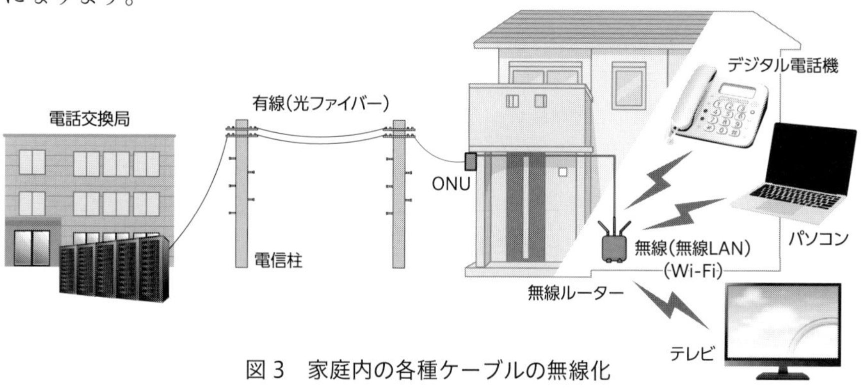

図 3　家庭内の各種ケーブルの無線化

家庭に届いた光信号は、まず光⇒電気の変換（これを ONU：Optical Network Unit（光回線終端回路）で行います）をします。その先を無線化することにより、図 2 に示した各種のケーブルを用いなくても電話、パソコン、テレビを利用することができます。この部分がすべて無線です。

電話の端から端までのつなぎ方

次に、携帯電話の通信の仕組みを**図 4** で説明します。

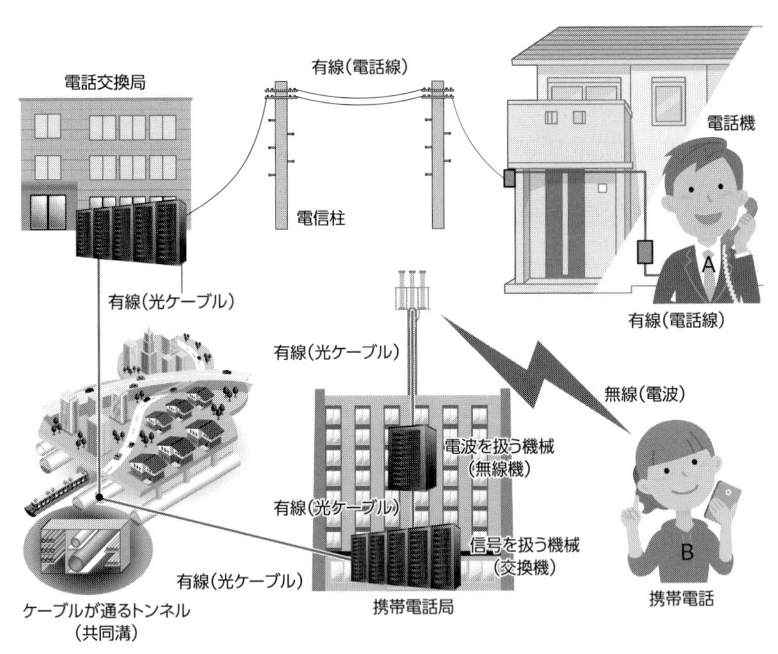

図 4　電話のつながり方—有線から無線へ

A さんが電話機で B さんの携帯電話に電話をかける場面です。A さんが B さんの携帯電話の電話番号にダイヤルすると、A さんがダイヤルした電話番号の信号は電話線を伝わり電話交換局に届きます。（（固定）電話局の）電話交換機は、B さんの電話番号の最初の 3 つの数字が携帯電話用の番号であることを認識して、その電話番号を扱う地域の携帯電話の交換機に送ります。この時、電話交換局から携帯電話の交換機までは光ケーブルで道路の中の光ケーブル用のトンネルを通って届けられます。携帯電話の交換機は B さんが日本あるいは世界のどこにいるか常時把握しているので、B さんが今いる場所の携帯基地局に B さんを呼び出すように指示します。こうして B さんの携帯電話が鳴るのです。

便利な無線にも弱点：山や建物が邪魔をしたり遅延を生んだりする

電波や光を使う無線は、伝わる方向にある山や建物で遮断されたり反射して干渉を起こしたりと大変不安定な性質があります。そのため無線化する際、無線通信に適した形に変えなければなりません。このため信号の変換の処理に時間がかかり、画像を送る際にも遅れ(遅延)が生まれます。

図5は、日本とアメリカの間の通信方法を示しています。例えば、テレビのニュース番組でアメリカにいる特派員が、日本のニュースキャスターに質問をした場合に、数秒遅れて回答する場面をよく見ます。これは衛星通信回線を使っているからです。通信衛星は静止衛星が多く、地球からの距離が3万5,000kmほどの宇宙にあります。そのため、質問を出してから回答を受け取るまでには、質問が相手に届くまでの7万km、相手の答えが質問者に届くまでの7万km、合計14万km以上の通信遅延が発生します。電波は1秒間に30万km進むので、およそ0.5秒の遅れにつながります。これに対して海底ケーブルは5,000kmですから、往復でも1万kmで、通信遅延は0.1秒以下となります。0.1秒の遅延ならば、ほとんど口パクにはなりません。衛星通信という無線よりも海底ケーブルという有線が勝る例の1つです。

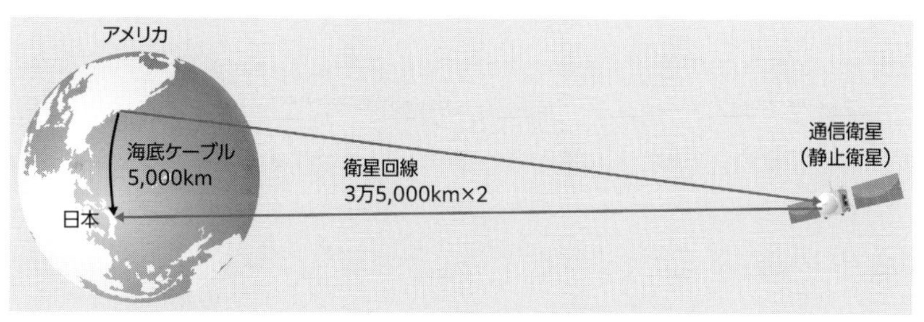

図5　海底ケーブル(有線)と衛星通信(無線)、どちらが速い？

海底ケーブルは光ファイバーを使った有線です。現在、通信の交換機や中継器は電子回路で構成されています。このため交換機や中継器に通す際に、光信号を電気信号に変換しなければなりません。この変換部分でも信号は遅延します。そこで今、通信部分をすべて光で行うことが研究されています。交換機や中継器も光回路で行います。そしてそれは、信号遅延を低減するだけではなく、信号処理に使われるエネルギーを少なくすることにもつながるのです。

太田　現一郎
(株)横須賀リサーチパーク　無線歴史展示室

スマート農業で利用されている電気技術を教えて

田んぼや畑(「圃場(ほじょう)」と言います)を耕すトラクターや田植えをする田植機などを見たことがある読者の皆さんも多いと思います。従来の農業機械(以下：農機)は、色々な操作を運転者が経験を踏まえて考えながら操作をしていました。しかし最近の農機は、様々なセンサーを搭載し、自動車と同じように、エンジンをはじめ様々なパーツが電子制御で動作するようになり、さらには自動で作業をしてくれる農機も登場しています。ロボットトラクターやドローンなどの最新の農機はスマート農機とも呼ばれ、スマート農機を使った農業はスマート農業と呼ばれています。

スマート農業とは

そもそも、スマート農業とは何でしょうか。「スマート農業」=「農業」×「先端技術」、つまり、ロボットやAI技術、IoTなどの先端技術を活用する農業をスマート農業と呼んでいます。スマート農業は、作業の自動化やデータの活用による情報共有などにより、農作業を効率良く安全かつ楽に行ったり、収穫量や作物の品質の向上を図ったりすることが期待されています。

農業の現場では、農業従事者の高齢化(2022年の基幹的農業従事者の平均年齢は68.4歳！)と人口減少が著しく進む中で、生産水準を維持・向上させることが課題です。スマート農業は、効率的な生産による農業現場の課題解決の切り札として期待されています。ここでは、スマート農業に利用されているいくつかの技術を例にしてお答えします。

スマート農機の例

農機は現在、自動走行トラクター、自動操舵システム(直進や旋回アシスト機能など)、自動運転田植機、リモコン式自動草刈機、肥料や薬剤を散布するドローンなどが実用化され、農業現場への導入が進んでいます。お米の栽培(稲作)では、圃場の耕うん、田植え、水管理、収穫などほぼすべての作業で自動化された農機を利用した作業ができるようになっています。野菜や果樹では収穫ロボットの開発が進められています。なお、運転者が乗車した状態でハンドル操作や停車などの操作の一部を自動化あるいはアシストする機能を持つ農機を「自動化農機」、運転操作が自動化された農機を「ロボット農機」(現行では、遠隔監視も含めた監視下で無人作業を行わせる必要があります)と呼びます。

稲作を例に見ると、田植機による田植え作業では、田植機をまっすぐ走らせたり、スムーズにUターンさせたりするだけでも、熟練するまでに相当の期間が必要です。「ロボット田植機」や自動化農機である「自動運転田植機」を使うことにより、初心者でもベテラン並みの作業が可能になります。また、従来は運転者と苗を供給する人というような複数人で行われていた作業において、人手を減らすことが可能になり、より省力的で効率的に作業できます。

農機のハンドルにアタッチメントのような形で装着する自動操舵システムも導入が進んでいます。操舵装置とコントローラー(ガイダンスシステム)、位置情報(GPS など)の受信機を装着することによって、従来の農機をスマート農機に衣替えできます。初心者でも、ベテランのように田植えを行うことができます。例えば、田植機を運転する場合には、自動操舵であれば前方の進路を気にすることなく、後方の田植え作業の状態や苗の減り具合の確認といった農作業そのものに集中することができ、ベテランにとっても疲労度が軽減されるメリットがあります。

スマート農機で農作業を行うためには、作業中のスマート農機の正確な位置を把握する必要があります。農機の位置や方位は、人工衛星などが発する信号を受信することで把握します。また、障害物を検知するためのカメラやレーザースキャナー、超音波センサー、あるいは舵角センサーや慣性計測装置など様々なセンサーが装着され、ハンドル操作などの制御は、これらの情報を基に電気信号を通して行われています。

スマート農機では、主に RTK(リアルタイムキネマティック)方式のガイダンスシステムが使われ、誤差数 cm 程度の高い精度で作業させることができます。RTK 方式は、位置の分かっている基準点(固定局)と位置を知りたい観測点(トラクターなどに搭載した受信機、移動局)で同時に受信した GNSS 信号から両者の位相を割り出し、観測点の位置をリアルタイムで求める方法です。測位衛星からの信号だけを利用する GPS を使ったカーナビなどのシステムより高精度な位置情報(現在の位置や作業経路など)をリアルタイムで知ることができます(**図 1**)。

スマート農機を運用するためには、位置情報の電波を受信する必要があります。また、非常時の緊急停止などの安全管理に不可欠な遠隔監視下でロボットトラクターを運用する場合には、タイムラグのない高速通信システムが必須です。我が国の農地の多くは人口減少の著しい中山間地域にあり、スマート農機が必要とされています。しかし、中には電波が届かない地域もあるため、こうした地域での利用には課題が残ります。

データの活用

スマート農業では、データの活用も期待されています。データを活用することにより、技術のレベルアップや新たに農業に取り組む人たちでも効率的に農業に取り組むことが可能になります。

人工衛星やドローンで上空からのセンシングによって、作物の生育状況を捉えることができます。さらに圃場の位置、温度や日射量などの気象データを高精度で予測・提供するメッシュ気象データなどと組み合わせて計算することによって、イネやコムギなど一部の作物では生育や収穫量を予測することも可能になっています。同様に病虫害の発生予測もできます。また、生育状況に合わせて、場所毎に肥料の量を調節しながら施肥をする可変施肥やピンポイント施肥方法も可能になっており、肥料の節約や環境にやさしい農業にも貢献する技術と言えます。

トラクターなどの位置情報はリアルタイムで記録され、スマホなどの手元の端末に表示できるため、作業の状況をリアルタイムで把握できます。また、作物の生育や収穫量が予測できると、生育の途中に行う施肥(追肥)や作業計画を立てやすくなります。特に近年は、農業を辞めた人の圃場が規模の大きい生産者に託されるケースが増えています。たくさんの圃場を持つ生産者にとっては、これらのデータを利用することによって作業の計画や管理が容易になり、効率

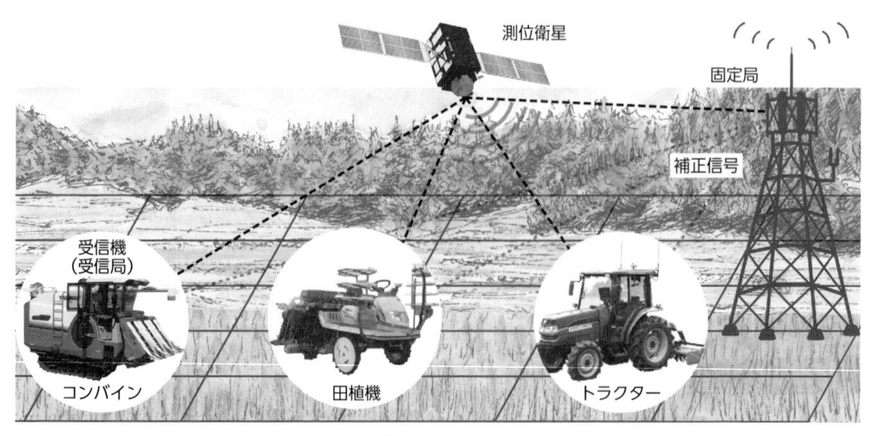

図１　スマート農機は位置情報を基に自動運転する

的な作業が可能になります。

我が国では、様々な農業関連データやその利用のための機能を提供するシステムの運用が開始されており、その代表例が「農業データ連携基盤」(通称：WAGRI、https://wagri.naro.go.jp/)です。

作物の生育環境を整える植物工場

野菜などの作物は、その生育環境が重要です。植物工場は、温度や日射、湿度などの生育環境を、野菜の生育に適した状態に保つ栽培の仕組みです。普通の温室のように太陽の光を利用する太陽光利用型と、太陽光の代わりにLEDなどのライトを使うとともに、外界と隔離した建物の中で栽培する完全制御型(完全閉鎖型)と呼ばれる仕組みがあります。読者の皆さんがイメージする植物工場は後者だと思います。

作物は、光を使って光合成することで生育するため、そのための光源が必要です。また、栽培空間の環境はヒートポンプ(エアコン)などの機器で制御しますし、栄養分や水分の供給するには、水や肥料の量を制御するシステムが用いられます。こうした仕組みを「環境制御」(あるいは「環境調節」)と呼んでおり、様々なセンサーを用いて集められたデータを基にリアルタイムで計算しながら、様々な機器を使って作物の生育に必要な環境に制御しています。これも高度化された仕組みのスマート農業です(**図2**)。

コントローラー

閉鎖型での光の制御

養水分の制御

温湿度の制御

図2　温室(植物工場)の環境調節に利用される機器の例

環境の変化に応じて照明、空調機器、遮光装置、循環ポンプ(養液の調整や送液)、換気扇、循環扇などの機器を、コントローラーで作物の生育に適した制御をする

川嶋　浩樹

(国研)農業・食品産業技術総合研究機構

医療機器（MRI・胃カメラ・CTスキャンなど）にはどのような電気技術が使われているの？

皆さんは、病気の時や健康診断などで色々な医療機器を目にすることがあると思います。MRIやCTは画像診断装置と呼ばれ、体の中の様子を体の外から観察することができ、病気の早期発見や診断に役立っています。ここでは皆さんがよく目にする画像診断装置に使われている技術を簡単に紹介します。

画像診断装置の構成

私たちがモノ（観察対象）を見て、それが何かを判断できるのは、目から入った光の情報が神経を通して脳に伝わり、モノを認識するからです。スマートフォンを使った写真や動画の撮影に置き換えると、観察対象の光学像をレンズによって撮像素子に投影し、撮像素子から出力された電気信号を処理する演算装置によって画像化し、その結果を表示装置（ディスプレイ）に映し出すという流れになります。目やスマートフォンでは人間の目が感じる光（可視光と言います）の情報を画像化していますが、画像診断装置では情報の担い手は光のほか、X線、電波と様々です。情報を電気信号の形に変え、演算装置に伝え、画像化するという構成はどの画像診断装置も同じです。画像診断装置は、情報の担い手を発生させ、人体に照射する発生器、情報を電気信号に変える検出器（素子）、検出器からの電気信号を瞬時に画像化するための専用の演算装置で構成されています。

表1に、これから説明する画像診断装置の概要を示します。

表1　画像診断装置の概要

画像診断装置	情報の担い手	発生器	検出器
内視鏡	可視光	ライトガイド	レンズ・光学撮像素子
一般撮影装置	X線	X線発生器	フラットパネル検出器
X線CT	X線	X線発生器	シンチレータ フォトダイオード
MRI	電磁波	磁場 アンテナ	アンテナ

内視鏡

一般には胃カメラという名前が馴染み深いかもしれません。胃カメラの先端には光学撮像素子が付いており、そこからの出力信号(電気信号)がディスプレイに映し出されます。装置の原理はスマートフォンによる画像撮影と同じで、人間の目に当たる光学撮像素子を直接胃や腸の中に入れて撮影します。光学撮像素子は、光を電気信号に変換するフォトダイオードを2次元状に集積したものです。1つのフォトダイオードは、1/100mm程度の大きさで、数mm角のシリコン半導体上に2次元状に配置されています。このような微細な構造を持った撮像素子は電子回路で使われているICと同じように、半導体の工場でつくられています。

撮像素子に投影された画像は2次元の画像として電気信号に変換されます。臓器の中は外部の光が届かないため、ライトガイドと呼ばれる光を伝搬させることができる器具で臓器内を照らし出します。胃カメラは光学撮像素子と、光学撮像素子に観察部位の光学像を投影するレンズ、臓器の中を照らすライトガイドが細長いチューブ内にコンパクトにまとめられています。食道内を通しての胃の中へのカメラ挿入や、曲がりくねった腸の内部に沿ったカメラの操作を無理なく行うために、できるだけ細く、しなやかな構造となるように工夫されています。

一般撮影装置

健康診断の胸部撮影や、骨折した時などの診断によく使われています。レントゲン装置と言った方が馴染み深いと思います。X線を人体に照射し、透過したX線の強度変化を画像化します。人体の組織によってX線の透過の状態が異なることを利用しています。人体に照射するX線はX線発生器(X線管)によって発生させています。電子を1万から10万V(ボルト)という高い電圧で加速し、ターゲットと呼ばれる金属に衝突させることによりX線が発生します。

人体を透過したX線を、昔は写真フィルムで画像化していましたが、現在はフラットパネル検出器というX線に感度がある撮像素子が使われています。写真フィルムは撮影後現像作業が必要でしたが、フラットパネル検出器は瞬時に画像を出力することができます。X線は可視光と違い、レンズで絞りこむことができません。そのため、人体を透過したX線を検出するためには、撮影部位と同じサイズである数十cm四方の検出器が必要となります。検出器は液晶テレビで使われている薄膜トランジスタ基板を利用してつくられています。

薄膜トランジスタは薄いガラス基板の上に2次元に配置され、それぞれの位置の電気信号を演算装置に出力する役割を持っています。薄膜トランジスタ自体はX線に対する感度がないので、X線を可視光に変えるシンチレータ、シンチレータからの光を電気信号に変えるフォトダイオードが薄膜トランジスタ基板の上に積層されています。フラットパネル検出器から出力された信号は画像処理装置で演算処理が行われ、診断しやすい画像に調整されて表示されます。

X線CT(Computed Tomography：断層撮影法)

X線CTの基本構成は一般撮影装置と変わりませんが、一般撮影装置は出力される画像が人体を透過したX線による2次元画像であるのに対し、X線CTは人体内部の断層画像(Tomography)を撮影します。また、断層画像を重ね合わせることで人体内部の3次元画像を得ることができます。断層像を撮影するためには、色々な方向から対象物の情報を収集する必要があります。**図1**に示すように、X線CTでは1次元に配置したX線検出器とX線管が対向して人体(対象物)の周りを高速で回転し、多方向から人体を透過したX線によって人体内部の情報を収集しています。

得られた情報は演算装置で高速に処理され、人体の断層像を撮影することができます。さらに、体軸方向に人体を動かすことで、連続的に断層像を収集し、これを重ねることで3次元像を得ています。X線CTの検出器はシンチレータとフォトダイオードが組み合わされた検出器ユニットが1次元に並んでいます。検出器は、人体の周りを高速で回りながら人体の各部位からの情報を取り込んでいくため、検出器から演算装置への信号出力も高速に行われます。演算装置で扱うデータ量は大変多く、これを瞬時に画像化するため、専用の電子回路がつくられています。

MRI(Magnetic Resonance Imaging：磁気共鳴像)

MRIは体内の水素原子核の状態を画像化する装置です。どんな原子でも磁気的な性質を持っています。MRI装置では、人体の中に存在する水素原子核を微小な磁石として取り扱います。人体の中にとても小さい磁石が分布していると思ってください。人体が、強い磁場にさらされると人体中の小さな磁石の方向が揃います。この状態で特定の周波数の電波を照射すると磁石の向きが変化します(磁気共鳴状態)。その後、電波を切ると磁石は元の向きに変化します(緩和状態)が、磁石の周りの状態によって元の向きに戻る時間が異なります。

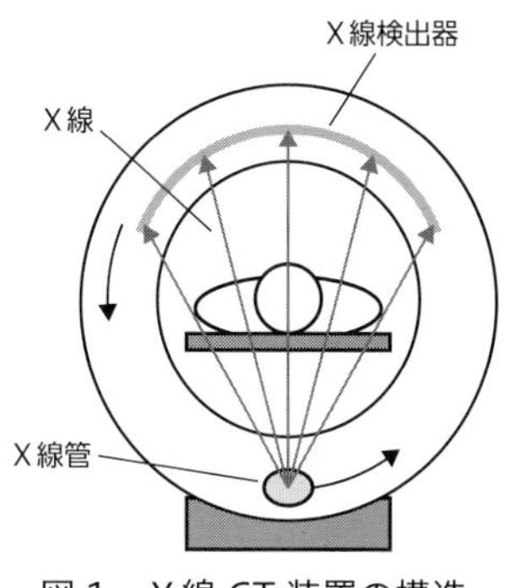

図1　X線CT装置の構造

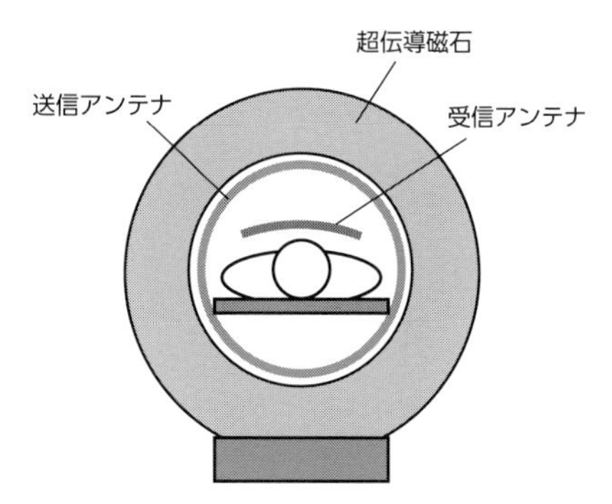

図2　MRI装置の構造

この時間差を捉えることで人体組織やその状態を調べることができます。磁石の方向を揃えるために強い磁場を必要としますが、そのために超伝導磁石を使っています。磁場は電線を螺旋状に巻いたコイルに電流を流して発生させますが、コイルに流す電流が大きいほど磁場が強くなります。MRIで使用する強磁場を発生させるために通常の電線に大電流を流すと電線が持つ抵抗によって多量の熱が発生し、あまり大きな磁場を発生させることができません。そこで、極低温で電気抵抗がゼロとなる超伝導材料を使ったコイル（超伝導磁石）で強磁場を発生させています。

図2にMRI装置の概略を示します。超伝導磁石と人体の間には磁気共鳴状態をつくるため、電波を照射する送信アンテナ、人体近傍には緩和状態で発生する電波を受信するアンテナが配置されています。水素原子核の状態が信号に反映されているため、水素原子が多い部位からの信号強度が高くなります。さらに、前述したように水素原子核の周囲の状態に応じて信号強度も変化します。受信アンテナに入力した電波がどの位置から出たかを判別する工夫がなされており、水素原子核の状態を反映した人体組織の断層像を得ることができます。

X線CTとMRIは装置の形が似ており、両装置とも断層像が撮影できますが、画像の成り立ちは全く異なります。X線CTが人体組織のX線透過度の違いを反映した画像であるのに対して、MRIは人体内部の水素原子核の状態を反映した画像となります。検査診断時には、検査対象に合わせて装置を使い分けています。

佐藤　敏幸
元・京都医療科学大学 医療科学部

デンキウナギやデンキナマズなど、水中にいる生き物が強発電する理由は何？

生態学的にお答えすれば、水中にいる電気を発する生き物、すなわち発電魚が電気を発するのは、「視界の悪い水中で獲物や障害物の位置を正確に探るため」です。つまりレーダーとして使っているためです。その中でもデンキウナギ、デンキナマズ、シビレエイの３種は強電気魚と呼ばれ、特に強い電気を発します。これは、上記の理由に加え、「ターゲットを電撃で動けなくして捕捉する、またはその間に逃避するための防衛手段として使うため」です。発電魚がこのような能力を発達させてきたのは、水が空気より電気を伝えやすいからと考えられますが、ここでは、発電魚がなぜこのような発電能力を発現させられるのか、という仕組みを物理学的な観点から解説したいと思います。

電気と発電について

電気は様々な電気製品に使われるほか、自然現象としても雷や静電気などで知覚できるとても身近な存在です。電気とは電流が流れる現象全般を指しますが、電流は物理的には電荷を持つ物質(金属など固体中では主に電子、液体や気体中の場合は主にイオン)が移動することであり、それにより周囲に磁場を発生させて物を動かしたり、媒体中の物質に作用して熱や光を発生させたり、情報の伝達をしたりして様々な機械を作動させることができます。電気は様々なエネルギーに変換しやすく、制御もしやすいので、他のエネルギーから電気エネルギーに変えること、すなわち発電は、工学として非常に重要な技術です。

生体の発電の仕組みとシビレエイの発電機構

一般的な発電方法として、火力や原子力、水力が挙げられます。これらはいずれも、化石燃料を燃やした際の動力や水の力で磁石を動かし、自転車のライトと同じように、電磁誘導によって発電するものです。一方で、人を含む生物も実はこれとは全く違う方法で発電しています。神経細胞が知覚や運動命令などの情報を伝えているのはまさに電気信号であり、体内の発電によるものです。これは神経細胞の末端のシナプスと呼ばれる結合部位でイオンが放出されることで電流が生じ、隣の細胞に電気信号を伝えることができるのです。強電気魚も同様の原理で発電を行いますが、細胞が発電に特化した形に進化し、またそれが積層することで大きな電力を発生できる仕組みになっています。

ここでは日本近海でも捕獲できる、身近なシビレエイを例にとって解説します。シビレエイは、発電器官として胸鰭(むなびれ)に一対の電気器官(サイズは長辺10cm程度の楕円形)を持っています(**図1**)。この電気器官は蜂の巣構造になっており、ハニカムのように六角形の電気柱が並んでいます。この電気柱は、一辺1mmほどですが、厚みは1cmほどもあり、扁平(へんぺい)形状の細胞が縦に100層以上も並んでいます。この発電の単位となる発電細胞には神経末端が接続されています。

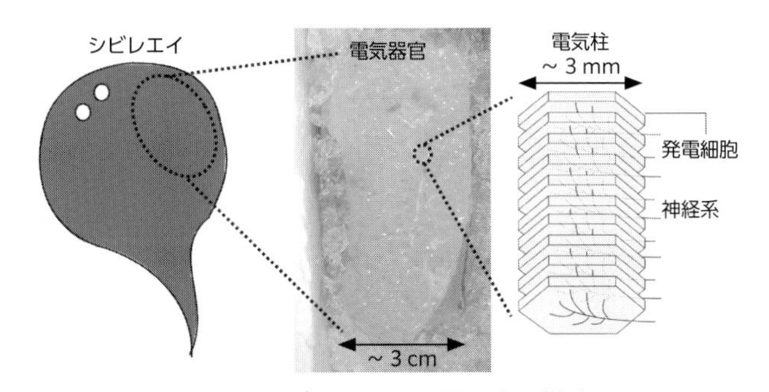

図1　シビレエイの発電器官の構造

発電の機構を**図2**に示します。通常時は細胞膜に存在するタンパク質の一種で、イオンを汲み出すイオンポンプがATP(アデノシン三リン酸)のエネルギーを使って、細胞内外でイオン差(電位差)を生じさせています。ここで脳から発電の指令があると、神経線維の末端から神経伝達物質アセチルコリンが放出され、これが細胞膜タンパク質の一種で刺激時に特定のイオンのみを流す役割を持つイオンチャネルを刺激すると、細胞外にあるイオン(Na^+)が一気に細胞内に流入します。このように、電荷が移動するので電流が発生します。

これ自体は細胞レベルで起こっている現象であり、イオンが実際に移動している距離はごくわずかで、細胞同士も体内外も細胞膜や体表皮で絶縁されているため、直接体外に電流が流れるわけではありません。しかし、電流が流れることで、周囲の空間では電気的な勾配である電場が変化し、シビレエイの背側がプラス極、腹側がマイナス極の電池のような状態となります。通常、シビレエイの周囲は電流を流す海水なので、この電場に従い海水中のイオンが流れることで、水中で広範囲に電流を放出することができるのです。

電気器官では、イオンポンプとイオンチャネルが広い面積の細胞膜に多数集積することで電流密度が増加します。また、細胞の直列積層により電圧を稼いでいます。このような「大規模集積構造」は天然にしか存在しません。デンキウナギやデンキナマズは細長い体をしているため、面積は少ないですが積層数が多く、高電圧となり、シビレエイは逆に積層数は少ないですが面積が大きく、高電流となります。それぞれ淡水と海水に適応した結果と考えられます。

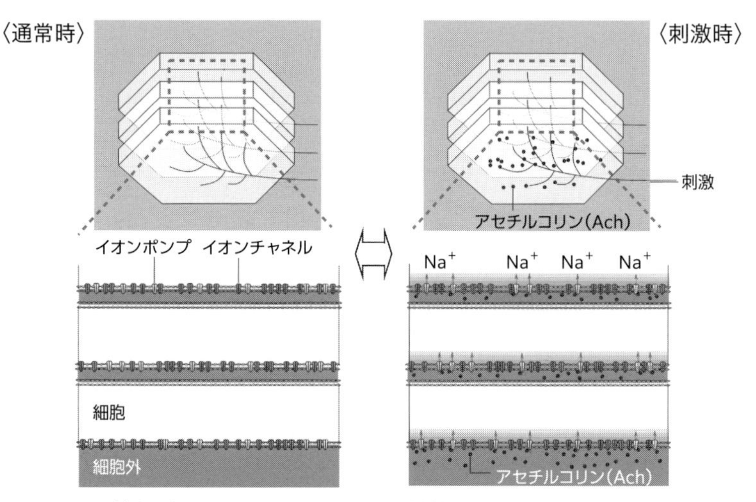

図 2　神経系からのアセチルコリン刺激による発電原理を示した電気柱外観図(上)と断面拡大図(下)

シビレエイ電気器官の発電機への応用

さて、この細胞による発電ですが、原理的には変換効率が 100% に近い極めて効率的なものです。これは細胞上の膜タンパクがイオン 1 個だけを通すため、ATP のエネルギーがすべて電荷の移動に使われるためです。実際の生物は代謝などがあるので 100% ではありませんが、非常に効率が良く、またクリーンで安全という特長があります。そこで、筆者らはこの生物の発電を化石燃料などに頼った従来の発電法に代わるものとして利用することはできないかと考え、実際に試作機を作製したので簡単に紹介します。

これは、シリンジ針を代替神経系に見立て、電気器官にシリンジ針を通し、それを押す圧力を利用し、アセチルコリンを器官全体に行き渡らせ刺激する方法によるものです(図 3)。シリンジを押すという原始的な方法ではありますが、人が制御できる方法で、任意のタイミングで発電させることができます。

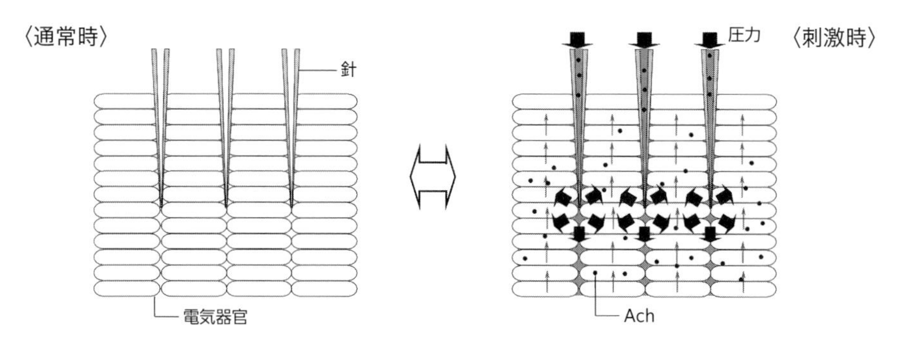

図 3　流体圧力を用いた代替神経系による発電
（アセチルコリンが、シリンジ針を通した圧力によって電気器官全体に拡散）

実際に電気器官を 3cm 角にカットし、これをアルミやシリコンゴムで作製した容器に固定し、16 個のデバイスを直列につなぐことによりピーク電圧 1.5V、ピーク電流 0.25mA を達成しています（図 4）。なお、電気器官は生体から摘出したあとも生理食塩水中など特定の条件では数時間程度は生きており、ATP も細胞中に蓄えられています。

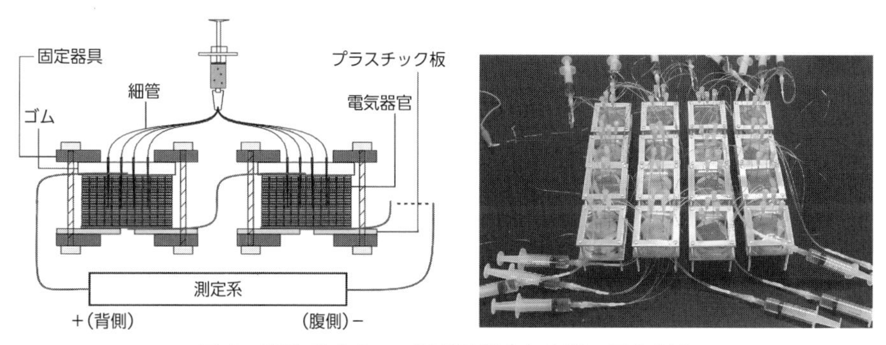

図 4　発電デバイスの原理図（左）と実際の写真（右）

今後、さらにメカニズム詳細の解明と技術的な進歩により、より人工的にこのような生物発電が利用できるようになることを期待しています。

◆参考文献
理化学研究所プレスリリース、2016 年 5 月 31 日

田中　陽
日本サムスン（株）Samsung デバイスソリューションズ研究所

パソコンをスリープにすると、電気の使用量は減る？

パソコン内部の主な部品構成と電気使用量

パソコンの電気使用量を知るために、パソコンが動作するうえで、どの部分に、どれだけの電気が使われているか、パソコンの主な部品(デバイス)構成を含めて説明します。**図 1** は、パソコン内部の主な部品構成を示した参考イメージです。人間の頭脳に当たる CPU は、様々な命令を発信して他のデバイスを制御したり、他のデバイスから得た情報を処理したりします。具体的には、パソコンの使用者(ユーザー)が入力デバイスを用いて操作すると、CPU は入力デバイスから受けた内容を処理し、ユーザーの操作に対応するために必要なデバイスへ適切な動作処理を指示します。

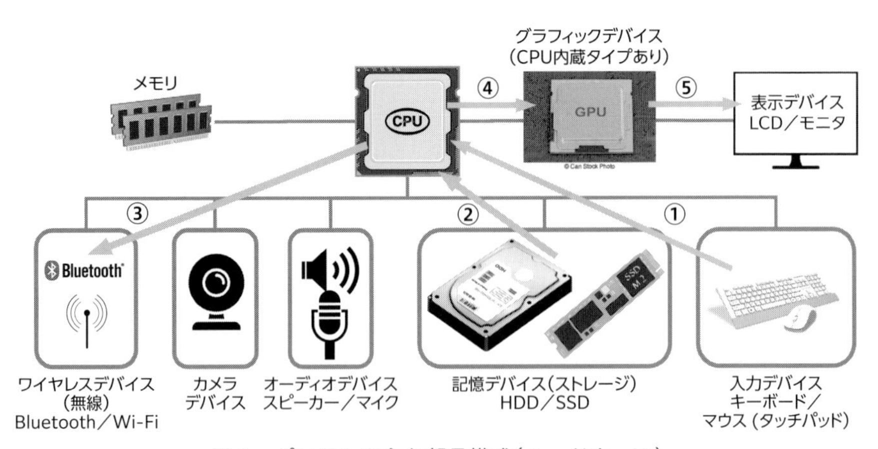

図 1　パソコンの主な部品構成(ハードウェア)

例として、Web ブラウザを用いてインターネットを閲覧した場合の動作イメージを、図 1 とともに①から⑤の手順で説明します。

① 入力デバイスは、ユーザーが実行した操作情報(命令)を CPU へ送る。

② CPU は、入力デバイスから得た命令を処理し、Web 閲覧に必要な情報を記憶デバイスから読む。

③ 記憶デバイスから読んだ情報を基に、CPU はワイヤレスデバイスへ指定の Web へアクセスするよう命令する。

④ ワイヤレスデバイスから得た Web 情報をグラフィックデバイスへ送る。

⑤ グラフィックデバイスは、Web 情報を画像データに変換したあとに表示デバイスへ送る。

メモリは、CPU がこれら処理を実施する際、必要なデータなどを一時的に保存するために使用されます。このようにパソコンで実施する内容によって、処理に必要なデバイスが動作します。そして、CPU やデバイスが動作する際、その動作に必要分だけ電気が使用されることになります。それぞれのデバイスの目安となる電気使用量を**表 1** に示します。これらの値は参考ですが、パソコンを使用していない時、スリープにした方が電気使用量は減ります。通常使用での電気使用量はパソコン製品毎に違いますが、スリープの際は、総じて 1W 以下になります。

表 1　部品毎の電気使用量

主な部品（デバイス）	電気使用量[W：ワット]	
	通常	スリープ
CPU	2.00	0.05
グラフィックデバイス	3.00	0.00
メモリ	1.00	0.25
表示デバイス（LCD／モニタ）	4.00	0.00
記憶デバイス	1.00	0.00
オーディオデバイス	0.40	0.00
カメラデバイス	2.00	0.00
ワイヤレスデバイス	0.50	0.00
その他（入力デバイスなど）	0.10	0.00
合計	14.00	0.30

オペレーティングシステム（通称：OS）の役割

次に、これらパソコンに使用されているデバイスの動作と、それらの電気使用量をどのように管理し、制御しているかをパソコンで使用されるソフトウェアの役割を含めて説明します。

先に説明した各デバイスの動作と、実際の動作に伴う電気使用量は、それらを動かすための専用ソフトウェア（通称：デバイスドライバ）を経由して、オペレーティングシステム（Microsoft 社の Windows など。以下：OS）が管理制御しています。

アプリケーションや各種ソフトウェアを操作実行する際、OS は各デバイスを動作させるためのドライバとコミュニケーションし、デバイスの状況を把握しながら必要な動作を命令します。

また、動作していないデバイスについては、電気使用量を低下させるよう命令し、無駄な電気使用がないように管理しています。デバイスが期待通りの動作をするためには、これらデバイスドライバが必須であり、OS の命令を受けて適切に動作するように制御する非常に重要な役割を持ちます。

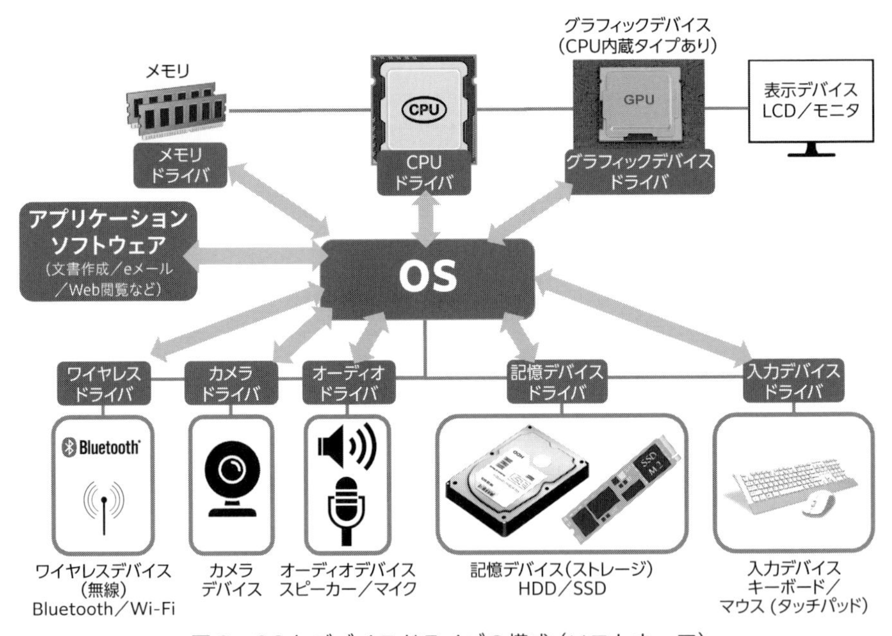

図2　OS とデバイスドライバの構成（ソフトウェア）

本来、OS やアプリケーション／ソフトウェアは記憶デバイスに格納されていますが、ソフトウェアの構成を説明する便宜上、**図2**のように表現しています。

従来のスリープと最近のスリープ（モダンスタンバイ）の違い

パソコンはスリープにした方が電気使用量は減ります。しかしながら、従来のスリープの場合は、メモリや CPU の一部の機能以外のパソコンに使用しているデバイスへの電気供給自体を止めてしまうため(電源 OFF)、スリープから復帰する際に各デバイスの初期化(リセット)などの処理が必要となることで、

OS が使用できるようになるまでは 2 秒程度必要でした。

この復帰時間を早めてユーザーがよりパソコンを使いやすくするために、最近は様々なデバイスの電気供給を可能な範囲で止めずに、デバイスの電気使用量を低下させる処理を実施したうえで、OS が使用できるまでの時間を約 10 分の 1 となる 0.2 秒程度にしたモダンスタンバイというスリープが主流です。

表 2 は、表 1 で説明した従来のスリープと、モダンスタンバイの電気使用量を比較したものです。

表 2　部品毎の電気使用量

主な部品（デバイス）	電気使用量[W：ワット]		
	通常	従来のスリープ	最近のスリープ（モダンスタンバイ）
CPU	2.00	0.05	0.10
グラフィックデバイス	3.00	0.00	0.00
メモリ	1.00	0.25	0.25
表示デバイス（LCD／モニタ）	4.00	0.00	0.00
記憶デバイス	1.00	0.00	0.05
オーディオデバイス	0.40	0.00	0.00
カメラデバイス	2.00	0.00	0.00
ワイヤレスデバイス	0.50	0.00	0.10
その他（入力デバイスなど）	0.10	0.00	0.00
合計	14.00	0.30	0.50

また、**表 3** は、それぞれのスリープの際の電気使用量と、スリープから OS が使用できるようになるまでの復帰時間を示します。

表 3　復帰時間

	従来のスリープ	最近のスリープ（モダンスタンバイ）
電気使用量[W：ワット]	0.3	0.55
復帰時間 [秒]（OS が使用できるまでの時間）	約 2	約 0.2

このように、パソコンを使用していない場合は、スリープを積極的に使用した方が電気使用量を減らすことが可能であり、節電に役立つことになります。

相馬　豪紀
NEC パーソナルコンピュータ（株）HW Development Group

近くで雷が鳴ったあとにパソコンが壊れた原因は何？

雷って怖いですよね。ピカッと光ってから轟音がゴロゴロ…。近くに落雷するとバシーンッ！とすごい音が鳴ったりします(図 1)。ゲリラ雷雨が当たり前になった昨今では、雷が社会に与える影響が年々拡大しています。ある日突然パソコンが動かなくなった…、そういえば昨日は雷雨だった、そういった事例が急増しています。なぜパソコンは壊れたのでしょうか。

図 1　落雷の様子
(第 18 回雷写真コンテスト優秀作品「thunderbolts」)

雷が発生する仕組み

まず雷が発生する仕組みについて説明します(図 2)。

① 太陽の日射により地表が熱せられると、地表の湿った空気が暖められて上昇気流となります。湿った空気は上空で水滴となり、その水滴の塊が雲となります。

② 上空では周囲の温度が氷点下のため、雲の中の水滴は氷の粒となります。氷の粒は上昇とともに成長して大きくなり、ある程度大きくなると、今度は上昇気流の力より重さが勝るため下降を始めます。

③ 雲の中で氷の粒同士がぶつかり合うことで静電気が発生し、小さな粒にはプラス電荷、大きな粒にはマイナス電荷が帯電します。このような現象が続くと雲は雷雲(積乱雲)へと成長します。同時に静電気誘導作用により、雷雲下方のマイナス電荷に呼応するように地表面にはプラス電荷がたまります。

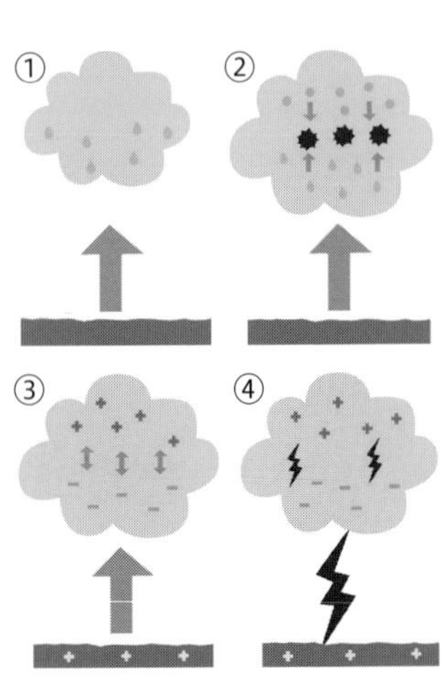

図 2　雷が発生する仕組み

④ 雷雲の成長とともに電気の力も強くなり、プラス電荷とマイナス電荷が引き合おうとします。空気が電気の力に耐えられなくなった時に放電し、電気が流れます。この現象を雷といい、雲の中、または雷雲同士で発生するものを雲放電、雲と大地の間に発生するものを対地放電といいます。この対地放電がいわゆる雷です。

電気機器を壊すのは雷サージ

落雷すると、その大電流によって雷サージが発生します。雷サージとは一時的に生じる短時間の異常な過電圧や過電流のことをいい、電源線、通信線、アンテナ線、接地線などを通じて電気機器に侵入します。ビルや家屋、電線などに直接落雷した場合、非常に大きな雷サージが流れます。建物本体だけでなく、内部の電気機器にも大きな被害を与えます。また、直接の落雷ではなく近くに落ちた雷であっても、雷の大電流のため配電線や通信線の電磁界が急変し、電磁誘導によって雷サージが発生することがあります。雷サージは３種類に分類することができます(図３)。

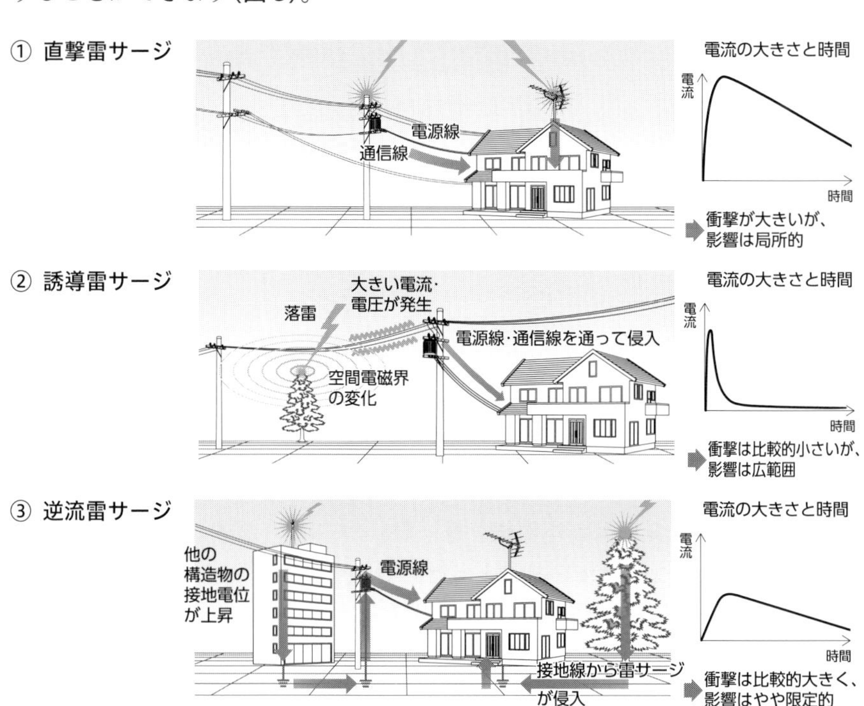

図３　雷サージの種類

① 直撃雷サージ

建物の避雷針やアンテナ、電源線や通信線などに直接落雷する現象。

② 誘導雷サージ

直接の落雷ではなく、近くにある建物や樹木への落雷によって電磁界が急変し、電源線や通信線に誘導された雷サージが発生する現象。

③ 逆流雷サージ

建物や樹木への落雷による接地電位上昇によって、接地線や電源線や通信線などから雷サージが流入する現象。

雷サージは電源線や通信線を通って電気機器に侵入し、被害を生じさせます。落雷地点から離れていても雷サージの影響を受けるので、すぐ近くの落雷ではなくても電気機器が壊れる可能性があります。

近くで雷が鳴ったあとにパソコンやモデムなどのホームゲートウェイが壊れた原因は、これら雷サージなのです。

雷被害が増えた原因

「パソコンが壊れる原因は雷サージ」と説明しましたが、なぜ雷サージによる被害が増えてきたのでしょうか。

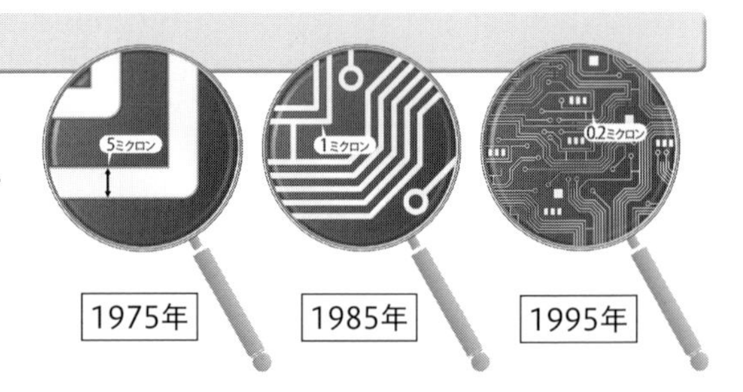

図4　IC チップの変遷

これは技術の発達により電気機器が高性能になったからです。電気機器に使用されるIC チップの配線が細かくなり、高密度化してきました(図4)。昔のIC チップは1線の幅が太く、配線と配線の間に距離があったため絶縁が保たれていましたが、最近のIC チップの配線は細く密集しており、絶縁距離が短くなりました。「絶縁距離が短い＝雷サージが放電しやすい」ということなので、電気機器は、高性能化により雷サージに対して弱くなってしまったと言えます。

また、様々な電気機器が電源線、通信線、LAN ケーブル、アンテナ線などの多様な配線でつながっていることも原因の1つです。それだけ雷サージの侵入経路が増加しているということになります。

家庭でできる雷対策

では、どうすれば雷サージから電気機器を守ることができるのでしょうか。

一番分かりやすいのは電源線をコンセントから抜くことです。電源線に加えて、電話機やパソコンやモデムなどにつながっている通信線やLANケーブル、テレビであればアンテナ線を外してしまえば、電気機器に雷サージが侵入することはありません。しかし、雷が鳴った時に、これらすべての配線を抜くことは容易ではありません。そのような時のために、あらかじめ「避雷器」や「SPD(Surge Protective Device)」と呼ばれる雷保護機器を取り付けておくことで、雷サージによる被害を防ぐことができます。コンセントタップ型の避雷器(**図5**)であれば、延長コード感覚で電源線をコンセントに差すだけで雷対策ができます。また、家庭用分電盤に取り付けるタイプの避雷器(**図6**)もあります(電気工事士による工事が必要です)。

図5 コンセントタップ型避雷器

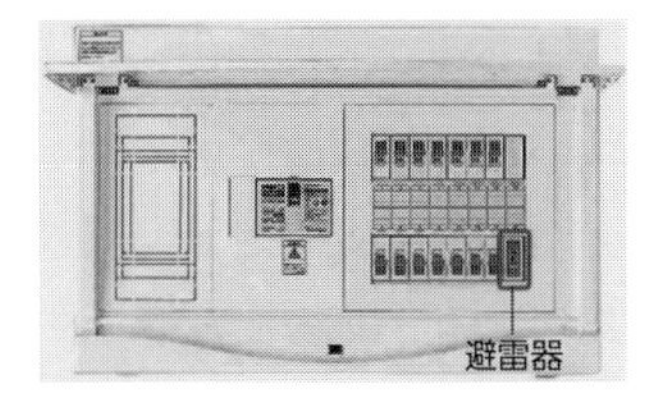

図6　家庭用分電盤用避雷器

最後に住宅の雷対策を例示(**図7**)しますので、ぜひ参考にしてください。

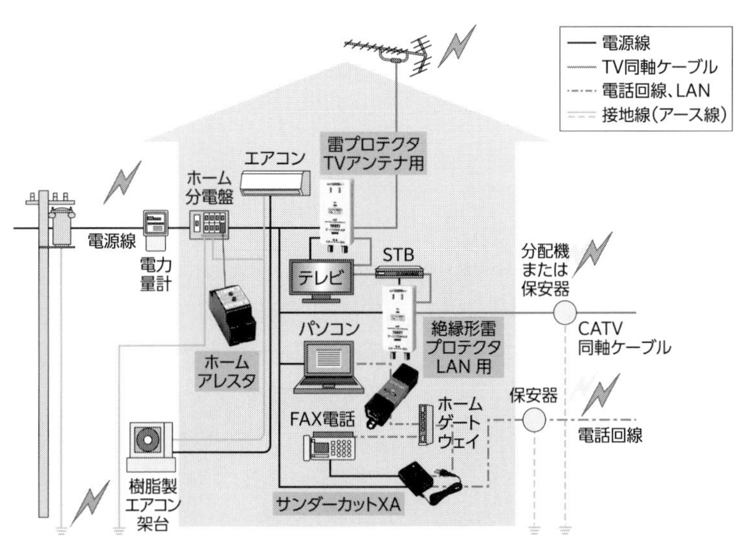

図7　住宅の雷対策例

浅野　浩司
音羽電機工業(株) 販売促進室

雷＝黄色のイメージがあるけど本当は何色？

日本人にとって雷の色とは？

雷の色が黄色と思われているのは、やはりアニメや漫画の影響でしょうか。アニメや漫画では、雷や感電をイメージする色として黄色が使われていることが多いですが、それは作者が雷に対するイメージで描いているのであって、実際のところは、雷の色が黄色であるとは言いきれません。

古くから日本では、神社や家庭の神棚のしめ縄には、紙垂と呼ばれるギザギザの白い紙が取り付けられています(図1)。この紙垂のギザギザの形こそ、雷光や稲妻を表していると言われ、神さまが宿る場所に入って来る邪悪なものを追い払う意味合いがあるとされています。現在では、紙垂は、近代的な製法で製造された半紙でつくられることがほとんどですが、元々は、楮からつくられた楮紙と言われている和紙が使われていました。もちろん、楮紙の自然色は白色です。このことから、日本人は太古の昔から、雷の色は白色と考えていたのではないでしょうか。

また、国宝に指定されている「風神雷神図屏風」は、江戸時代に俵屋宗達に

図1　しめ縄に付けられた紙垂

よって描かれたものであり、その雷神は、大きな音を出す太鼓と、雷の閃光(せんこう)をイメージした白黒の天衣(てんね)をかけています(**図 2**)。さらに、江戸時代の浮世絵では、歌川国芳(うたがわくによし)が描いた「橋立雨中雷」の雷は赤色(これはモノクロなので分かりにくいですが)に描かれています(**図 3**)。これらのことからも、古来の日本人に、雷の色は黄色であったという認識があったかどうかは、歴史学や日本画の専門家の方の見識を伺ってみる必要がありそうですね。

図 2　風神雷神図屏風(雷神の部分)

図 3　橋立雨中雷

インターネット上でも、「雷の色は黄色には見えないのに、なぜ黄色というイメージが定着しているのだろう？」という議論がなされていました。その中には、「昔の白熱電球の色が黄色っぽいから雷＝電気ということで、雷の色は黄色が定着したのではないか」という説がありました。筆者の記憶でも、昔のアニメには、雷や感電の色は黄色が多かったような気がします。しかし、LED 照明の白色灯が一般に普及した現在では、雷の色＝黄色というイメージが定着しているのは白熱電球を知っている世代の人たちだけで、これからは、雷の色は LED 照明のような青白い色というイメージが定着していくかもしれません。

雷は、本当は何色?

さて、それでは雷の色は、実際は何色なのでしょうか。

雷は放電現象であり、大気中に電気が流れる現象です。電気そのものには色はありません。雷の放電路の直径は数cm程度ですが、平均的な雷の電圧はおよそ1億V(ボルト)で、電流値は20,000～30,000A(アンペア)にもなります。そのため、その狭い放電路を大きな電流が流れると、その温度は10,000～30,000℃にもなると言われています。この高熱が光エネルギーを生み出し、色を発するのです。光源の温度と光の色の間には相関関係があり、光源の温度が低い方から高くなるにつれ、赤→オレンジ→黄→緑→青→紫となります。太陽の表面が約6,000℃と言われているので、10,000℃を超えている雷の放電路は、かなりの高温であることが分かります。雷を、かなりの至近距離で見ることができたならば、その放電路の色は青に限りなく近い青白い色に見えるはずです。

そして、雷の色が何色に見えるかは、雷を見た位置から雷の放電路までの距離によっても変化するのです。人間の目に見える光を可視光といい、**図4**に可視光の色と波長を示します。人間の目は、(紫色)380～400nm(ナノメートル:1mの10億分の1)から、(赤色)760～780nmの波長を持つ光を認識することができます。光も、ラジオやテレビ、携帯電話などの電波と同じ電磁波であり、紫→緑→黄→赤と波長の長さが長くなっていきます。

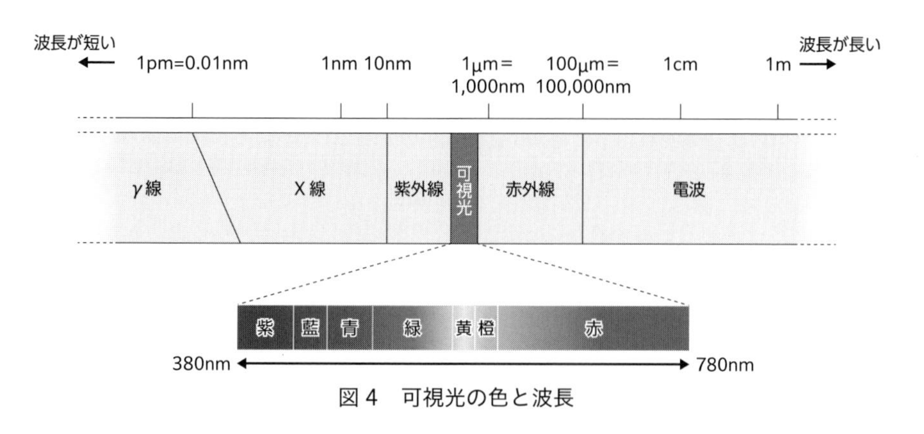

図4　可視光の色と波長

一方、大気中には、様々な粒子が浮遊しています。そのため、直進する光は、大気中に存在する粒子にぶつかって進む方向が変わります。これを散乱と呼びます。**図5**に示すように、光の散乱は、波長が短い光(紫、青)ほど散乱の度合いが大きく、波長が長い光(赤)ほど、散乱の度合いが小さい性質があります。

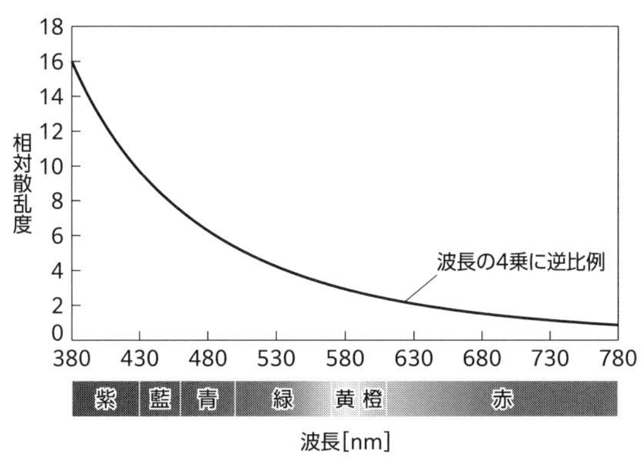

図5　散乱度と可視光の波長

このように、光の色によって散乱の度合いが違うため、散乱の度合いが高い色の成分ほど遠くまで届かないことになります。つまり、雷から発する光のうち、波長の短い紫や青色の成分は遠くまで届かず、波長の長いオレンジや赤色の成分は遠くまで届くことになります。このことからも、同じ雷であっても、雷を見た場所と雷が発生した場所までの距離によって、見える色が違ってくるのです。また、気象条件によって大気中の粒子の密度や大きさが変わるので、雷までの距離だけではなく、その時の気象条件でも雷の色が変わってきます。

筆者の経験では、職場のある神奈川県相模原市から60km以上離れた千葉県や群馬県で発生している雷を見た時は、その色はオレンジ色あるいは赤色でした。雷鳴の可聴範囲は、落雷のあった場所から約14kmと言われているので、雷からこれだけ距離が離れると、雷鳴は聞こえませんでした。逆に雷鳴が聞こえる範囲で見えた雷は、青白い色でした。やはり雷の傍(そば)では、青色や紫色の成分が散乱の影響をあまり受けずに到達することができるようです。

また雷は、雷ごとに流れる電流の大きさが違いますが、なぜ違ってくるのかは、まだ解明されていません。しかしながら、これまでの研究で、雷が発する光の強さ(明るさ)は、雷の電流の強さに比例することが分かっています。つまり、雷の発する光の強さは、雷ごとに違ってくるのです。

松井　倫弘

(株)フランクリン・ジャパン　技術部

電源や配線の種類によって音が良くなるって本当？

電気の教科書のどこにも書いてありませんが、電源や配線の種類でオーディオの音は変化します。オーディオマニアの人は、コンデンサーなどの電子部品1個でも音が変わると言います。

電源について

電力会社の送電は発電所から数万Vという高電圧で送り出し、各家庭に入る直前で100Vに降圧しています。これは高電圧にすることで電流を少なくし、送電線による電力損失を減らすためです。

世界の電力事情はまちまちで、例えばドイツ(ヨーロッパ)では220V/60Hz、日本の場合、富士川と糸魚川を結ぶ線の北が100V/50Hz、南が100V/60Hzとなります。電圧を変えるトランス(変圧器)は、動作周波数が高いほど変換効率が高くなります。電源トランスを使用したパワーアンプは、50Hz地域より60Hz地域の方がパワーは大きく出ます。日本国内で設計・製造したパワーアンプを電圧・周波数ともに高いヨーロッパで出力テストをすると必ず大きく出て、低音の瞬発力にも効果絶大です。

オーディオマニアの中には、柱上トランス(電柱)を自分の宅地の傍に設置する人もいます。また、契約電流を一般家庭用の最大60Aからさらに120Aにする人もいます。

オーディオの電気回路は直流電源が使われますが、機器の電源回路で交流を整流して直流をつくるのではなく、電池の直流をダイレクトに供給する製品例もあります。電池を使用することで、整流後でも残ることがある「ブーン」という雑音(ハム音)を避けるためです。

配線について

オーディオの世界では、機器に供給される電源や信号を伝える配線(ここでは「ケーブル」と呼びます)で音は変わります。違いを感じるのは人の聴感で、その感じ方は人によって異なります。変化を感じない人、あるいは感じることが少ない人は「そんな変化は気のせいだよ」と言うでしょう。一方、変化に敏感なオーディオマニアは虫眼鏡で見るように変化を捉えます。そこがオーディオの面白さですが、「そんなのはオカルトだ」と否定する人もいます。この音の変化を客観的・科学的に議論することは正直難しいことです。その理由は、ケーブルを変えると物理特性の何がどのように電流に影響するのか、電流の変化が、なぜ聴こえの変化につながるのかがよく分かっていないからです。

電気は金属の導体中を流れます。電気をよく通す順番は銀、銅、金です。導電材料として用いられるものは電気分解によって得られた純度の高い電気銅で、銅量は3N(99.90%)以上です。さらに純度の高い4N(99.99%)や6N(99.9999%)の製品もありますが、純度を上げる精錬工程にコストがかかり、大変高価になります。オーディオ製品ではしばしば6N銅線が使われ、音質が良いと言われます。ただし、ユーザーがケーブルを選択するパラメーターの1つにはコストもあり、音が問題なく出ればOKと考える人は安価なケーブルで十分満足するでしょうし、高価格でも「6N」と銘打ったケーブルでないと満足できない人もいるかもしれません。さらに同じ6Nケーブルでも商品毎に音の優劣を明言するマニアもいます。中には処理コストは忘れて、ケーブルを液体窒素で冷却すると音が良くなると言う人もいます。このようにケーブルを変えることで音が大きく変わると言う人と、部品、機器の機械的な構造や材質、あるいは電気回路などの違いによる音質変化の方が大きいと言う人もいます。程度の差はあるにしても、筆者はケーブルでも、部品や電気回路でも、ともに音は変化すると考えています。

家庭用オーディオシステムの例として筆者が使用しているものを**図1**に紹介します。音楽信号ソース、プリアンプ、イコライザー、帯域分割フィルター(チャンネルディバイダー)、パワーアンプそしてスピーカー(高音、中音、低音、

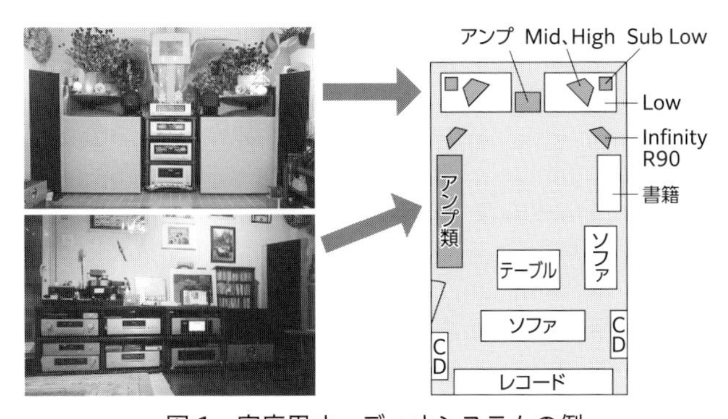

図1　家庭用オーディオシステムの例

重低音の4スピーカーの組み合わせ)から成り立っています。オーディオシステムによって機器の構成は千差万別ありますが、オーディオ信号→増幅・イコライジング→電力増幅→スピーカーの流れはどのシステムでもほぼ同じです。スピーカー以外の機器にはすべてAC 100V電源が供給されます。各機器は多くのケーブルで接続されています。

図2は、システムで使用しているケーブルを示しています。⟺はスピーカーケーブルで、一般的に太めの導線またはケーブルが使われます。⟺は低電圧の信号ケーブルで、アナログやデジタル信号が伝送されます。これらのケーブルを変えると程度の差はありますが、どれを変えても音は変わります。

ケーブルは固定的な抵抗値Rを持ちます。Rはインピーダンスと呼ばれ、オームの法則$V=RI$に従います。それは直流や音楽信号の交流に対しても同じです。CDプレーヤーやプリアンプの出力信号の電流はとても小さく、0.1mA程度ですが、パワーアンプの出力電流は、8Ωスピーカーで出力を1Vとした時、1V/8Ω = 0.125Aと大きな違いがあります。ですからスピーカーの近くにパワーアンプを設置する、つまり音源からパワーアンプ入力までのケーブルを長くし、パワーアンプとスピーカー間のケーブルを短くすることでスピーカーケーブル内での電力損失が少なくなり、音質劣化を防ぐことができます。つまり音が良くなるとも言えます。

また、ホールや劇場などの広い施設でスピーカーケーブルを長く敷設する場合は、ケーブルの抵抗値が大きくなり、スピーカーに伝わる電力が下がるので、パワーアンプの出力インピーダンスをいったん数百Ωに変換し、電圧を上げて伝送することも行われます。一般的にスピーカーケーブルは、なるべく太い線材で往復二線式(ケーブル内に線材が2本入っているもの)を使います。単線を使う場合には線を開かないで設置することが肝要です。蛇が獲ものを飲み込

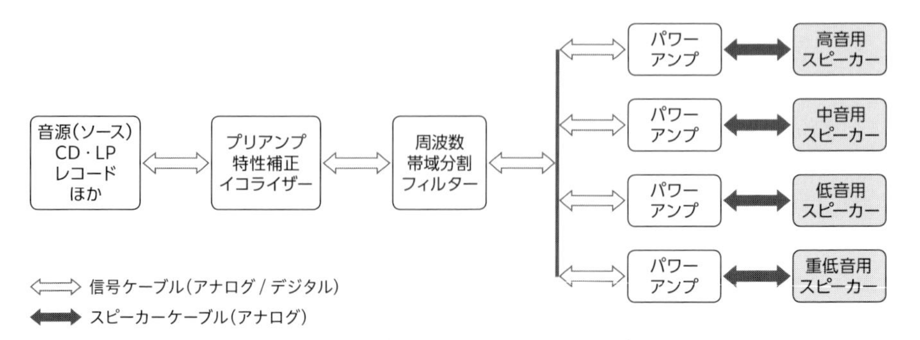

図2　家庭用オーディオシステムでのケーブル使用例

んだようなケーブルをたまに見かけますが、何らかの部品を入れて音質を調節している場合が多いようです。筆者は、途中に何も入れないことをお勧めします。また、ケーブルを設置する場合には、歪みの発生を防ぐために鉄などの磁性体から遠ざけてください。

他の要素

① 誘電体

筆者がオーディオの仕事を始めた半世紀ほど前、アンプに使われる回路部品のコンデンサーで音が変わることを初めて知り、目から鱗が落ちる思いをしました。コンデンサーは電気を蓄えたり放出したりする電子部品で、素材の誘電体特性を利用したものです。誘電率は素材によって大きく異なります。

電源部以外にも誘電体はオーディオシステムのあらゆるところに存在し、それぞれに周波数特性を持ち、使用箇所に合った適正な誘電体が選ばれています。ケーブルを絶縁する代表的な素材は塩化ビニル材ですが、塩ビ以外にも例えばテフロンなど様々な高分子絶縁材料があります。音の良い誘電体を使ったケーブルやコンデンサーの試聴を繰り返し、適材適所に用いているのが現状です。

② 接触不良

不快な接触不良は明らかに音質を劣化させます。これは周波数の高い方から影響が出始め、コネクタを捻ったりゆすったりすることで「ガリガリ」音が発生します。これらの主原因は接触点の酸化(錆(さび))などによるものです。この接触不良は、ユーザーのオーディオ機器を設定する方法(注意深さ、メンテナンス)により防止可能な人為的なトラブルと言えます。

機器間をつないでいるRCAケーブルやスピーカーケーブルの接続ポイントのコネクタやターミナルには、酸化しにくいメッキをかけたものを選びます。いったん接触不良を起こした部分の対応は、コネクタ類の清掃をすることです。IPA(イソプロピルアルコール)含有の溶液などを含ませた少し細い綿棒で錆などを丁寧に拭き取ります。噴霧状の腐食防止剤などは内部のプラスティック類が溶ける場合があるので注意が必要です。また、普段使用しないコネクタ類にはキャップを付けて、空中の湿気や腐食ガスを遮断することも肝要です。

髙松 重治

髙松電気設計事務所

南極ではどうやって電気をつくっているの？

南極大陸の特長と基地の燃料

南極大陸は日本の面積の約36倍もの大きさがあり、ほとんどが氷で覆(おお)われています。平均の厚さは約2,000m、標高は4,000mにも達します。

この大陸に住んでいる人のほとんどは、各国から派遣された観測隊員です。夏期(12月～2月頃)に3,000人、冬期(1年を通して滞在する人)が1,000人ほどで、基地のほとんどが沿岸の露岩地帯にあります。これは気候が比較的温暖なためと、輸送船による物資補給がやりやすいためです。日本は4つの基地を持っていますが、現在運用しているのは、昭和基地(越冬基地)とドームふじ基地(夏基地)の2つです。沿岸から1,000kmも離れた内陸奥地で通年運営しているのは、全越冬基地約40か所のうち3か所だけです。日本のドームふじ基地もかつて越冬観測していましたが、現在は夏基地になっています。基地運営で最も困難なのが燃料の輸送です。例えば、沿岸基地から直線で1,030kmも離れた南極点基地(標高2,835m)では、年間3,000kLもの化石燃料を消費しています。それを毎年大型航空機と雪上トラクターで運んでいます。大変な労力とコストがかかります。昭和基地から片道1,000kmのドームふじ基地には、雪上車がドラム缶を積んだそりを牽引(けんいん)して3週間かけて輸送していました。しかし、積み込んだ約半数が雪上車の自走燃料として消費され、労力の割には効率が悪いものでした。

燃料輸送と用途

砕氷船「しらせ」は年1回だけ日本と昭和基地を往復します。輸送する観測隊物資の総量は約1,100tです。この中で、全物資の約60%を占めているのが軽油などの化石燃料・約650tです。その多くが基地の発電機に使われ、一部は雪上車やトラックなどの車両、暖房用ボイラー用です。「しらせ」はオーストラリア西海岸を離れると荒れた海を経て流氷帯に突入し、昭和基地があるリュツオホルム湾に到達します。ここからは定着氷と呼ばれる4mにもなる分厚い氷が、75km に渡って広がっています。前後進を繰り返し昭和基地に到達するのは、日本を出発してから3か月後の1月上旬です。ただちに海氷上にホースを伸展し、船倉の貯油槽から基地タンクへの送油が始まります。これには2～3日を要します。氷が厚過ぎて砕氷船が基地まで到達できないことが時々あります。そうなるとドラム缶に詰め替えてヘリコプターや雪上車で輸送しなければなりません(**図1**)。

観測隊が発電機に使っている燃料は、約 −30℃まで凍結しない「特3号軽油」と呼ばれるもので、冬季の北海道で使われるものです。発電機は室内にあるため通常は普通の軽油でも問題ありませんが、船から基地に送油する時に粘度が増して時間がかかります。また、ドームふじ基地に向かう雪上車にはこの軽油は使えません。−60℃まで凍結しない「南極軽油」という特別にブレンドした燃料やジェット燃料を使います。

図1 「しらせ」からドラム缶のそり積み込み

昭和基地の発電システム

昭和基地を開設し、発電機が稼働したのは1957年2月でした。西堀栄三郎越冬隊長ほか11名の1次隊が持ち込んだのは、16kW のディーゼルエンジン発電機でした。この機種を選んだ主な理由は次の3項目です。

① 燃料となる軽油は、引火点(火種を近付けた時に燃え始める温度)が 50～70℃でガソリンの −40℃に比べ高温なので、火災事故に対して安全性が高い。

② ディーゼルエンジンの始動は −40℃でも容易である。

③ 雪上車のエンジン部品と共通性がある。

通常、ディーゼルエンジンの発電効率は30%で、エンジン冷却での損失が30%、排気ガスでの損失30%、残りの10%はエンジン本体からの放熱です。燃料のエネルギーを効率的に使うため、冷却水熱と排気熱を利用した造水・風呂水加熱装置がこの発電機に組み込まれていました。いわゆるコジェネレーション(電熱併給)というシステムです。この方法は現在でも基本的に変わっていません。砕氷船「宗谷」が老朽化したため、6次夏隊で基地をいったん閉鎖し、3年間の休止期間中、新砕氷船「ふじ」を建造、7次隊から越冬を再開し、発電機容量を36kW に増強しました。さらに25次隊から「しらせ」が就航し、160kW 発電機3台態勢になり、現在は240kW に容量アップし、平均負荷約

220kW で運用しています(図 2)。

発電機から出る熱は主に造水に使われます。雪解けが進む夏には、小さな池の水を利用できますが、冬期間は凍結するため、融解する必要があります。現在は 130kL の大きな露天水槽に入れた雪を融解していますが、以前は海氷上に浮かぶ氷山を砕いて使っていました。

図 2　昭和基地のディーゼル発電機

再生可能エネルギーの利用

① 風力発電機

南極の沿岸部と内陸では気象条件が大きく異なります。自然エネルギーを利用するには、基地の風況や気温を詳細に調査したあと、その場所に適した機器を導入する必要があります。

日本隊は 1 次隊から風力発電機を持ち込み、昭和基地の補助電力源を目指しました。しかし、その試みは現在でも成功していません。昭和基地でこれまで経験した最大風速(10 分間平均風速)は 47.4m/s、最大瞬間風速は 61.2m/s です。また、最低気温は −45.3℃ を記録しています。市販の機器をそのまま持ち込んでも使えません。電線は低温硬化して折れてしまいます。歯車の潤滑油は粘度が増し、回転部が損傷します。さらにブリザードの雪粒でブレードが摩耗し、強風で破損することも経験しました。一方、昭和基地から西に 650km 離れたあすか基地の年平均風速は 12.6m/s で、風力発電に適した風が 1 年を通して吹いています。ここに設置した 1kW 小型風車は、ブレードを主風向に固定し、回転数制御を行わない単純な方式にした仕様で、15 年以上も継続運転をすることができました。

大型風車を初めて南極に導入したのは、オーストラリアでした。モーソン基地の岩盤にコンクリート基礎をつくり、300kW 風車 2 基を設置しました。鋼材、グリース、ゴムシールなどを耐寒性の南極仕様としました。本国から船で運んだ 100t クレーンで、長さ 15m のブレード 3 枚を取り付け、運転開始したのは 2003 年でした。ディーゼル発電機との連系運転で、基地の消費燃料を大幅に削減し、順調に稼働していましたが、2017 年、2 基のうちの 1 基に事故が起きました。ブレードとナセル(発電機や制御装置がある上部の格納部)が一夜のうちに落下しました。この時、風は穏やかで事故原因は分かっていません。

図 3　ロス島の 330kW 風車　白石和行氏提供

南極最大のアメリカのマクマード基地があるロス島の高台には、アメリカとニュージーランドが共同で建設した 330kW 風車 3 基が 2010 年から稼働しています(**図 3**)。設置場所の土壌は風化した火山礫で、地下には大小の氷塊が混在しているため、風車の基礎が沈下することが課題でしたが、1 個 13t のコンクリートブロック 8 個を土台で解決しました。合計 990kW の電力は、ニュージーランド・スコット基地の負荷 150kW すべてを賄(まかな)い、スコット基地から 4km 離れたマクマード基地にも送電されています。電力の変動制御として 500kW の電力を 30 秒間吸収できるフライホイールが組み込まれ、風速変動に対応しています。この風車により、化石燃料を年間 463kL、CO_2 排出量 1,242t の削減に成功しました。一方、昭和基地には 20kW 機 3 基と 6kW 機 1 基が設置されていますが、トラブル続きで安定な発電には至っていません。

② 太陽光発電

昭和基地は南緯 69°に位置し、太陽高度が最大でも 40°と低いため、太陽光利用には適さないと思われがちですが、年間の日射量は東京と同等で、夏季には東京の 3 倍にもなります。これは夏季の日照時間が多いこと、空気が澄んでいて太陽光線の減衰が少ないことなどが影響しています。しかし、5～7 月の 3 か月間のエネルギーはほぼゼロとなります。昭和基地には合計 55kW のパネルが設置され、ディーゼル発電機に連系されています。基地発電量への寄与率は 2～3% と少ないのですが、夏季には安定した電力源となります。受光面は北、北東、北西に向いていて、一日中長時間発電できる配置にしています。ただ、傾斜角が 70°と大きく、北東が主風向であるブリザードの襲来により北面パネルのガラスにヒビが入る損傷が多発しているため、発電量が減っても傾斜角を低く抑えるなどの対策が検討されています。再生可能エネルギーは出力変動が大きいので、本格的に利用するには蓄電設備などの導入が不可欠です。

石沢　賢二
元・国立極地研究所

オーロラってつくれるの？

神秘の光オーロラ

オーロラの光が何から出る光なのかは、長い間の疑問でした。最初の頃は、太陽の光の一種と考えられていたこともありました。19 世紀の半ば、名前が光の波長などの長さを表すのに用いられる単位になっているオングストローム博士は、オーロラの光がいくつかの特定の色を持ち、特に緑の光が強いことを見つけました。太陽の光は、特定の波長を持たない連続光です。これに対してオーロラの光は、緑の光、赤い光、ピンクの光などからできている光でした。その頃、気体から出る光は、特定の色を示すことが分かっていました。光を詳しく調べることによって、気体の種類が分かると考えられていたのです。しかし、オングストローム博士の時代は、たくさんの研究が行われたにもかかわらず、オーロラの緑の光は何から出てくる光なのか、分かりませんでした。

20 世紀になっても、この緑の光は謎のままでした。1923 年、バブコック博士が、この緑の光は 5,577 オングストロームの波長を持つことを明らかにしました。翌年、トロント大学のマクレナン博士たちが、実験室で緑の光を光らせることに成功しました。緑の光を放つ正体は、酸素原子だったのです。

なぜ長い間、このことが分からなかったか、その理由は以下の通りです。その原子が緑の光を出すためには、条件が必要だったのです。それは、酸素原子が、他の活発な粒子と一定の時間、衝突しないことでした。マクレナン博士たちは、活発でない気体であるアルゴンと酸素を一緒に放電管に入れて放電させ、緑の光を見つけることができました。

20 世紀の最初の時期、多くの研究者がオーロラの光のスペクトルを調べ、オーロラの光は、窒素や酸素の分子や原子、および、それらのイオンから出る光であることを明らかにしました。

オーロラの光の研究が始まった頃、原子の理解はとても進んでいました。原子は中心に原子核と呼ばれる部分があり、その周辺を電子が回っていると理解されていました。1913 年、ボーア博士が電子の軌道という概念を提案。これによって、特別な光を説明することができるようになりました。電子の軌道は軌道毎にエネルギーが決まっています。同じ軌道の中でも、電子の回転(スピン)や電子の入り方で、さらにエネルギーが分かれるという、とても面白い性質があります。電子が低いエネルギーから高いエネルギーに移った時、「励起された」と言います。励起された電子がより低い状態に戻る時、光子1個を出してエネルギーを捨てます。これが光です。光子のエネルギーは振動数に比例、かつ波長に反比例します。

それでは、オーロラの光を出している様々な原子のうち、酸素原子を例にして説明をしてみましょう。酸素原子に何らかの方法でエネルギーを与えたとしましょう。最も外にある電子が励起されますが、励起された状態は、2つあります。詳しい計算によると、第1励起状態は基底状態に対して1.96eV(電子ボルト)、第2励起状態は4.17eV、エネルギーの高い状態にあります。オーロラの緑の光は、第2励起状態から第1励起状態に戻る0.74秒後に、赤い光は第1励起状態から基底状態(複数あります)に戻る110秒後に発せられます(**図1**)。状態間を遷移するために長い時間を要することに注意しましょう。

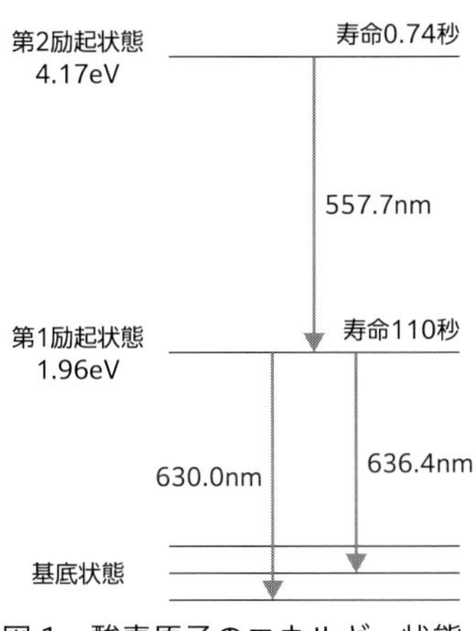

図1　酸素原子のエネルギー状態

次に、実際のオーロラの光を見てみましょう。緑のオーロラは高度100km付近で、赤いオーロラは高度250km付近で出ていることが分かります。この高度では、酸素分子は2つに分かれていて、酸素原子の状態になっています。ここで注意していただきたいのは、第1励起状態の電子が基底状態に遷移するまでに110秒の時間が必要ということです。ところが、高度200km以下では粒子の密度が濃いために110秒以内に酸素原子が他の粒子と衝突してしまい、エネルギー遷移ができません。そのため、赤い光が観測されるには高度200km以上のような、十分に空気が薄いことが必要です。こうしたオーロラの色の分布から、大気の密度についての情報も得られることになりました。

オーロラの仕組み

オーロラの光が輝くためには、酸素原子に何らかの方法でエネルギーを与える必要がありますが、一体、どのような方法でエネルギーを与えているのでしょうか。

このことを調べる目的で、人工衛星が打ち上げられてきました。その結果、オーロラが輝く緯度の高い地方の高度100km以上にある酸素原子にエネルギーを与えるのは、宇宙から地球に向かって飛び込んでくるエネルギーの高い電子であることが明らかになりました。日本も、1978年からオーロラ観測衛星を打ち上げて、研究を続けてきています。人工衛星の大きな利点として、その場観測、つまり直接観測ができるということがあります。日本の人工衛星は、オーロラ上空でオーロラを輝かす加速された電子を観測しました。大きな発見は、電子を加速する領域が、オーロラ上空数千kmの場所に存在していたことです(図2)。

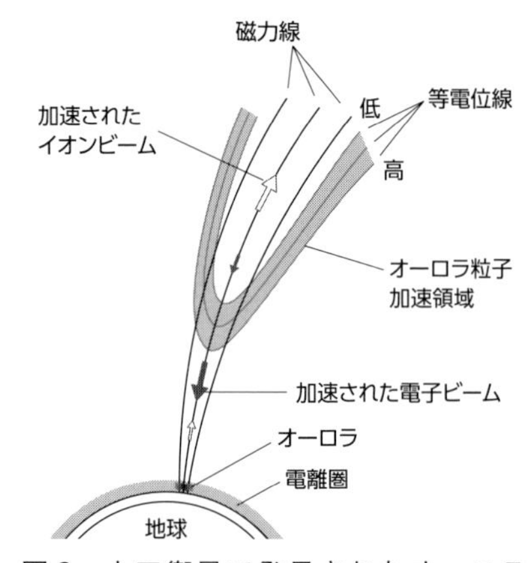

図2　人工衛星で発見されたオーロラ上空の電子加速域

人工衛星のもう1つのメリットは、宇宙からオーロラの写真を撮ることができることで、その結果、様々なオーロラの姿が分かるようになりました。その代表的なことは、オーロラが磁極の軸の周りに、ぐるりとサークル状に現れていることでした。これをオーロラの帯(おび)と呼んでいます。オーロラの地上観測の基地として南極の昭和基地は有名ですが、昭和基地は、このオーロラ帯に位置していたのです(図3)。

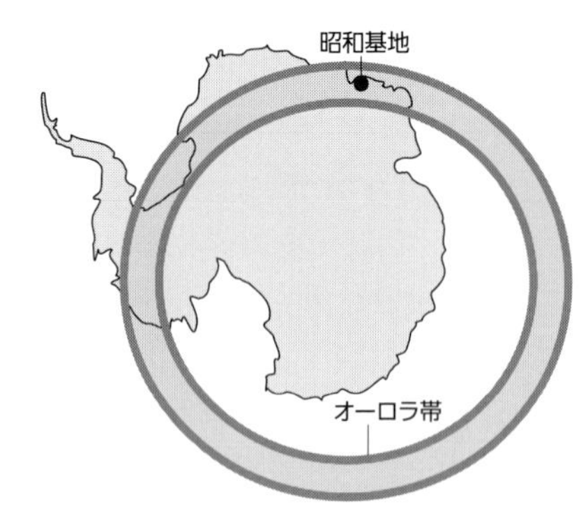

図3　オーロラ帯に位置する昭和基地

昭和基地では、60年以上にわたってオーロラの研究を続けています。地上観測の大きなメリットとして、オーロラの連続観測が挙げられます。静かだったオーロラのカーテンは、突如大きく形を変えて、輝き出すことがあります。これをオーロラ爆発と呼びます。時間が経過するに伴って一群の光は高緯度へ進んで行き、幅の厚いオーロラへと成長していきます。オーロラ爆発は、多い時は一晩で数回起こることがあります。オーロラのこれまでの研究により、オーロラがいつ・どこで爆発を起こすかについて分かってきました。太陽から地球に向かって吹いてくる風が発見され、太陽風と名づけられました。その太陽からの風の勢いが増加して、しばらくするとオーロラ爆発が起こります。

オーロラの大元を辿っていくと、太陽に行き着きます。特に太陽の大気であるコロナが宇宙空間に飛び出していくことが、すべての始まりです。飛び出してくる太陽のコロナは、太陽風と呼ばれています。この太陽風が地球に吹きつけてくると、地球の周りにある磁場が大きく歪み、磁気圏という領域が形成されます。太陽風粒子は、磁気圏夜側の赤道領域の閉じた磁力線の領域に集まります。この外側は、宇宙に向かって磁力線が開いた領域が存在しています(**図4**の①)。開いた磁力線の領域から、閉じた磁力線の領域に太陽風の粒子が入ってきます。この領域の粒子の密度が大きくなっていくと、磁力線は変形し(図４の②のアミの部分)、たまった粒子を吐き出します(図４の③のアミの部分)。磁力線が切り離され、同時に中にたまっていた粒子も飛び出します(図４の④のアミの部分)。この時、大量のエネルギーが発生します。これらのエネルギーの大半は、宇宙空間へと放出されますが、一部のエネルギーは、磁力線がつながっている地球の極域に向かい、オーロラ爆発を起こす引き金になるのです。

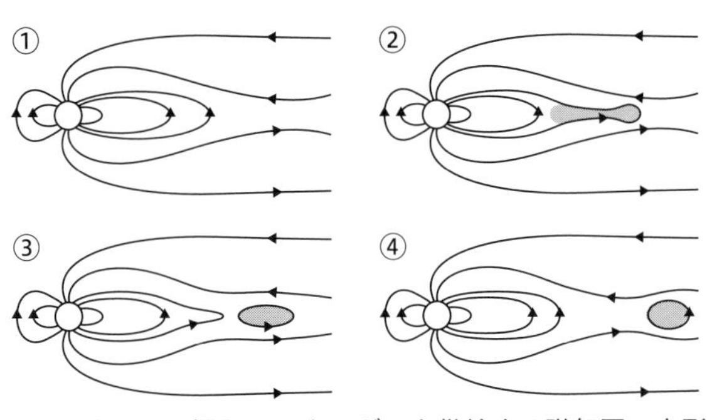

図４　オーロラ爆発のエネルギーを供給する磁気圏の変形

オーロラをつくる

以上の解説から、オーロラの光は酸素原子に高速の電子が衝突することで発生することが分かったと思います。しかし、ある一定時間、エネルギーを得た酸素原子が、他の活性ある粒子と衝突してはならないという条件があることから、赤い光を実験室で発生させることは困難です。

日本国内にある「人工オーロラ発生装置」で、オーロラの光を見てみませんか。私の知るところでは、東京都千代田区の「科学技術館」と北海道陸別町の「りくべつ宇宙地球科学館(銀河の森天文台)」の２か所に設置されています。

小原　隆博
放送大学 宮城学習センター

ブラックホールが光も吸い込んでしまうことは誰がどうやって知ったの？

ブラックホールとは、重力がとてつもなく強いために光さえ脱出できない天体です。この宇宙に光より速いものはないので、光も物質も一度ブラックホールに入ったら出て来ることができません。まるで底なしの蟻地獄のような天体とも言えます。このような、にわかには信じがたい天体の存在が実証されるまでには、100年もの長い研究の歴史がありますので、以下で順を追って説明したいと思います。

ブラックホールという概念の誕生

ブラックホールという天体があるかもしれない、と最初に予想されたのは20世紀初頭のことです。ドイツのアルベルト・アインシュタインという物理学者が、1915年に一般相対性理論という重力に関する理論を発表します。この理論は、質量があるとその周辺の時間と空間が歪むことを数式で記述したものです。この理論はとても難解で、当初はアインシュタイン自身も厳密な形の解(数学的な答え)を見つけることができませんでした。その厳密解を初めて導いたのは、カール・シュバルツシルトというドイツの天文学者です。彼の得た解によれば、重さを持った点(特異点と言います)があると、その周囲には光や物質が脱出できなくなる球状の領域(事象の地平面と呼ばれます)があるということが導かれます(図1)。これがブラックホールを人類が初めて正しく認識した、いわばブラックホールの誕生の瞬間ということになります。解の発見者にちなみ、事

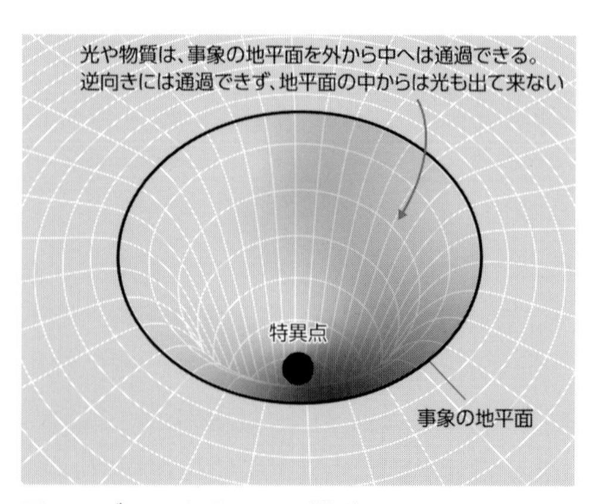

図1　ブラックホールの模式図。この図では時空のゆがみを二次元面のゆがみとして表しているが、実際の事象の地平面は特異点を取り囲む球面である。

象の地平面の半径は、シュバルツシルト半径と呼ばれています。

しかし、シュバルツシルトがこの解を求めた当時は、そもそもブラックホールという呼び名もなかったですし、このような不思議な性質を持った天体の存在を信じる人は皆無でした。解の発見者であるシュバルツシルトはその後すぐに亡くなってしまい、また、一般相対性理論をつくり上げたアインシュタインも、ブラックホールの存在には否定的でした。何しろ、本体(芯)は点のように無限に小さく、それがありとあらゆる物質を飲み込んでしまうという性質も常識的には信じがたいです。また、それ以外にも、事象の地平面のすぐ傍(そば)まで行くと時間の流れがほぼ止まって見えるという奇妙な性質もありますし、どの性質を考えても現実離れした天体です。ですので、ブラックホールが数式で予言された20世紀初頭においては、シュバルツシルトの解は、あくまで数学上の特殊な解の1つであり、実際の天体とは関係がないと考えられていました。ブラックホールという天体の概念が理論的に誕生はしたものの、非常に懐疑的な存在とみなされていたのです。

ブラックホールの観測的な証拠を捉える

その後、1960年代になると、天文学の観測の進歩によって、ブラックホールが存在するかもしれないという観測事実が出始めて、研究の流れが大きく変わります。最初の発見は、新たに生まれたX線天文学という分野でされました。X線はレントゲン写真でも使われる波長の非常に短い電磁波のことで、これを使った宇宙の観測が1960年頃から始まります。すると「はくちょう座X-1」という、X線で明るく、しかも1秒以下という短い時間で激しく変動する天体が見つかったのです。X線が出ているということは、非常に温度が高くて活動性の高い天体であり、また、短い時間に変動するということは、コンパクトな天体であるということです。例えば、太陽は直径140万kmで、光の速さでもその直径を横断するのに約5秒かかります。したがって、1秒以下のスケールで変動する天体は、太陽よりも小さい天体であると予想されます。

さらに、はくちょう座X-1の場所を光で観測すると、青白くて重い星が見つかります。その継続的な観測から、その星が周期5.6日の連星(2つの天体が重力で引き合いながらその重心の周りを公転する天体のペア)であることが分かり、その運動から連星の相手が太陽の10倍以上の重さを持つことも分かりました。これは白色矮星や中性子星といった星が燃え尽きた後にできる高密度な星の質量の限界を超えており、このような重い天体が太陽よりも小さいならば、ブラックホールしかありえないということになります。

一方、同じ 1960 年代に、電波天文学の分野では電波干渉計の技術が発展し、宇宙にあるたくさんの電波天体の位置を詳しく測定できるようになりました。すると、宇宙の果てにあって、とてつもない明るさで輝いている「クェーサー」という天体が発見されます。クェーサーは、太陽の 1 兆倍もの明るさを持ちますが、銀河に比べるとずっと小さい天体であることが分かりました。このクェーサーの正体として、銀河の中心にある巨大なブラックホールにガスが落ちて明るく輝いているという説が提唱され、銀河の中心には巨大なブラックホールがあるのでは、と考えられるようになりました。

このように 1960 年代からブラックホールの存在可能性が一気に高まると、その後は、近場の銀河の中心の巨大ブラックホールを探す研究が始まります。すると、1970 年から 80 年代にかけて、どの銀河の中心にも巨大な質量集中が見られることが分かってきました。この質量集中は、おそらく巨大ブラックホールによるものだろうと考えられました。ただし、当時の観測では巨大ブラックホールだと言い切れるほど強い証拠は得られませんでした。

1990 年代から 2000 年代には観測技術の進歩で銀河の中心をより細かく観測できるようになり、銀河の中心に巨大なブラックホールが存在する有力な証拠が見つかり始めます。その 1 つの例は、「NGC 4258」という銀河で見つかりました。この銀河の中心に秒速 1,000km 以上の速度で回転するガス円盤が見つかり、そこから中心には太陽の 3,000 万倍もの重さの天体があることが判明したのです。この高速ガス円盤の発見では、国立天文台野辺山宇宙電波観測所の 45m 電波望遠鏡が大きな役割を果たしています。

もう 1 つの例は、私たちが住んでいる天の川銀河の中心の巨大ブラックホール候補天体「いて座 A*(エースター)」です。この天体はコンパクトな電波源として存在が知られており、天の川銀河の中心核なのでは、と期待されていました。その周囲の星の運動を、ドイツおよびアメリカのグループが長年にわたり観測すると、その位置に太陽の 400 万倍の質量を持つ天体が隠れていることが判明しました。しかも、その天体はわずかに電波を出しているだけで、光では見えません。ですので、非常に重くて非常に暗い天体、つまりブラックホールだと考えられるわけです。これらの観測を実施したグループのリーダー 2 名は、2020 年のノーベル物理学賞を受賞しています(ドイツのラインハルト・ゲンツェル氏、アメリカのアンドレア・ゲズ氏)。

光を吸い込むブラックホールの姿を写真に捉える

このような研究の流れを受けて、銀河の中心にある巨大ブラックホールの姿を写真に撮れば、ブラックホールが確かに光を吸い込む天体だと確認できると考えられるようになりました。そのように考えた天文学者たちが協力してつくり上げたのが、「イベント・ホライズン・テレスコープ(Event Horizon Telescope：略称 EHT)」です。ブラックホールが本当に存在するのであれば、その周囲を飛び交う光や電波を背景にして、ブラックホールが黒い影として写るはずです。そのような姿を写真に撮ることができれば、ブラックホールが光を吸い込む天体であると確認できます。

そこで、日本を含む国際プロジェクトのメンバーたちは、チリの ALMA 望遠鏡などの世界 6 か所 8 台の望遠鏡を組み合わせて直径 10,000km 以上の電波望遠鏡を合成し、人間の視力換算で 300 万という史上最高の視力を達成しました。そして、2017 年に初めての観測を実施して、2019 年に楕円銀河 M87 の中心にある巨大ブラックホールの写真を、そして 2022 年には天の川銀河の中心にある巨大ブラックホールいて座 A* の写真を公表しました。**図 2** にあるように、2 つの写真ともリング状の構造の中心に暗い部分があり、これがブラックホールを影として捉えたものです。この写真によって、ブラックホールは光すら吸い込んでしまう暗黒の天体だと、視覚的に確認されたのです。

このように、光を吸い込む天体・ブラックホールは、最初の理論的な予測から 100 年以上の時間をかけて、その存在が確かめられたのです。

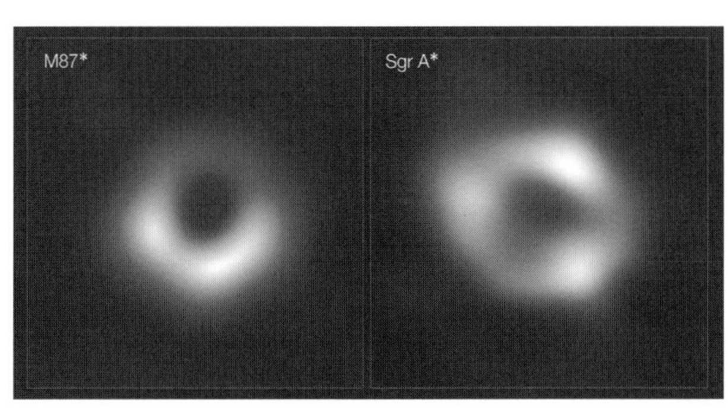

左：おとめ座の楕円銀河 M87 の中心にある巨大ブラックホール
右：天の川銀河の中心にある巨大ブラックホール・いて座 A*（エースター）
どちらもリング状の構造の中心部が暗くなっていて、ブラックホールが光すら吸い込むことを影絵として視覚的に捉えた写真である

図 2　EHT が撮影したブラックホールの写真
提供：EHT Collaboration

本間　希樹
国立天文台 水沢 VLBI 観測所

Q 光はどのくらい遠くへ届くの？

光は電磁波という波の一種です。電磁波は真空中を減衰することなく遠くまで伝わります。したがって、宇宙空間のようにほぼ真空を伝わる光であれば、非常に遠くまで届きます。例えば、巨大な望遠鏡を使うと宇宙の果てにある若い銀河(宇宙が誕生してすぐに生まれたもの)を見ることもできます。

普段目に見える景色では、どのくらい遠くから光が届くの？

私たちが普段目にしている光が、どのくらいの距離を伝わって来たものかを順々に見ていきましょう。私たちが普段目で見ているものや景色は、そこで反射された太陽光(あるいは電灯や液晶などの人工光)が私たちの目まで伝わって来て見えるのです。例えば、普段テレビを観たり本を読んだりする時には、たかだか数 m 以内からやって来る光を見ています。一方、窓の外の景色に目を移すと、もし空に雲が見えれば、それは高さ 1km から数 km 程度のところから飛んで来た光になります。また、遠くに山が見えるなら、数 km から数十 km 程度先にある景色の可能性があります。例えば、東京都心に住んでいる人は、西が開けている場所に行くと、天気の良い日には富士山を見ることができます。東京都心と富士山はおよそ 100km 離れていますので、この時、見ている景色は 100km も伝わって来た光になります。ただし、東京で富士山が見えるのは冬の晴れた日が多く、夏や天気が悪い日には見ることができません。これは空気中の水蒸気や雲が光を遮ってしまい、光が遠くまで届かないからです。このように、大気があるために真空ではない地球上では、光が届く距離は天候や季節に大きく左右されてしまいます。

宇宙の天体は、どのくらい遠くまで見えるの？

今度は地球の外に目を向けてみましょう。地球にとって最も身近な天体は月で、その距離は 38万km です。また、昼間に見えている太陽は、地球から 1 億 5 千万km 離れています。地球の外に出ると真空の世界が広がっているので、地上の世界と変わって一気に見通しが良くなり、光が届く距離が伸びます。ここから先の話では、地球の外の世界が非常に広大なので、単位に km を使うのはあまり都合がよくありません。そこで、それに代わって天文学の世界では、光の速さでかかる時間を距離として使います。光の速さは秒速 30万km で、1 秒間に地球を 7 周半するくらいの驚くべき速度です。事実、宇宙で一番速いのが光であり、どんなロケットもそれを超えることはできません。そんな光の速さでは、地球から月までは 1.3 秒で行けます。また、太陽までは約 8 分です。

太陽系の外に目を向けると、今度は恒星（こうせい）の世界が広がっています。皆さんが夜空を見上げた時に見える星々は、太陽のように自ら光輝く恒星です。例えば、最も明るい恒星として有名な「おおいぬ座」のシリウスを肉眼で見たことがある人も多いでしょう。シリウスまでの距離は 8.6 光年、つまり光の速さで 8.6 年かかる距離になります。シリウス以外でも、近くの恒星の距離は数光年から数十光年になり、夜空に見える明るい星は、この程度の距離のものが多いです。ちなみに、1 光年は約 9 兆 5 千億 km という、気の遠くなるような数字です。ですので、夜空を見上げて星を見るという何気ない日常的な行為の中でも、光がはるかかなたから伝わって来ることを無意識のうちに体験しているのです。

夜空に見える星には、もっと遠いものもあります。年を取って寿命が尽きかけた星は、ブヨブヨと太った巨星となります。このような巨星は明るいので、さらに遠くまで見ることができます。例えば、冬の大三角形を構成する「オリオン座」のベテルギウスは距離が約 600 光年、夏の大三角形のメンバーの「はくちょう座」のデネブは約 2,600 光年も離れています。つまり、デネブを見た時に皆さんの目に入ってくる光は、2,600 年前にデネブを出発したものです。日本だったら弥生時代に相当し、まだ歴史の記録が全く残っていない時代です。そのように考えると、夜空の星を見るという行為にも何だかロマンを感じませんか。

私たちの目では、さらに遠い天体を見ることもできます。私たちが暮らす太陽系は、天の川銀河に属しています。天の川銀河は円盤状に星が集まった渦巻銀河で、夏の夜空に帯状に見える天の川は、天の川銀河の円盤を内側から見たものです(**図 1**)。天の川銀河の円盤は差し渡しが約 10 万光年、その中心と太陽系の間の距離は約 2 万 5 千光年です。例えば、夏の天の川の「いて座」の方向を見ると、バルジというやや天の川の川幅が広がった場所が見えますが、このあたりは天の川銀河の中心付近の星で、2 万光年以上離れた星からの光が見えています。

さらに天の川銀河の外にある天体も肉眼で見ることができます。南半球に行

図１　ハワイ・マウナケア山の山頂から見た夜空とすばる望遠鏡　提供：国立天文台

左右をつなぐように帯状に見えているのが天の川。中央やや左よりで天の川のやや上に位置している明るい星が「こと座」のベガで、地球からの距離は約 25 光年。天の川に沿って中央より右側に向かうと、天の川の川幅が膨らんだバルジが見える。このあたりが天の川銀河の中心になり、バルジの星々は地球から 2 万光年以上離れている。また、視野の縁に沿って 8 時の方向にある、かすかに広がった天体がアンドロメダ銀河で、地球からの距離約 250 万光年。この 1 枚の写真の中にも、目の前の望遠鏡のように数十m先の物体から、100 万光年以上離れた天体からの光までが含まれており、光がはるか遠方から届くことが見てとれる。

くと見られる大マゼラン星雲・小マゼラン星雲という天体(日本からは見えません)は、天の川銀河の周りを周回する小さな不規則銀河です。南半球で夜空を見上げると、いつも同じ場所に小さな雲が張り付いているように見えます。大マゼラン星雲までの距離は約 15 万光年、小マゼラン星雲までの距離は約 20 万光年になります。

さらに、肉眼で見える最も遠い天体と考えられるのが、お隣の銀河であるアンドロメダ星雲です。星雲までの距離は約 250 万光年です。アンドロメダ星雲を肉眼で見るのは容易ではないですが、夜空の暗い場所で月のない日なら肉眼でも見ることが可能です。もし双眼鏡があれば、よりはっきり見ることができます。このように、宇宙からやってくる光は、100 万光年以上のかなたからでも地球まで到達し、それを私たちの目で捉(とら)えることができるのです。

さらに遠い天体になると、望遠鏡が必要になります。最先端の巨大望遠鏡を使って見える最も遠い天体は、135 億光年かなたにある、生まれて間もない原始銀河です。宇宙の年齢は 138 億歳ですので、宇宙誕生からわずか 3 億年後の生まれたばかりの銀河の赤ちゃんです。光は真空中であれば、無限に到達可能なので、巨大な望遠鏡を使えば、このような宇宙の果ての銀河でさえも見ることができるのです。

光が果てしなく遠くまで届くことの不思議

光が遠くまで届くのは不思議なことですが、それにはちゃんと科学的な理由があります。一般に光は、波と粒子の両方の性質を合わせ持っているのですが、光を波として見ると、冒頭にも述べたように電磁波という波の一種になります。電磁波とは、電場と磁場の強弱が波として空間を伝わるもので、テレビ・ラジオや携帯電話などに使われる電波も光と同じ電磁波の一種です。その電磁波の最大の特長として、「真空中を伝わる」というものがあります。真空とは、文字通り空っぽの空間ですから何も物質が存在しないのですが、そのような中を電磁波が伝わることができるのです。これはよく考えると、とても奇妙なことです。例えば、私たちに馴染み深い波には、普段耳で聞く「音波」や、海面上にできる「海の波」などがあります。これらの波に共通するのは、媒質があるから波が伝わるということです。例えば音波は、空気の密度のゆらぎが波として伝わるもので、その媒質は空気です。逆に言えば、空気のないところ、例えば宇宙空間では、音は聞くことができません。また、海の波は海水があるからこそ伝わります。例えば、波が砂浜に打ち上がると波はそこで途切れてしまい、陸の上に波が伝わることはありません。このように、波は媒質があってこそ伝わります。しかし、電磁波は媒質が不要で真空中を伝わることができます。言葉を変えると、真空そのものに電磁波を伝える「媒質」としての役割が備わっているとも言えます。媒質が不要で真空を伝わる波だからこそ、光はどこまでも伝わることができ、宇宙の果ての天体ですら観測することができるのです。

光や電磁波がどうやって伝わるのか、という問いは、実は19世紀の物理学において大問題でした。当時の科学者は電磁波が伝わるのに絶対に媒質が必要だと考えました。その媒質を仮想的に「エーテル」と呼び、それを探す実験を精力的に行いました。しかし、どんなに探してもエーテルを見つけることができず、最終的に光は真空中を伝わることが証明されたのです。エーテルが存在しないことを示した実験は、それを実施した科学者の名をとって、マイケルソン・モーリーの実験と呼ばれています。この実験は、元々は「エーテルの検出」を目指したものだったので、その意味では実験の結果は“失敗”になります。しかし、結果的にはこの実験がきっかけで、光速度不変の原理や特殊相対性理論といった物理学上の革新的な概念が誕生しました。まさに“失敗は成功の元”なのです。

本間　希樹

国立天文台 水沢 VLBI 観測所

電波望遠鏡で見た天体画像ってどんなもの？

電波って便利ですよね。スマホで動画を見られるのも、LINEでおしゃべりできるのも、みんな電波のおかげです。私も毎日使っています。そんな電波を使って宇宙を調べている人たちがいます。電波天文学者です。電波天文学者は電波を使って、宇宙のどんなことを調べているのでしょうか。やっぱり、面白そうな宇宙人YouTuberの配信を探したり、宇宙人とおしゃべりしたりしているのでしょうか。残念ながら、電波天文学者が宇宙の調査を始めてから90年ほど経ちますが、これまでの間に地球外知的生命体の電波は一度も検出されたことがありません。ちなみに、見つかってはいませんが、私は宇宙人はいると確信しています。宇宙はとても広いので、きっとどこかにはいるでしょう。でも、出会えるかどうかは自信がありません。宇宙はとても広いので。

宇宙の電波発信源

それでは、電波天文学者が調べている電波とは一体何ものなのでしょうか。それは、皆さんにとって案外身近なものかもしれません。答えは、塵（ダスト）やガスが放つ電波です。塵とは砂を細かくしたようなもので、地球のような岩石惑星の材料です。ガスには色々と種類がありますが、特に電波天文学者に人気のあるガスは、水素ガス、一酸化炭素ガス、アンモニアガスです。どれも危険だったり臭かったり、なかなか刺激的ですね。宇宙空間が真空であることは皆さんご存知なのではないかと思いますが、実は非常に希薄ながら、微かにガスや塵が漂っている場所が至るところにあります。そして、そういった塵やガスが重力によって集まると、太陽のような恒星や地球のような惑星が生まれるのです。ここらへんは私の専門分野なので、ついつい詳しく解説してしまいました。ともかく、宇宙空間には塵やガスが集まった場所があります。そこは塵が光を遮るので目には暗く映り、暗黒星雲と呼ばれたりします。

そして、ここからがポイントなのですが、暗黒星雲がなぜ光では見えず、電波では見えるのかというと、とても冷たいからなのです。少し難しい話になりますが、この世に存在するすべての物質は、その温度によってどのように輝くかが決まります。これを熱放射と言います。コロナ禍になり、体温を測ることが急に増えましたよね。建物の入口で、サーモグラフィで検温したと思います。皆さんの体温は＋36℃くらいだと思いますが、それは赤外線で輝いていて、その熱放射を利用しています。暗黒星雲の温度は－263℃くらいです。ここまで冷たくなると赤外線も弱くなり、電波でよく輝きます。つまり、電波では宇宙の中でも冷たく、暗い世界を覗くことができるのです。

電波で見た天体画像

皆さんお待たせしました。カラーでお見せできないのが残念ですが、電波望遠鏡で見た天体画像をご紹介します。中でも私が自信を持ってお勧めする綺麗でカッコイイ電波画像2選です(図1、2)。どちらも銀河の暗黒星雲を捉えたものです。銀河には数千億個くらいの恒星と、ガスとダークマター[※1]が集まっています。そこでは、ガスから星が生まれ、星が死にガスに戻るという宇宙の輪廻転生である物質循環が何十億年の時間をかけて繰り返されてきました。図1の子持ち銀河は、銀河の全貌が分かりやすいですね。可視光では、白く輝く恒星や、星が生まれたての発光星雲が明るく見えています。一方で、電波では暗黒星雲のガスが見えます。電波写真は合成画像で、この絵ではガスが多いところを白く着色しています。これは雨雲レーダーと似ています。天気予報だと大雨の場所は赤いですよね。ガスが多いところで可視光は暗くなっているのが分かるでしょうか。図2の天の川は、私たちの太陽系が属する銀河です。天の川でも同じように、可視光で暗いところは電波が明るくなっています。こちらの電波写真は、3種類のガスを撮影して合成着色したもので、白いところにはガスがたくさん集まっています。

出典：可視光＝NASA、ESA、S. Beckwith (STScI)、The Hubble Heritage Team (STScI/AURA)、電波＝NAOJ、Jin Koda

図1　子持ち銀河 M51 の可視光(左)と電波の合成写真(右)

※1 ダークマターは質量を持つ物質で、存在すると信じられているが、まだ発見されていない。

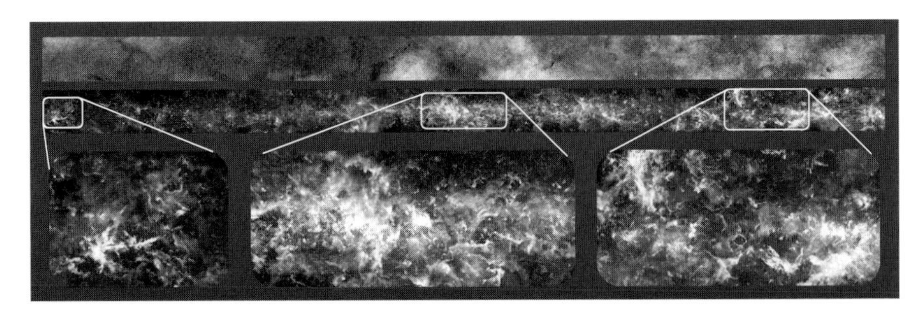

図２　天の川（一部）の可視光（上段）と電波の合成写真（中段・下段）
出典：可視光 =ESA/Gaia/DPAC; CC BY-SA 3.0 IGO. Acknowledgement: A. Moitinho、電波 = NAOJ、FUGIN Project

電波望遠鏡

では最後に、電波画像がどのように撮影されるのかご紹介します。観測には電波望遠鏡を使います（図３）。宇宙から到来する電波はとても弱いので、まずは大きなアンテナで集めます。アンテナは拾った電波が乱反射してしまわないように、反射鏡を精度良く並べる必要があります。集められた電波は、低雑音受信機で信号を強めてから、高速記録計で波の情報が記録されます。電波望遠鏡と可視光の望遠鏡やカメラとの最大の違いは、電波は波をそのまま記録するところです。そのおかげで、波の性質を使った様々なテクニックを駆使できます。

図３　電波望遠鏡の仕組み　出典：国立天文台

波の性質を使った最大の大技は、開口合成技術を用いた電波干渉計です。実は、電波望遠鏡は視力がとても悪いのですが、アンテナを大きくすればするほど視力を良くすることができます。ちなみに望遠鏡の視力は、（望遠鏡の大きさ）/（観測する波長）に比例します。野辺山 45m 電波望遠鏡（図３左）はとても大きいですが、視力は４しかありません。もっと大きくつくろうとすると、自重で歪んでしまい、反射鏡の精度が落ちてしまうのです。電波干渉計では、アンテナを複数使い、それぞれのアンテナで別々に波を記録します。天体からの

※２　ブラックホールを取り巻く塵の放つ電波が、ブラックホールの重力によりねじ曲げられ、ブラックホールの周りに影ができたように見える現象。

電波はアンテナの設置場所毎に到達するタイミングがずれますが、そのずれた分を補正してデータ処理することで、仮想的に大きな望遠鏡を合成できます。電波干渉計の視力は、アンテナとアンテナの距離に比例します。南米チリのアタカマ高原に設置されたALMA望遠鏡はアンテナ間の距離が最大16kmの電波干渉計で、視力1万2,000を誇ります。

この視力を活かして、恒星の周りで惑星が生まれつつある現場の撮影に初めて成功しました(**図4**)。また、地球全域に展開されたアンテナ群が力を結集したイベント・ホライズン・テレスコープでは、視力300万を達成し、ブラックホール・シャドウ※2を初めて捉え、世間を沸かせました(**図5**)。これらはどちらも冷たい塵を電波で観測したものです。

図4　ALMA望遠鏡(左)と惑星誕生の現場のおうし座HL星(右)　電波では塵が輝いて見える。黒い同心円の筋のところは、塵がその軌道だけ惑星に捉えられている
出典：ALMA全景＝ALMA (ESO/NAOJ/NRAO)、A. Marinkovic/X-Cam、アンテナ拡大＝X-CAM / ALMA (ESO/NAOJ/NRAO)、おうし座HL星＝ALMA (ESO/NAOJ/NRAO)

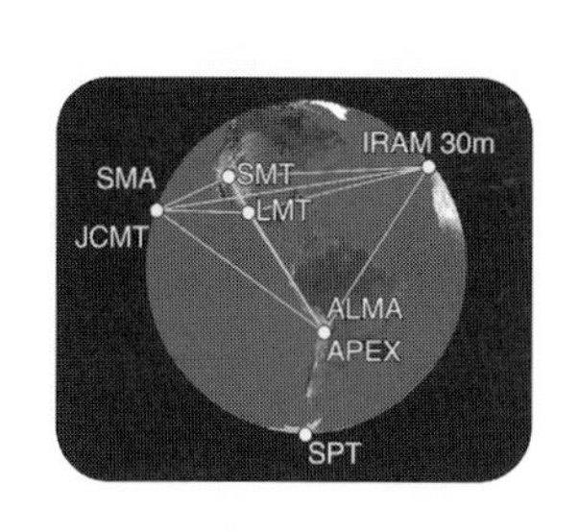

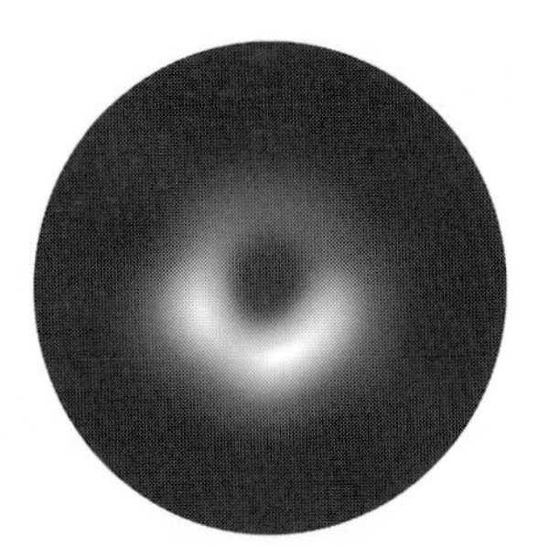

図5　イベント・ホライズン・テレスコープ(左)とM87銀河の中心にある巨大ブラックホール(右)　ブラックホール周囲の塵が輝き、ブラックホールの場所は暗い
出典：左＝M. Wielgus、D. Pesce & the EHT Collaboration、右＝EHT Collaboration

西村　淳
国立天文台 野辺山宇宙電波観測所

見えない電気や電流は見えるようになる？

たこ足配線は危ないですよね。火事になったら大変です。でも、どれがどれにつながっているのか、グチャグチャで見ても分からない。いきなりコンセントを抜いたらパソコンなどすぐに壊れます。そんな時に、もしドラえもんの電気が目に見えるカメラがあったら、撮影した瞬間に電気が流れている線だけ光って見えるのでいいですよね。壊れたスマートフォンでも、テレビ、電気自動車でもタイムマシンでも丸ごと撮影できて、どこで電気が止まっているか、漏れているのかが分かったら便利です。人間の体も電気で動いているので、撮影して手のしびれや麻痺や脳の動きなど分かったら、すばらしいですよね。

電気が流れると磁気が発生する?

電気の正体は、電子という非常に小さい粒です。電子がたくさん流れることで電気が流れ、電化製品や電気自動車が動きます。磁気も大変身近なものだと思います。著者(木村)は、六甲山に登る時には必ず方位磁針を持って行きます。これがないと、どの方向が北か分からないので遭難してしまいます。電気も磁気もそれぞれ大変身近なものですが、「電気(電子)が流れると磁気が発生する」ことは全く身近ではありません。これを感覚的に理解するためには想像力を高める必要があります。2つの磁石が引き合ったり、退け合ったりするのは、磁石にはN極とS極の2つがあるためです。それと同じように、電気にもプラスとマイナスがあります。電池のプラスとマイナスを想像してください。これら2つが引き合ったり、退け合ったりするのはなぜでしょうか。2つの磁石や電気の間には何もないのに、まるで何かが伝わっているように感じられます。この「何か」が「場」そのものです。目には見えないものすごいスピードで、この2つの間を伝わっているのです。つまり2つでなくて、隠れた3つ目のすごいもの、「場」がいるのです。これがまさに電気が流れると磁気が発生する理由です。

方程式という言語

電気が流れると磁気が発生するイメージは湧いたと思いますが、それだけだと面白くありません。やはり物理学が面白いのは、現象を方程式という言語で記述するからです。方程式というのは、予言するための数式です。絶対に人間がつくることができないような大きなものや小さなもの(宇宙やブラックホール、電子)は、それがどのようにあるべきか予言してくれます。人工知能という言葉が毎日ニュースで流れていますが、残念ながら人工知能は、人間が蓄えた膨大な情報を効率的に引き出したり、単調に組み合わせたりするだけで、世界を予言する理屈をまだ人類には提供してくれていません。もし、物理の巨人たちアインシュタインやスティーヴン・ホーキングやエンリコ・フェルミを越えるアイデアを人工知能が提案し始めたら、しかも私たち人間が理解できるかたちで表現し始めたら、筆者(木村)はすぐにでも山奥に隠れます。つまり、方程式という言語は、森羅万象を表現する人間が生み出した最大の作品の１つだということです。

最小作用の原理という概念があります。これは、「光がまっすぐ進むように、物体の運動も、何らかの量(作用)が最小になるように、あるに違いない」という概念です。この概念から、ニュートンの運動方程式という万物の運動を表現する方程式が得られます。それと同じように、「電気と場も、何らかの量が最小になるように、あるに違いない」、その概念からマクスウエルの方程式が得られます。この方程式は、電気と場の関係を明確に説明してくれます。

どうやって磁気を測る？

方位磁針は磁気を測る機器そのものです。方位磁針はフラフラしていますが、強い磁石を近づけるとピタっと磁石の方向に向きます。フラフラしている針がピタッと止まるということは、強い磁気が測れたということです。

磁気を測ると電気が見える？ 見える場合と見えない場合がある？

磁気を測ることができたら、ドラえもんのカメラのように、すぐに電気が見えるかというと、そんなに簡単ではないです。どんなふうに電気が流れているか全く分からない時でも、磁気を測ると電気の流れ方が全部分かるような気もしますが、その感覚は間違っています。正しくは、電気の流れ方がある程度分かっていると、測った磁気から電気の流れ方が分かります。例えば、一直線にピンっと張った銅線に電気が流れているとします。この時、銅線の周りの磁場を測定すると、電気の大きさや向きを導くことができます。また、例えば、手づくりの電子回路基板で面内に線が張り巡らされているようなものでは、電子回路基板の周りの磁気を測定すると、電子回路基板のどこにどのような電気が流れているか映像化することができます。しかし、人間の脳のように、その中を電気が乱雑かつ立体的に流れている場合、脳の周りの磁気を測定しても電気の立体的な流れを映像化することは絶対にできません。「できる場合」と、「できない場合」の簡単な違いは、できる場合は、線の電気の時は線の磁気を測定でき、面の電気の時は面の磁気を測定できる時です。立体の電気の時、その周りの面の磁気しか測定できない時は、電気の流れを決めることはできません。つまり、撮影することはできません。

では、上記のルールに従って実際に電気を写真に撮ったものを見てみましょう(**図1**)。青色LEDチップを発光させながら電気を映像化しました。正常品に比べて、不良品はチップ端部で電気がリークしています。電気を映像化することにより、このようにLEDの非破壊故障検査が可能となります。

〈4つのLEDチップ〉

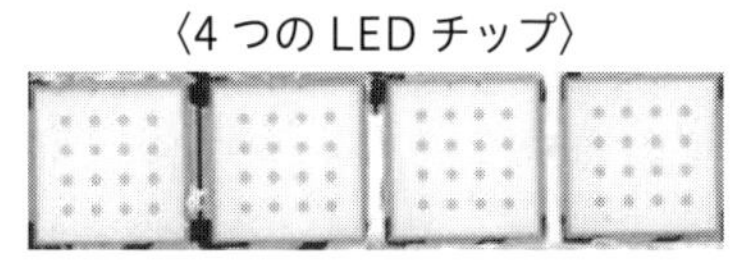

〈正常品を映像化した結果〉

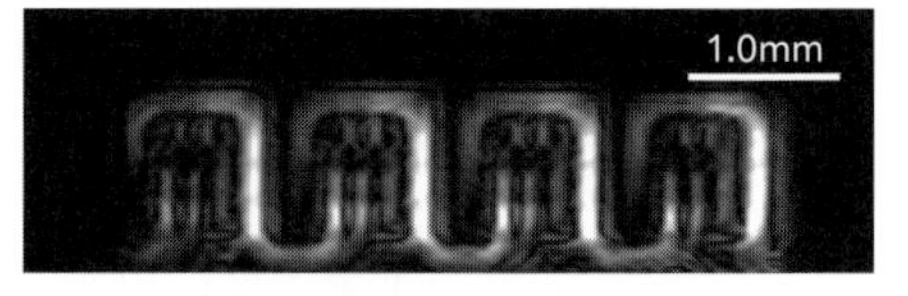

〈異常品を映像化した結果〉

図1　電気の映像化

脳の電気が見えない、立体的な電気が見えないと言いきってしまうと、急に興味が冷えきってしまいます。実は「ある程度電気の流れが分かっている」というところが面白いのです。稀に立体的な電気が実際に見える時があり、筆者(木村)はこれに気づいた時に大いに興奮しました。「電気が見える場合がある」の答えは電池です。電池は身近なものですね。電池の性能が良くなることは皆の願いだと思います。スマートフォンの充電は大変面倒だし、太陽電池の普及とセットで電気自動車が普及すれば、地球はきれいになります。太陽電池が寿命を迎えるまでに、その発電エネルギーで次の太陽電池を1つ以上多くつくることができれば、エネルギーに困らない未来がつくれますね。しかし夜、雨、雪、砂嵐もあるので、太陽電池が使えない時には、電池に蓄えたエネルギーを使うしかありません。電気自動車はそうやってうまくエネルギーを運ぶ媒体でもあるし、遠くへの移動手段でもあります。海外旅行、火星旅行、グリーゼ832への旅行など、人間の移動に対する興味は永久に尽きません。

電池に蓄える電気の量を増やすためには、リチウム電池であれば、リチウムの含有量を増やせばいいということになりますが、すぐにそれを研究者やエンジニアがやらないのは、リチウムというのは扱いが難しい材料で、たくさん入れ過ぎると電池内部で充電中に結晶になり、電池で絶対にやってはいけないと言われている、プラスとマイナスをつなぐということが内部で起こってしまうからです。乾電池の外なら、プラスとマイナスをつないでしまっていても、すぐに外せばよいですが、内部でそれが起こってしまうとどうしようもありません。爆発します。いま良品と言われているものでも、リチウムが内部で集まってしまっている、集まる予兆があると大変危険です。私たち研究チームは、その予兆を確認するために、電池の中のリチウムが集まる予兆を電池の中の立体的な電気を写真に撮ることで、映像化することに世界で初めて成功しました。**図 2** の画像は、電池が充電と放電を繰り返すために爆発する原因となり得る場所、すなわち、リチウムの集合場所の電気の流れを撮影した例です。

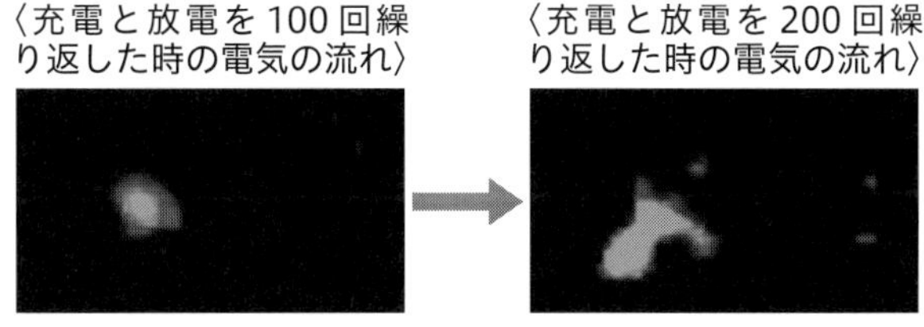

図 2　リチウム電池内部の電気の流れ（白っぽく写っている部分が、電気が流れている箇所）

電気が見えると、どんな未来が描ける？

電気が見えると、機械の故障や病気が分かるようになります。今後、電気を見るという研究がどのように発展するかは、2 つ方向性があります。1 つは何でもかんでも見える必要はなく、電池の事例のように、電気の流れ方がある程度決まっていると、磁気を測ることで電気を見ることができます。もう 1 つは、磁気を測る方法そのものです。非常に弱い磁気を測ることができるセンサーをつくるということ、例えば、量子力学の原理を用いるなどです。さらにそれだけではだめです。小さな磁気から大きな磁気まで広い範囲で測ることができる、センサーを含めた測定器をつくることです。これらの発展が分野を越えて医療にも貢献し、病気の早期発見につながるとともに、未知の世界の探査にもつながると思います。

木村　建次郎
神戸大学
数理・データサイエンスセンター

松田　聖樹　　鈴木　章吾
(株)Integral Geometry Science

戦争によって発展した電気技術を教えて

戦争によって発展した電気技術は私たちの身の周りに様々あります。今では私たちの生活に欠かすことのできない携帯電話や、車の位置情報で重要なGPS技術は、戦時中の通信技術を向上させることを目的に技術開発が進められてきました。敵機の来襲や軍艦の位置などを知るために開発されてきたレーダーや赤外線センサー技術も、今では飛行機の管制業務、天気予報、ひいてはコロナ禍の中でお世話になった非接触体温計などに広く活用されています。超音波を使った水中ソナー技術もその１つで、ここでは戦争によって発展した超音波ソナー技術について紹介します。

超音波とは

人間の耳には聞こえないような高い周波数の音のことを超音波と言います。人間に聞こえる周波数の範囲(可聴域)は、低い音で20Hz、高い音で20,000Hz(20kHz)くらいまでの間とされていますので、超音波はそれ以上の高い周波数を持つ音と言えます。音を使い感知する距離センシングとして、私たちは「やまびこ」を知っています。山に向かって「やっほー」と叫ぶと、数秒後に「やっほー」と自分の声が山に反射して戻って来ます。空気中を進む音の速さは、20℃の時、約343m/sであることが知られていますので、やっほーと叫んでから、その音が戻って来るまでの時間が２秒だったとすると、片道１秒となるので、343m/s×1s＝343mとなり、山までの距離が343mであることが分かります。つまり、音を発して戻って来るまでの時間を計ることができれば、物体までの距離を知ることができるのです。これがアクティブソナーの基本的な原理です。発生する音の周波数を超音波領域に持っていくことで超音波ソナーとなります。人間の場合、音を発生させるスピーカーとして喉があり、音を聞くためのマイクとして耳を持っていますので、やまびこにおけるアクティブソナーが図らずも完成されています。

一方、超音波領域でのスピーカーとマイクの役割を担う電子材料として、圧電素子が多く使われています。圧電素子は、圧電正効果と圧電逆効果を持っています(**図1**)。圧電正効果(図1上段)とは、圧電振素子に機械的な応力や歪みを与えると電気的な電圧や電荷を発生する効果で、圧電逆効果(図1下段)とは、電気的な電界や電圧を与えると機械的な歪みや力を発生する効果です。すなわち、圧電正効果は機械的な振動や音を電圧に変えることができるのでマイクとして働くことができ、圧電逆効果は交流の電界を付与することで伸びたり縮んだりといった機械的な振動を発生することができるので、スピーカーとして働くことができます。圧電振動子に付与する電界の周波数を超音波領域にすることや、機械的な共振現象を活用することで、高い周波数を持つ超音波を発生することができるので、圧電振動子を活用することにより超音波アクティブソナーをつくることができるのです。

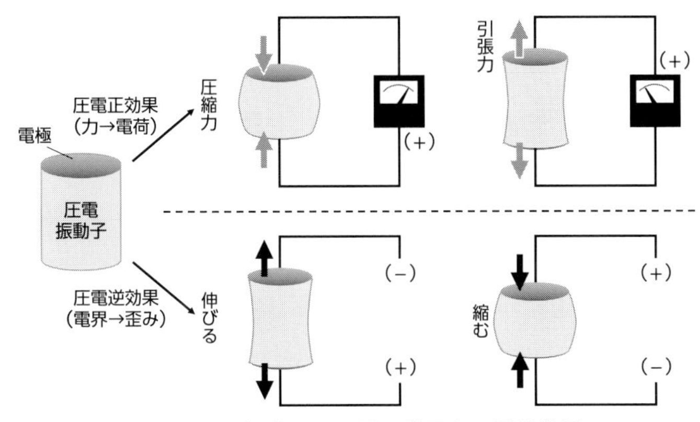

図1　圧電振動子の圧電正効果と圧電逆効果

潜水艦を探す

さて、話を1900年代初頭のヨーロッパに移しましょう。1912年に北大西洋上でタイタニック号が沈没し、その原因が氷山との衝突であったことから、水中の障害物を探知するための技術への要求が高まりました。光や電波は水中で大きく減衰してしまうのに対して、超音波は水中での減衰が比較的小さいことから超音波ソナーに注目が集まったわけです。また、水中での超音波の音速は空気中に比べて1,500m/sと5倍程速いといったことも超音波を水中で使う強みになっていました。当初考案された超音波発生装置は、笛の原理の延長にある水流笛というものでした。しかし、この水流笛では音圧が小さく、3～4kHz程度の低い周波数の超音波しか発生できませんでした。超音波は、周波数が低いほど水中での減衰が小さいため良いのですが、周波数が高い方が同じ構造でも音圧を上げることができたり、音の指向性を上げることができることから、数十〜百 kHz 程度の超音波周波数が求められていました。1914 年になると第一次世界大戦が勃発し、ドイツ軍が投入した潜水艦(U ボート)は英仏連合軍の巡洋艦や通商船を無差別攻撃して、破滅的な戦果を挙げていました。潜水艦による被害が甚大になるに伴い、超音波ソナーの研究開発は、氷山の発見から潜水艦探知機の開発へとその目的を変えていったのです。

当時の難題中の難題であった高周波の超音波発生は、パリ市立工業物理化学高等専門大学のポール・ランジュバンによって 1917 年に初めて成功しました。2 枚の鉄板の間にモザイク状の水晶板をサンドイッチ状に張り付けた超音波振動子を開発し、機械的共振現象を利用して所期の目的を達成したのです。これは、圧電振動子である水晶を 2 枚の鉄板で挟むことにより、鉄板の長さや厚みによって生じる機械的な共振を利用したものです。私たちは、鉄琴を叩くと、鉄琴の長さに応じた音が発生することを知っています。長い鉄琴を叩くと低い音、短い鉄琴を叩くと高い音が出ます。すなわち、物理的寸法に対応して鉄琴は自己共振し、その共振周波数の音を発生するのです。鉄琴では、演奏者が鉄琴を棒で叩きますが、ランジュバンが考えた鉄琴は、水晶に電圧をかけることによって圧電逆効果を利用して、鉄板に機械的な応力を印加したことになります。つまり、水晶に電圧をかけることにより鉄板を叩いたことになるわけです。このアイデアによって、水晶を挟んだ鉄板のサイズを適切にコントロールすることにより、超音波の周波数を調整することや高周波化を可能にしたのです。ランジュバンの開発した超音波ソナーは、100kHz で鋭いビーム状の指向性超音波を放射し、1,500m 先の潜水艇を発見することに成功しています。

開発者ランジュバン

ランジュバンが活用した圧電効果は、1880 年にキュリー兄弟(ジャック・キュリーとピエール・キュリー)により発見されました。ピエール・キュリーの妻はマリー・キュリーで、キュリー夫人としても有名なエックス線や放射線の研究者です。圧電効果は、結晶の対称性に起因して生じる現象であることから、エックス線による結晶構造解析とも密接に関係しています。ランジュバンはピエール・キュリーの弟子であり、ピエールが亡くなった後、ランジュバンとマリー・キュリーは恋人関係にあったと言われています。色々とつながってるんですねぇ。

ランジュバンの開発した超音波ソナーの実用化は 1920 年と、第一次世界大戦には間に合わなかったものの、例えばアメリカ海軍では、1927年より洋上試験に入り、第二次世界大戦において実戦投入されました。その後、ランジュバンの考案したランジュバン振動子は、圧電振動子に水晶を用いていましたが、水晶の圧電的性能は大きくなかったため、電源や構造の工夫、様々な圧電振動子の性能向上や材料開発が進展しました。例えば、チタン酸バリウムといったセラミックス振動子では、水晶の100倍程度大きな圧電定数(印加電界に対して得られる機械的歪みの大きさ)を達成するなど、軍事利用を目的とした圧電振動子やランジュバン振動子の研究開発が進展しました。2つの大戦において大きな戦果を残し、世界中の商船に恐れられたUボートでしたが、ソナーなどが普及するにつれて撃沈されることが多くなり、第二次世界大戦を通じてUボート乗組員の死傷率は63%という数字になったようでした。さらに第二次世界大戦では、戦闘機を追撃できる砲弾の開発にも超音波技術が活用されました。1943年にアメリカは戦闘機対応の砲弾開発として、砲弾の信管(起爆装置)にドップラー効果によって音(超音波)の周波数変化を探知する装置を組み込み、砲弾が戦闘機に近づくと爆発する技術を開発したのです。これにより、砲弾の命中率は飛躍的に増大し、日本のゼロ戦(零式艦上戦闘機)が撃墜される頻度も飛躍的に増加しました。このように超音波には、戦争のための兵器として開発が進められた歴史があります。

これまでにチタン酸バリウムセラミックスをはじめ、水晶を代替する優れた圧電材料の開発が行われてきましたが、金属と圧電振動子を接合・複合化するといったランジュバンが考案した構造は現在も用いられていることから、今でも彼の名前を冠してランジュバン振動子と呼ばれています。潜水艦探知を目的に強力に開発が推進されてきた超音波ソナーは、現在では様々な身の周りの品々に用いられています。いわゆる魚群探知機は、水中超音波ソナーの分かりやすい使用例ですし、人体も概ね水で構成されていると考えると、超音波診断装置も水中超音波ソナーの応用例と言えます。これ以外に、水中ではなく空中超音波センサーも壁や障害物などの接近を検知するセンサーとして自動車に組み込まれていますし、眼鏡屋さんでお馴染みの超音波洗浄機もその応用例となっています。2つの大戦を通じて強力に推進されてきた超音波ソナーの研究開発により、今でも私たちはその恩恵を受けていることになります。

永田　肇

東京理科大学 創域理工学部

電気の偉人は電気分野以外でもすごかった？

アレッサンドロ・ボルタという人物をご存じでしょうか。イタリアの物理学者です。ボルタは、1800年に世界で初めて電池(ボルタの電堆)を発明しました。電池がなかった時代は、電気と言えば静電気のことでした。冬にセーターを着た時やエレベーターのボタンを触った時などにパチッ！という音とともに痛い思いをした経験があると思いますが、この原因が静電気です。静電気はすぐに消えてなくなるため、電気製品を動かすことはできません。ボルタが電気をためる電池を発明したおかげで、電気の実験がいつでもできるようになり、多くの電気現象や電気に関する定理が発見されました。これらにより電気の分野が大きく発展し、現在に至ります。

メタンを発見したボルタ

電圧の単位Vは、ボルタに由来していますが、電気の他の単位も発見者にちなんだものが多いです。例えば、電気抵抗の単位Ω(オーム)、電流の単位A(アンペア)、周波数の単位Hz(ヘルツ)などもそうです。19世紀末頃までは電気工学という学問分野がなく、自然哲学や物理学、数学、化学などを学んでから電気の実験をしていたので、現在の電気分野以外にも精通していたと言えます。ボルタは、都市ガスに利用されているメタンも発見しています。化学に物理に電気にと、近代科学の基礎分野を幅広く1人で行っていたなんてすごいですね。また、電流の単位Aの名称の由来となったアンドレ＝マリ・アンペールは、数学に造詣(ぞうけい)が深く、確率に関する著作もあり、フランス・リヨン大学で数学の教授に就任していたなど他分野でも活躍していました。

大実業家だった発明家エジソン

現代に近い人物だと、発明王トーマス・アルバ・エジソンを思い浮かべる人も多いと思います。発明品は非常に多いのですが、人々に広く知られているものとしては、実用的な白熱電球、蓄音機やキネトスコープ(映写機)があります。エジソンはこの白熱電球を普及させようと様々な仕かけをつくり出しました。白熱電球の生産のほかに、家庭に電気を届ける仕組みです。エジソンは直流

100V(乾電池は直流 1.5V)でこの白熱電球を点灯させるため、直流発電所と送電網からなるシステムを考案しました。これらを実用化するため 1878 年にエジソン電灯会社を設立し、その後、この会社を吸収する形でエジソン・ゼネラル・エレクトリック・カンパニーを 1889 年に設立しました。この会社は、現在ではゼネラル・エレクトリック社としてアメリカを代表する総合電機メーカーの 1つとなっています。エジソンはベンチャーの立ち上げ、つまりは起業家・実業家の先駆者ということになります。

別の発明品である蓄音機は、空気の振動である音を機械の振動に変換し、ラップの芯のような円筒に巻いたスズ箔に針で溝を切って記録する方式で、レコードの原形です(図 1)。これは電気ではなく、機械仕かけで動作していました。つまりは機械分野でもすごかったわけです。エジソンは、蓄音機の普及においても製造会社を設立しています。これらの発明は、エジソン研究所から端を発しており、製造だけでなく新規の研究や実用化を推し進める研究開発の拠点を設置したことも偉業の１つです。さらに、エジソンは映像を再生するキネトスコープという映画の原形の１つとなる機械や、映像を記録するキネトグラフも発明していることから「映画の父」とも言われています。エジソンは、発明品の実用化だけでなく映画スタジオを建設し、ハードからコンテンツというソフト作成まで行った大実業家とも言えます。

図１　エジソン蓄音機
1901 年製。2 分間演奏できる蝋管型
東京理科大学近代科学資料館所蔵

8つの言語を話す天才テスラ

現在家庭などで使用されている電気は、直流ではなく交流です。その理由は、もう１人の天才発明家の存在がありました。ニコラ・テスラという人物です。テスラは 1884 年にヨーロッパからアメリカに渡り、エジソンの元で働いていました。テスラは、直流方式よりも、自身が考案した交流方式に利点があると主張したことから、エジソンと対立して会社を辞めました。その後、テスラは 1887 年にテスラ電灯社を設立して交流による電力事業を推進し、交流システムの特許を取得しています。テスラが発明した交流発電機は、ナイアガラの滝に建設された水力発電所で利用されました。交流は直流に比べ電圧を変換する

ことが容易で、遠くにある発電所から市街地まで電気を効率的に送ることができたため、現在では交流が盛んに利用されています。テスラは、交流発電機のほかにも、変圧器、モーターなど、現在の科学技術に影響を与える多くの発明をしています。高周波・高電圧を発生させるコイルとして有名な「テスラコイル」は、現在で言う無線電力伝送の原形になっています。その他には、垂直離着陸機(V-22 オスプレイの原形)も発明しています。なお、テスラが発明したモーターは電気自動車にも多く採用されています。電気自動車で有名なテスラ(旧・テスラ・モーターズ)の社名は、テスラに敬意を表してつけられたというのは有名な話です。さらにテスラは英語、セルビア・クロアチア語、チェコ語などを含む8つの言語に精通していたそうです。電気だけでなく、機械や言語などにも異彩を放つテスラも多才ですね。

多才な日本人たち

ここまでは国外の偉人ばかりでしたが、国内の人々に目を向けてみましょう。まずは屋井先蔵(やいさきぞう)です。屋井は、乾電池(**図2**)の発明者として有名です。東京物理学校(現・東京理科大学)に通い、理学を学んだ屋井は、技術者を育てる東京職工学校(現・東京工業大学)の入学を目指します。しかし、入試当日ゼンマイ式時計の時間が不正確だったことで遅刻し、夢が叶わなかったことから、正確な時を刻む「連続電気時計」の開発に注力し、この電源に使う乾電池の開発に着手します。多くの研究を重ねた結果、炭素棒にパラフィンを浸み込ませることでこの問題を解決し、1887年頃に湿電池ではない乾電池を発明しました。その改良にあたり、屋井は帝国大学理科大学(現・東京大学)に出入りし、田中舘愛橘(たなかだてあいきつ)とよく相談していたと言われることから、現在で言う産学協同の先駆者であり、また、合資会社屋井乾電池も設立していたので、実業家でもありました。なお、この屋井乾電池を発明した当時は資金がなく、特許を出願できませんでした。当時、乾電池の開発は世界中で行われ、ドイツのカール・ガスナーとデンマークのウィルヘルム・ヘレセンがそれぞれ1888年に発明したとされています。屋井の特許出願は1892年10月で日本初でしたが、特許取得は1893年11月となり、逓信省勤務の高橋市三郎(たかはしいちさぶろう)が同年10月と1か月早く取得しており、日

図2　屋井乾電池
東京理科大学近代科学資料館所蔵

本初の乾電池特許にもなりませんでした。このようなことや、会社が跡継ぎに恵まれず消えてしまったことから、次第に屋井の名前は薄れていき、残念ながら現在では屋井先蔵自身もあまり知られなくなってしまいました。

平賀源内と言えば、「エレキテル」の復元をして日本に電気を知らしめたことで有名です。電気に関する知識が乏しいにもかかわらず、読解が困難なオランダ語の文献を参考にエレキテルを修理できたことは、賞賛に値します。源内は多芸多能の人で、生涯を通じて理系から文系まであらゆる仕事に取り組み、多くの業績を残しています。本業は本草学者で、薬の材料や各地の産物を集めて物産会を度々開きました。これは日本初の博覧会とも呼べるものでした。さらに物産会の出品物を取りまとめ、『物類品隲』という解説書を著しました。その他には、石綿を使った不燃布や、ガラス板の裏に水銀を塗った懐中鏡、量程器(万歩計の元)、磁針器(現在の羅針盤)などもつくり出しました。また、源内は文人として『根南志具佐』などを書き、戯作の始祖とされています。さらには、歯磨き粉や食品の宣伝のために作詞作曲(現在の CM ソング)をしたり、広告を作成し、土用の丑の日に鰻を食べる風習を広めたのも源内の発案とされていて、日本のコピーライターの第一号とも言われています。

高柳健次郎は、1926 年に世界で初めてブラウン管を用いたテレビを発明し、片仮名の「イ」の文字を電送・受像して表示したことから「テレビの父」と呼ばれており、映像関係で多くの業績があります。高柳は浜松工業学校の教授でありながら NHK に出向し、研究を行ったほか、産学協同のためテレビジョン同好会(現・(一社)映像情報メディア学会)の委員長に就任し、多くの後進を育成しました。

最後に、現在も続く日本を代表する企業を起こした電気の偉人たちを挙げてみましょう。科学者、教育者、起業家、実業家で日本の電気の父と呼ばれる藤岡市助(東芝の創業者)。鉱山での土木建築工事の電力確保のために日本初の馬力電動機を製作した小平浪平(日立製作所の創業者)。二股ソケットを発明した経営の神様であり、数多くのビジネス書を出版した松下幸之助(パナソニックホールディングスの創業者)。真面目な技術者の技能を最高度に発揮すべく、自由で愉快な理想工場を建設した井深大(ソニーグループの創業者)。世界初の小型純電気式計算機を発明し、名言や至言を多数残した樫尾俊雄(カシオ計算機の創業者)。…キリがないですね。

兵庫　明
東京理科大学 創域理工学部

世界で一番電気料金が高い／安い国は？

OECD（経済協力開発機構）諸国の中で電気料金が高い国

電気料金は、その年や時期によって少なからず変動します。為替などを加味した算定方法によっても一概に比較することは難しいのですが、例えば、IEA（国際エネルギー機関）の2022年の実績データによると、OECD加盟38か国の中で、家庭用電気料金が高い国の上位を占めたのは欧州諸国でした。OECD加盟国全体の平均と比較すると、欧州諸国のみの平均は約1.5倍高くなりました。

2021年にはコロナ禍からの景気回復等による天然ガス需要の増大と価格上昇などもあって、世界の多くの国で電気料金も上昇しました。さらに、ヨーロッパでは2021年の熱波や渇水、2022年初頭にかけての寒気や、冬季のガス貯蔵量が低水準だったことが重なり、価格が大きく上昇しました。この価格上昇はロシアのウクライナ侵攻、それに続くロシアからヨーロッパへの天然ガス輸出量減によってさらに悪化しました。それでは、ヨーロッパの中でも電気料金が高かった国をいくつか取り上げて見てみましょう。

図1にEU加盟国の家庭用電気料金単価を示しています(2022年上半期)。これを見ると、デンマーク(1kWh当たり45.59ユーロセント、約61円)やドイツ(1kWh当たり32.79ユーロセント、約44円)の家庭用電気料金の構成要素において、税金や課徴金などの公租公課の割合が非常に高くなっています。この中には、再生可能エネルギー(以下：再エネ)拡大のための賦課金(ふかきん)などが含まれています。電気料金水準の上位ランキングは年により変動しますが、上述2か国は近年、EU加盟国の中で最も電気料金の高い国として数えられます。

① デンマーク

デンマークは「エネルギー戦略2050」で、2050年に化石燃料から完全に脱却し、エネルギー供給の100%を再エネで賄(まかな)うことを目指している再エネ推進国です(2021年時点の電源別構成では78.9%が再エネ)。そのため、料金に占める諸税・課徴金の割合が極めて高くなっており、2022年の上半期は、エネルギー税などの諸税に再エネ拡大などのための賦課金を加えた金額が、家庭用電気料金の約48%を占めるに至っており、これはEU加盟国の中でも最も高い水準です。

② ドイツ

ドイツも再エネの推進を積極的に進めており、2030年までに再エネ比率を国内電力消費の80%に高める目標を掲げています。2022年の上半期までは再エネ賦課金を含む公租公課が家庭用電気料金の約50%以上を占めていました。2022年7月1日以降、国民負担の増大が大きな問題となっていたため、再エネ賦課金が廃止されました。電気料金に上乗せされる公租公課の額は減少しましたが、減少分は2021年以降の卸電力価格の高騰による調達費用の増加で相殺され、電気料金全体としては2022年下半期も家庭用で24.6％上昇しました(2021年平均比)。

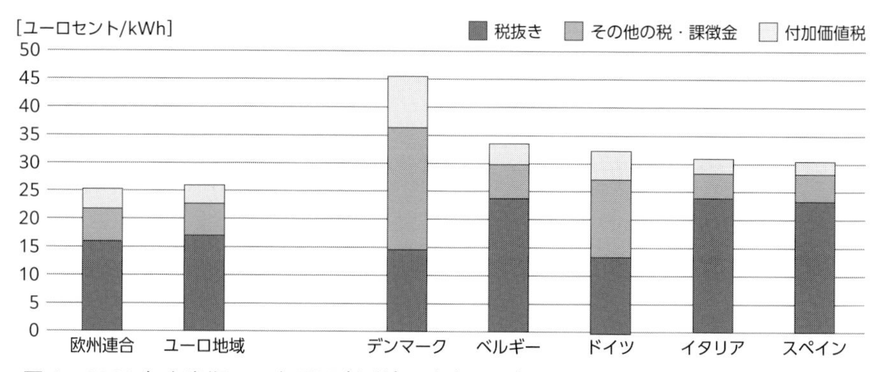

図1　2022年上半期 EU加盟国(上位)の家庭用電気料金　出典：欧州統計局(EUROSTAT)

OECD諸国の中で電気料金が安い国

それでは、反対に電気料金が安い国はどこでしょうか。IEAの2022年の実績データによるとOECD加盟国の中で家庭用電気料金が比較的安価な国は、アメリカ、韓国、カナダ、アイスランドでした。それでは、なぜ安いのか、それぞれの特長を見ていきましょう。

① アメリカ

アメリカは石油生産量世界1位、石炭生産量が世界4位で資源を豊富に有しているため(2021年データ)、先進国の中でも特に電気料金が安い国の1つです。発電比率の高い火力発電で使用する化石燃料を輸入に頼らず自国で賄っており、さらに、広大な土地のおかげで水力発電用地にも恵まれているため、水力発電による発電設備容量も世界3位を誇っています(2021年データ)。原子力発電においても高い知見と技術力を持っており、基数、出力ともに世界1位です(2021年データ)。近年では、シェールオイル、シェールガスの採掘も大規模に開始し、さらに再エネの導入も進めるなど、多くのエネルギー獲得方法を有しています。

もっとも、アメリカは全米平均で見ると安価な電気料金ですが、電源構成などにより州や地域による格差が大きくなっています。アメリカエネルギー情報局(EIA)のデータによると2022年10月の家庭用電気料金は、全米平均で1kWh当たり15.99セント(約24円)のところ、水力資源が豊富なワシントン州は1kWh当たり10.62セント(約16円)である一方、ハワイ州は石油火力発電の依存度も高く、燃料輸送コストも大きいことから1kWh当たり44.72セント(約68円)となっています。

② 韓国

韓国はエネルギー資源の保有量は極めて少なく、供給量の約85%を輸入に依存しています(2016年データ)。国内のエネルギー資源が少なく、他国からの輸入に頼らざるを得ない点で日本と似ているのですが、電気料金は2023年時点で日本の約5割程度になっています。これは政府が設定する電気料金(規制料金)に国際エネルギー価格の高騰が反映されておらず、安く抑えられていることが理由として挙げられます。そのため、韓国電力公社(KEPCO)の経営は非常に厳しくなっており、2022年12月期には韓国企業として過去最大となる32兆6,030億ウォン(約3兆3,000億円)の営業赤字を計上しました。さらに2023年8月には負債が200兆ウォン(約20兆円)に達しました。

③ カナダ

世界でも指折りのエネルギー資源国で、石油、天然ガス、石炭、ウランなどが豊富にあるカナダはエネルギー自給率が170%前後の高水準で推移しています(2012～2016年データ)。起伏が激しい河川が多く、水力資源が豊富にあるため、水力発電による発電設備容量も世界4位で(2021年データ)、世界三大瀑布の1つである「ナイアガラの滝」を利用した水力発電所も存在しています。さらに近年では、シェールオイルやシェールガスの開発も盛んに進んでいます。このようにエネルギー資源を輸入に頼らず自国で賄えるため電力が安定して、電気料金も安くなっています。

④ アイスランド

アイスランドは国内の発電電力量の約70%が水力、約30%が地熱で(2021年)、自然エネルギーを多く使用している国です(火力発電は非常用電源としての位置づけであり、その発電電力量は全体の0.01%です)。火山国アイスランドにおいて、地熱は安定した持続可能なエネルギー源であり、電気料金も安くなっています。豊富な地熱資源により、温泉、暖房システム、地熱発電所が広く普及しています。地理的にも有利な立地条件を持っており、地熱、水力の他にも風力発電を行っており(2021年時点で約0.03%)、多様な再エネ資源の組み合わせによって安定性を確保しています。近年では、ビットコインのマイニングを実施する企業が、安価な電気料金に魅力を感じ、世界でも有数の進出先となっています。

OECD加盟国以外の国について

これまでOECD加盟国の中で電気料金が高い国、安い国の説明をしてきましたが、加盟国ではない国の中には、さらに高い国、安い国が存在します。それでは、その特長を見てみましょう。

① 島嶼(とうしょ)国

前述のハワイ州の例にもある通り、島嶼国はエネルギー資源に乏しく、石油火力(ディーゼル)の輸入に依存しているため、電気料金が非常に高いケースが見られます。例えば、ソロモン諸島(1kWh当たり69.2セント、約105円)、セントヘレナ島(1kWh当たり61.2セント、約93円)、バヌアツ共和国(1kWh当たり59.1セント、約89円)などの例が挙げられます(価格はすべて2021年時点)。加えて、為替レートや燃料の高騰によって発電コストが変動しやすく、電気料金の変動が激しくなっています。島嶼国は自国で発電するとしても、国土が小さく規模の経済が見込めず、結果的に輸入するよりもコストがかかってしまう懸念点があります。近年では、このような状況を打開するために、再エネの導入へ舵(かじ)を切り始めている島嶼国が増えています。

② 中東

反対に、石油および天然ガス生産国として有名なサウジアラビア、アラブ首長国連邦(UAE)、イラン、イラク、クウェート、カタールなど中東諸国は電気を安価に提供しています。これは原油埋蔵量が多く、エネルギー輸出国の地位を確立しているためです。カタールはなんと光熱費(電気代、水道代)を自国民に無料で提供しています。

※文中の円価は1ユーロ・134.24円、1米ドル・151.34円、1ウォン・0.1円で換算しています。

大橋　翠

(一社)海外電力調査会

世界の知られていない発電方法を知りたい

発電って何？

皆さん、「エネルギー」って何だと思いますか。物理の世界では、エネルギーの単位はJ(ジュール)やN・m(ニュートン・メートル)やW・s(ワット・秒)で表され、1Jとは1Nの力で物体を1m動かす「仕事」、あるいは、1V(ボルト)の電圧で1A(アンペア)の電流を1s(秒間)流す「仕事」のことです。つまり、電気(正しくは電力量)も、このエネルギーの1つであり、発電とは何らかのエネルギーを電気エネルギーに変換することを指します。このあと、現在世界各国で研究中または実際に使われている発電方式のうち、珍しい、夢がある、あるいはちょっと不思議なものを紹介していきます。

起死回生 宇宙太陽光発電

太陽光発電は太陽光パネル(半導体)で太陽光が持つ電磁波エネルギーを電気エネルギーに変換する再生可能エネルギー(以下：再エネ)、すなわち温室効果ガスを出さない発電方式です。ただ、雨や曇りの日に発電できない、広い土地が必要といった弱点があり、温室対果ガスの2030年目標達成には東京23区の約1/3の土地が必要ですし、2050年目標に向けてはさらに広い土地が必要となります。そこで今、研究されているのが宇宙空間に太陽光パネルを設置し、発電した電気エネルギーをマイクロ波やレーザー光で地上に伝送しようという宇宙太陽光発電です。宇宙空間では空気による減衰がないため太陽光の強さが地上の約1.4倍で、雨も曇りもなく、何より広大です。少し古いですが、「未来少年コナン」の太陽塔のイメージです。日本では21世紀半ば以降の実用化を見据え、JAXA(宇宙航空研究開発機構)が研究を続けており**(図1)**、

図1　宇宙太陽光発電の概念図
出典：(国研)宇宙航空研究開発機構

アメリカではカリフォルニア工科大学が2023年1月に小型の人工衛星を実際に打ち上げ、6月には地上への電力伝送実験に成功したと発表されています。

凧の応用 空中浮体式風力発電

風力発電は風が持つ運動エネルギーでブレード(風車)に接続された発電機を回転させ、電気エネルギーに変換する再エネです。近年では、スケールメリット(発電機が大きいほどより経済的)と、より強く安定した風(地上100mでは風速が地上の2倍以上になることもあります)を求め、どんどん大きな風車(高さ200m以上)が設置されるようになってきており、より多くの電気を効率的につくれるようになった半面、建設費が高く、工期も長くなってきています。そこで、今回紹介するのが空中浮体式風力発電です。上空に揚げた凧やグライダーが上下する力を使って地上で発電するタイプや、風車と発電機を凧やグライダーに取り付けて上空で発電するタイプが考えられていますが、大きい建設費をかけることなく、上空の強く安定した風を利用しようとするコンセプトは共通です。**図2**はアメリカのAltaeros社の例で、ヘリウムガスを充てんした円筒形の気球の中に風車と発電機を取り付けています。従来の発電方式と異なり、発電機を移動できるため被災地でも活躍しそうですね。

図2　空中浮体式風力発電の例：Buoyant Airborne Turbine
出典：Altaeros

資源豊富 地熱発電

地熱発電は地下のマグマなどによって熱せられた高温高圧の水蒸気や熱水を地上に汲み上げ、この熱エネルギーで発電機を回し、電気エネルギーを得る再エネです(**図3**)。地熱発電は太陽光発電や風力発電と違い、季節や天候に左右されず、年間を通じ安定して発電できます。また、日本は火山帯に位置するため、地下に利用可能な地熱エネルギーが膨大に存在し、アメリカとインドネシアに次いで世界第3位の地熱資源国です。今は比較的浅い地下から汲み上げた200〜300℃程度の水蒸気や熱水を使用していますが、より高効率な発電を目指した革新技術「超臨界地熱発電」(地下深くに眠る300℃を超える超臨界状態の熱水を利用する)も日本で研究が進められています。

図3　地熱発電の例：八丁原発電所
出典：九電みらいエナジー(株)

古いけど新しい?! 重力蓄電

地球上の物体には重力が働き、物体は高いところから低いところに向かって落ちます。蓄電技術の1つである揚水式水力発電は、水が重力によって得る位置エネルギーを利用しています。高い位置にある水が低い位置に落ちる時のエネルギーで発電し、反対に低い位置にある水を高い位置にポンプで汲み上げて蓄電しています。世界ではこの位置エネルギーに注目し、水の代わりにコンクリートブロックなどの重量物を使う技術が開発されています。例えば、近年開発された国内最大級のタワークレーン(揚程150m×吊荷重150t)を使えば、1回の荷下ろしで一般家庭約6日分の電気を賄(まかな)えることとなります(図4)。揚水式水力発電所は、山など適切な場所がなければ建設できませんが、重力蓄電は重力のある地球上ならどこにでも建設できます。また、材料は重たい物なら何でもよく、特別な材料が必要ないので、安価で環境に与える影響も小さくなります。資源の少ない日本ではこれから脚光を浴びるかもしれません。

図4　重力蓄電の例：EV1(実証機)　出典：Energy Vault

ロマンチック 植物発電

植物発電は、植物と共存する微生物が生命活動をする際に、土や水の中で放出される電子を利用して発電する技術です。植物が元気に育つ環境の土壌や水辺に電極を挿しておくだけで夜間でも電力を得ることができる未来のエネルギーです(図5)。「休耕地の有効活用」、「空き地や庭に導入することで夜道を明るく照らし、防犯対策に」、「停電や災害時の非常電源に」など、今後様々な場面での活用が期待されます。図6は日本のグリーンディスプレイが考案した植物発電の例(ボタニカルライト)で、プロトタイプとして開発中であり、商品単体での販売は行っておらず、依頼に応じてメンテナンス・経過観察も含め設置の検討をするとのことです。

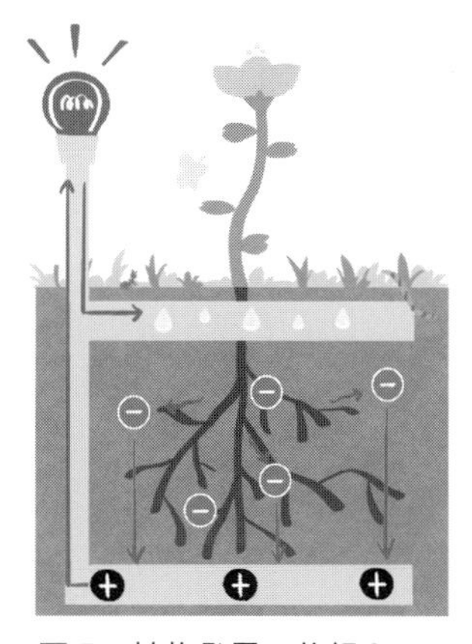

図5　植物発電の仕組み
出典：(株)グリーンディスプレイ

図6　植物発電によるイルミネーション
出典：(株)グリーンディスプレイ

不思議 雷の電気を利用できないの？

雷は大気中で大量の正負の電荷分離が起こり、放電する現象です。その電圧は1億V(家庭で使う電圧の100万倍)で、一瞬(1,000分の1～1秒)ではありますが100Wの電球を90億個同時に光らせるパワーと、一般家庭のおよそ50日分の電気を賄うエネルギーを有しています。一方で、雷は年間10～100万回発生しているそうなので、仮にそのすべてをつかまえて充電できれば、およそ10万軒の家庭で使う電気を賄えることとなります。ただ、雷のエネルギーがあまりにも大きく、短時間で、いつどこで発生するか予測し難いため、利用の目途は立っていないそうです。他方で、雷による設備被害対策として、雷をレーザーで生成した誘導路に沿って導き、安全な場所に落雷させるなどの「誘雷技術」の研究が、複数の大学や研究機関で行われているそうです。

武智 芳博　岸本 直人　村中 健太
(一社)海外電力調査会

電気のない未電化国の人々の生活を教えて

電気が使えない未電化地域での暮らしを考える前に、世界でどれくらい未電化の地域があるのかを見てみましょう。**図1**と**図2**は西暦1990年と2020年の国別電化率(電気を日常的に使える人口の比率)を表しています。同図から世界中で電気を利用できる地域が広がってきたことが分かります。また、アジアではほぼすべての国、地域で電気を利用できるようになってきたのに比べ、アフリカではまだまだ電気を利用できない地域が多く残っていることも分かります。国際協力機構(JICA)によれば、2019年時点で全世界の約8億人が電気を利用できない環境下で暮らしているとのことです。

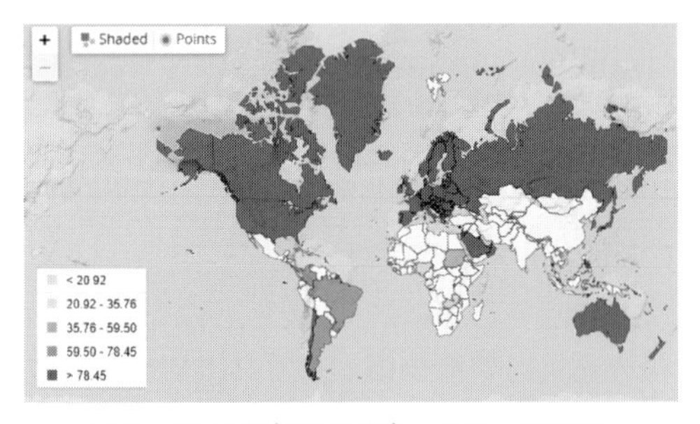

図1　電化率(1990年)　出典：世界銀行

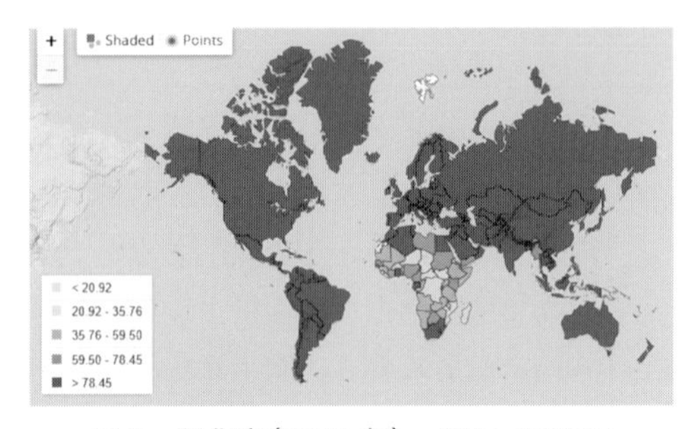

図2　電化率(2020年)　出典：世界銀行

どうして電気が使えない地域があるのか

電気は主に郊外にある火力、水力、原子力発電所で発電され、送電線(鉄塔)

で町の中心まで運ばれたあと、配電線(電柱)で皆さんの家まで運ばれます。つまり、自由に電気が使えるようになるためには発電所に加え、送電線や配電線が整備される必要があります。これらは、国の中心都市(首都など)から地方都市へ、また、町の中心から郊外に向かって徐々に整備されることが一般的です。上で見た電化率が低い国々でも電気を使える地域が広がりつつありますが、地方都市やその郊外まで届くには時間がかかるでしょう。

もう1つの問題が貧困です。配電線は国や電力会社が整備しますが、町の中心から遠方になるほど配電線の距離が長く、電柱の数も多くなり、より多くの建設費用が必要となります。電気を利用する人は電気代を支払い、建設費や燃料代を負担しなければなりませんが、世界にはそれが困難な人たちもいます。

人が生活していくうえで最低限必要なものを総じて「ベーシックヒューマンニーズ」と呼ぶことがあります。これは、衣食住、水、医療や教育のことを指し、多くの貧困地域で十分には整備されていません。世界銀行(World Bank)によれば、今でも全世界の約7億人が貧困地域で暮らしており、この地域は前述の「未電化地域」とよく似ています。

未電化地域の暮らし

① 家と暮らし

筆者は25年くらい前から海外事業の関係で多くの発展途上国を訪れてきました。以降はその折に見聞きしたことを中心に記述します。まず、**図3**はガーナ郊外の未電化村の様子です。地域によって丸や四角と形は違いますが、土壁と簡易な屋根の構成は共通です。手前を2人の少女が頭にバケツを置き、水を運んでいます。アフリカ、特にサハラ砂漠が近い地域では飲み水は貴重です。**図4**はナイジェリアの井戸の様子です。各家に水道はなく、村に1か所の井戸まで毎日水を汲みに行かなければなりません。井戸が整備されておらず、何 km も離れた井戸

図3　ガーナ　未電化村の家

図4　ナイジェリア　未電化村の井戸

まで毎日水を汲みに行く村もあると聞きました。洗濯は川や、井戸水で手洗いですし、食事はかまどで薪を燃やしてつくります。キャンプと同じですね。主な情報源について、大人は村の集会やご近所付き合いの中で、また子供たちは学校や遊びの中で多くの情報を得ることになります。

未電化村での暮らしは一様に大変で、中には家の手伝いに追われて学校に通えない子供もいると聞きました。ただ、筆者には子供たちは総じて生き生きとしているようにも見えました。**図5**はナイジェリアの未電化村の子供たちの様子です。

図5　ナイジェリア　未電化村の子供たち

② 学校と病院

図6はナイジェリアの未電化村で見た小学校の様子です。小学校や病院は、水とともにベーシックヒューマンニーズと位置づけられており、電気よりも先に国や国際協力機構、世界銀行といった援助機関により整備されることが多いようです。ただし、電気がありませんから空調や蛍光灯はなく、夜間に灯りをつけて勉強や治療をすることはできません。いざという時のみ、オイル式のランタンなどで最低限の灯りをつけることもあるそうです。

図6　ナイジェリア　未電化村の小学校

図7　インドネシア郊外での農作業

図8　戦前の兵庫県での農作業
出典：神戸市ウェブサイト(https://www.city.kobe.lg.jp/j39681/kuyakusho/tarumiku/shoukai/photo/tarumi6.html)

③ 産業(農業・漁業)

未電化村の主な産業は農業と漁業です。耕運機や田植え機といった農業機械はほぼありませんから、基本人間の力のみで作業します。牛や馬の力を借りて作業しているところもよく見かけました。**図7**と**図8**は、それぞれインドネシアの郊外と戦前(1939年頃)の兵庫県における農作業の様子です。驚くほどよく似ています。

未電化地域の電気

では、未電化地域にはまったく電気がないのでしょうか。日本の江戸時代とは違い、現代の未電化地域に住んでいる人々は電気の存在を知っていますし、使っているところを見たことがある人もたくさんいます。電気を自由には使えないけれど、様々な工夫をして限られた範囲で電気を使っている例をいくつか紹介します。

まず、**図9**は小型の太陽光パネルとバッテリーを組み合わせた例です。パネルの面積から見て100W程度でしょうから、数個のLED電球を灯し、ラジオや携帯電話の充電や、小型のテレビが利用できます。今年還暦の筆者には驚きですが、発展途上国の多くでは、固定電話の時代を飛ばして携帯電話が利用されているのをよく目にします。

図9　国連開発計画(UNDP)によるナイジェリアでの地方電化

マレーシア、ボルネオ島の未電化村では、村人が自ら小型(10kW、日本だと3世帯程度の発電量)のディーゼル発電機を設置し、200Vの配電線を各家庭まで引き、毎日(夕方から数時間のみですが)、村全体で電気を利用しているところを見ました。

また、カンボジアの未電化村では、村の自転車屋さんが小型ディーゼル発電機で村人の鉛蓄電池(おそらく車のバッテリーの中古品)を充電(有料)しているところを見ました。人間ってたくましいですね。

武智　芳博

(一社)海外電力調査会

日本で電気・電子の仕事をしている人はどのくらいいるの？

働いている人は約30万人と推定

厚生労働省の職業情報提供サイト「job tag(日本版O-NET)」に掲載されている国勢調査を基にした電気技術者の就業者数は305,190人(令和2年)となっています。電気技術者試験センターでは、電気主任技術者と電気工事士の国家試験を実施していますが、ここ20年で約150万人が合格しており、これらの人々がまだ現役世代だということを考えると、非常に多くの人が電気・電子関係に従事していると考えられます。試験センターでは、産学官から選ばれた試験委員とともに、問題づくりから試験、採点、合否判定までを一貫して実施しています。

以降は、試験センターとしてではなく、あくまで個人的な見解になることをご了承ください。

令和2年に行われた総務省統計局による国勢調査の結果である労働力人口57,643,225人という数字から概算すると、電気技術者は約0.5％です。200人に1人と考えると、皆さんのお知り合いなどにも電気に関わる仕事に就いた人がいらっしゃるのではないでしょうか。

上記の人数は、あくまで電気技術者として、「電気の技術」を仕事としている人です。実際は、電力会社で働いている人、テレビやパソコンなど家電を売っている人、電気のことを教える学校の先生なども電気に関わる仕事をしていると言えるでしょう。

活躍する電気技術者

一般的に、電気や電子、それらに直接関わって仕事をしている人、例えば、電気工事や、発電所に勤務しているような人を「電気技術者」と呼んでいます。先ほど紹介したjob tagでは、電気技術者について「電気設備や機器の技術開発や改良、安全な運転のための保守・管理、更新工事などをする。」と表現しています。電気技術者の中でも、電気の管理をする人、電気の工事をする人、電気を生み出す機械をつくり出す人など様々です。

電気技術者と資格

電気技術系の資格を持っていることが必ずしも電気技術者の条件ではないと考えられますが、自身が培ってきた知識・スキルを実証するものが資格であることもまた事実です。電気技術者の資格の種類は多岐にわたります。1つの資格だけを見ても、その資格から派生する仕事が多く存在します。先ほどの電気技術者の定義にならうのであれば、電気技術者＝資格取得者とは限りませんが、資格がないとそもそも仕事が行えない部分も存在します。

例えば、電気工事士を例に挙げてみます。ここでは一般的な戸建て住宅を想像していただくのがよいでしょう。この住宅の壁コンセントが壊れてしまったとします。コンセントを1つ交換するのにも電気工事士の資格が必要になります。資格を持っていないのに、コンセントを引っ張り出して内側の配線工事をしてはいけません。仮にご自宅であったとしても資格は必要です。簡単に言ってしまえば、コンセントを壁から取り外すところから電気工事士の資格が必要になってきます。どの住宅にもある分電盤(ブレーカーがあるところ)から延びているコンセントや電球の受け口へ至る屋内配線など、電気が流れるモノに関わる工事も電気工事士の資格が必要です。ご自宅の電気設備が壊れた時にはご自身で解決しようとせず、大家さんや電気工事士の資格を持った電気屋さんに相談するようにしてください。

これは一般的な住宅に限ったことではなく、ショッピングセンターや皆さんが勤務されている職場も同様で、これらには必ず電気工事士が関わっています。また、一般的な住宅より大規模な設備となる工場やビルなどの工事も含めた保安管理、維持、運用を行う場合は、電気主任技術者という資格が必要になります。こちらは工場やビル、発電所などの電気設備の保安、監督に必要な資格です(一般的なビルは、戸建て住宅と異なり高圧と呼ばれる電気を引き込んでおり、感電事故などのリスクも大きいため、これらの保守、管理を行う電気主任技術者を選任する必要があります)。

目指せ電気技術者

電気工事士も、電気主任技術者もそれぞれ扱うものの規模によって種別が変わってきますが、これらは他の電気・電子系の資格にも言えることです。

では、実際に技術者を目指しているのはどのような人なのでしょうか。**図1**

は、令和４年度の電気主任技術者試験申込者の職業別の内訳です。職業の内訳を見ると、電気分野以外でも多いことが分かります。情報系、建築分野などあらゆる分野で電気が関係しているので、必要に迫られて受験しているのかもしれません。

電気工事士試験を見てみると(**図 2**)、第一種は電気関連の人が多いですが、

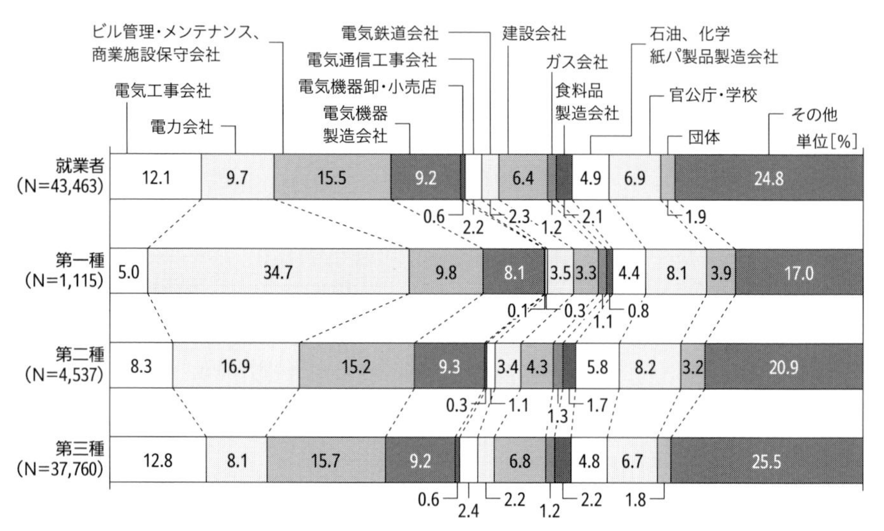

図１　令和４年度 電気主任技術者試験の職業別申込者 構成比

〈第一種電気工事士試験 受験申込者〉

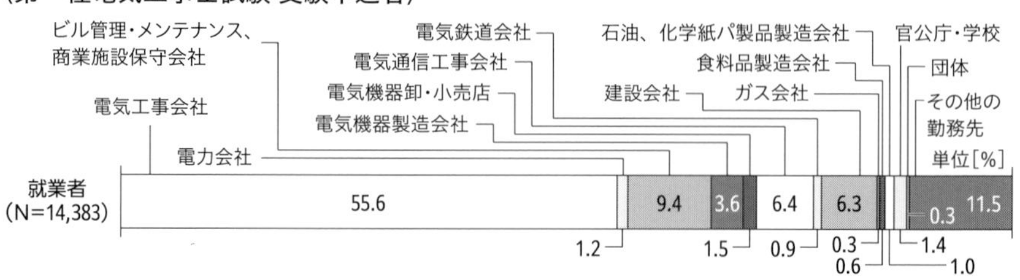

〈第二種電気工事士試験 受験申込者〉

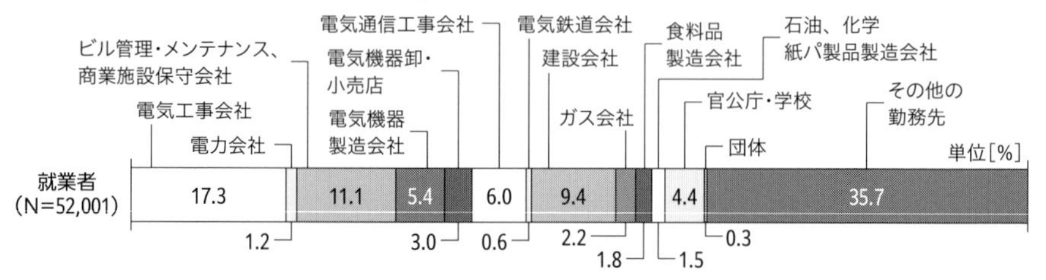

図２　令和４年度 電気工事士試験の職業別申込者 構成比

第二種は電気関係以外の人の多くが資格取得に挑戦していることが分かります。

次に、申込者を年齢別に見てみましょう(**図3**)。特定の年代に偏っていることはなさそうです。10代の若者からご年配まで、世代に関係なく資格取得に挑戦していることが分かります。

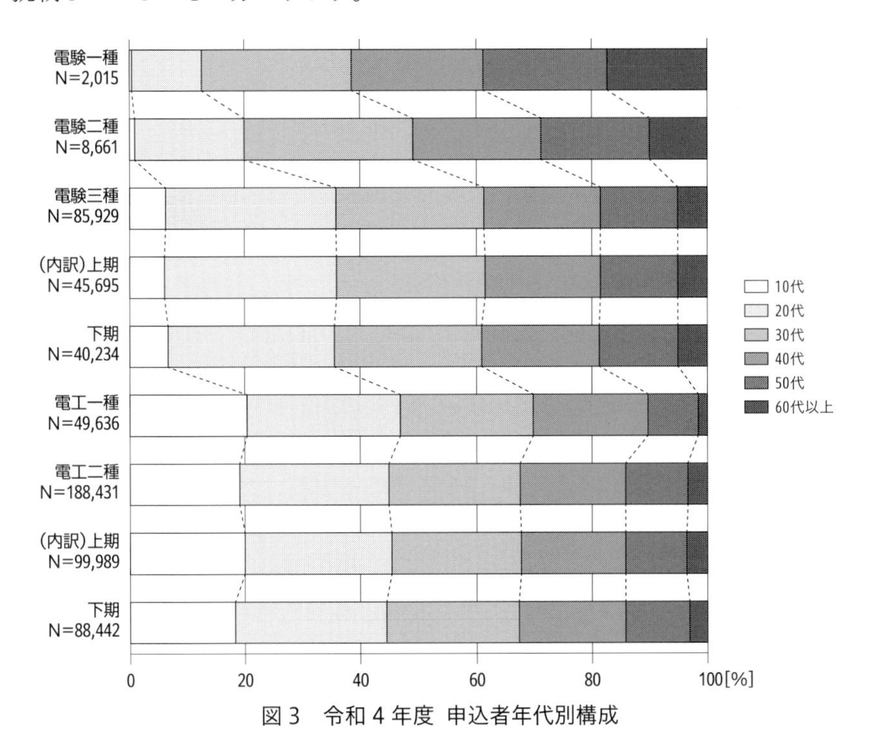

図3　令和4年度 申込者年代別構成

電気主任技術者と電気工事士を合わせると、令和4年度だけで受験者は約30万人で、そのうち約10万人が合格して実務などで活躍中です。

電気工事士や電気主任技術者はあくまでも一例です。資格の有無に関係なく、自身の電気の知識を活かした技術者も社会で大勢活躍しているでしょう。

最後に、日々の生活で電気を安心して利用できるのは、電気技術者の活躍によるものだと知っていただけたら幸いです。そして、より良い社会構築のために、多くの人に電気の仕事に興味を持っていただけたら幸いです。

福城　大介
(一財)電気技術者試験センター

協力（敬称略・順不同）

廣瀬 寛哉　石井 義幸　沢田 亮之介　川北 桜樹
黄 冠　浅沼 琉音　矢田部 隆志　富田 直子
高田 寛太郎　橋本 知宜　久保 みどり　池田 竜平
涌井 智恵子　緒方 みどり　川井 晴雄　高橋 真理子
鈴木 健之　谷澤 孝一

ほか、たくさんの方々にご協力いただきました

カバーイラスト：ろっぷちょっぷ　校正：山田 陽子

- 本書の内容に関する質問は、オーム社ホームページの「サポート」から、「お問合せ」の「書籍に関するお問合せ」をご参照いただくか、または書状にてオーム社編集局宛にお願いします。お受けできる質問は本書で紹介した内容に限らせていただきます。なお、電話での質問にはお答えできませんので、あらかじめご了承ください。
- 万一、落丁・乱丁の場合は、送料当社負担でお取替えいたします。当社販売課宛にお送りください。
- 本書の一部の複写複製を希望される場合は、本書扉裏を参照してください。

JCOPY ＜出版者著作権管理機構 委託出版物＞

電気の疑問66 みんなを代表して専門家に聞きました

2024年6月24日　第1版第1刷発行

編　者　オーム社
著　者　電気の疑問EXPERTS
発行者　村上和夫
発行所　株式会社 オーム社
郵便番号　101-8460
東京都千代田区神田錦町3-1
電話　03(3233)0641(代表)
URL　https://www.ohmsha.co.jp/

© オーム社・電気の疑問EXPERTS *2024*

組版　クリィーク　印刷・製本　三美印刷
ISBN978-4-274-23211-4　Printed in Japan

本書の感想募集　https://www.ohmsha.co.jp/kansou/

本書をお読みになった感想を上記サイトまでお寄せください。
お寄せいただいた方には、抽選でプレゼントを差し上げます。